墨香财经学术文库

"十二五"辽宁省重点图书出版规划项目

山西省政府重大决策咨询课题（编号：ZB20231015）资助

山西省科技战略研究专项计划一般项目（编号：202104031402078）资助

U0656670

基于中国化ESG重要议题

企业ESG实践与盈余持续性的研究

Corporate ESG Practices and Earnings Sustainability
Based on Material ESG Issues in China

王志芳　著

东北财经大学出版社　大连

Dongbei University of Finance & Economics Press

图书在版编目（CIP）数据

基于中国化ESG重要议题：企业ESG实践与盈余持续性的研究 / 王志芳著．
一大连：东北财经大学出版社，2024.11
（墨香财经学术文库）
ISBN 978-7-5654-5048-8

Ⅰ.基… Ⅱ.王… Ⅲ.企业环境管理−研究−中国 Ⅳ.X322.2

中国国家版本馆CIP数据核字〔2023〕第246092号

东北财经大学出版社出版发行

大连市黑石礁尖山街217号 邮政编码 116025

网 址：http://www.dufep.cn

读者信箱：dufep@dufe.edu.cn

大连图腾彩色印刷有限公司印刷

幅面尺寸：170mm×240mm 字数：276千字 印张：19 插页：1
2024年11月第1版 2024年11月第1次印刷
责任编辑：李 栋 孔利利 责任校对：何 莉
封面设计：原 皓 版式设计：原 皓
定价：95.00元

本书的出版得益于以下课题支撑：

1. 2023 年度山西省政府重大决策咨询课题"数字化赋能山西煤炭产业绿色低碳转型"（课题编号：ZB20231015）；

2. 山西省科技战略研究专项计划一般项目"双碳目标下煤炭企业集团高质量发展路径及山西模式探索"（课题编号：202104031402078）。

前言

ESG作为一种全球化理念，倡导企业在发展和运营过程中不仅要关注财务绩效，更要关注环境友好、社会责任及公司治理，以实现可持续发展。近年来，有关ESG生态圈、ESG政策、ESG评级、ESG投资和ESG实践的相关研究在国际和国内都取得了长足的发展。作为衡量企业ESG绩效的ESG评级对投资者评估企业长期持续发展及存在的风险进而进行ESG投资具有重要意义。据不完全统计，目前全球有ESG评级机构600多家，被大家熟知的ESG评级体系有MSCI（Morgan Stanley Capital International）ESG评级体系、汤森路透ESG评级体系、富时罗素ESG评级体系、标普道琼斯ESG评级体系、晨星ESG评级体系等。不同的评级体系，其评级框架、评级方法、评级结果存在巨大差异，例如，MSCI ESG评级体系涉及10个主题的35个关键问题、汤森路透ESG评级体系涉及10个领域178个指标、富时罗素ESG评级体系涉及12个领域的300个指标、标普道琼斯ESG评级体系涉及环境和社会的6个领域、晨星ESG评级体系涉及6个领域18个关键问题。虽然不同的ESG

评价体系差异巨大，但欧美地区的 ESG 评价已经形成一套相对完整的披露、实践和评价体系。相较于国外发达国家，我国 ESG 的建设起步较晚，直到 2016 年后才开始进入大众视野。随着国家相关部门出台推动 ESG 的各项政策，各大机构也逐渐将资本往 ESG 相关领域倾斜，国内 ESG 评价体系逐步构建。尤其是近两年来，各种 ESG 白皮书相继发布，各种 ESG 指数纷纷出台，中央财经大学绿色金融国际研究院、贝壳财经等也相继提出了一系列体现中国特色的 ESG 评价体系（如包含绿色发展、扶贫政策等信息的 ESG 评价体系），但由于 ESG 在我国发展的时间相对较短，具有中国特色的 ESG 评价体系，尤其是能体现中国上市公司地缘特色、组织文化、独特社会责任等特色的评价体系尚未得到普遍重视。

结合近年来国内外 ESG 评价体系和企业 ESG 实践，我们提出了在 ESG 的三个层面最具中国本土特色的重要议题：碳信息披露（E）、乡村振兴（S）和党组织治理（G）。这些议题与我国当前的政策改革重点密切相关，同时也是中国企业特有的 ESG 实践议题。在环境（E）方面，企业的碳信息披露将成为中国"3060"目标进程中重要的环境责任考察依据；在社会责任（S）方面，2016 年本土 ESG 标准中包含了"扶贫"指标，2020 年，中国已经全面建成小康社会，"乡村建设""乡村振兴"成为新时代农村发展战略的主题，也是企业承担的社会责任中最具中国特色的议题；在治理（G）方面，随着国家政策的推进和引导，国有企业通过民营化、混合化等多种形式不断深化改革，在组织架构、独立董事、盈余质量、现金分红等关键指标上显示出了与以往不同的特点，尤其是"党建"或"党组织治理"成为中国企业尤其是国有企业治理中颇具特色的一项举措。这些具有明显中国特色的议题受到了学术界的普遍关注，如碳信息披露与公司价值、乡村振兴与企业财务绩效、党组织治理的融资约束等。盈余可持续性作为公司价值与财务绩效中重要的指标被大量提及。盈余可持续性能直接反映企业的持久发展能力，并关乎利益相关者对企业未来发展的预期。研究企业盈余持续性的主要目的在于通过分析企业当期或以前各期盈余来评估企业的内在投资价值，与 ESG 评级的目的高度一致。企业关注 ESG 或者企业的 ESG 表现是否会提高企业盈余持续性？中国情境因素会提升企业盈余持续性吗？回答这些问题不仅可为企业盈余的传统研究提供新的思路，也可为企业投资于 ESG 提供更多证据，尤其可为中国企业在 ESG 方面特有的实践和贡献提供更多的理论支撑。

本书旨在基于 ESG 框架探讨中国情境因素对企业盈余持续性的影响，构建基于中国情境因素的中国上市公司 ESG 评价体系。我们采用近年来流行的文本分析法来量化碳信息披露、乡村振兴、党组织治理等 ESG 具体内容，并实证分析企业 ESG 表现与盈余可持续性之间的关系。同时，我们论证了不同特征下企业的环境（E）、社会（S）和治理（G）的财务绩效持续能力。在实证分析的同时，本书采用案例分析法验证了加入中国情境因素后企业 ESG 得分表现：我们选择了煤炭行业中具有代表性的两家企业——山西焦煤和美锦能源进行比较分析。通过对比加入碳信息披露（E）、乡村振兴（S）和党组织治理（G）指标前后的 ESG 评分，以及对两家企业在评价指标优化前后的纵向和横向对比，验证了中国情境因素对 ESG 评价体系的影响。

本书的研究成果具有如下贡献：（1）丰富了 ESG 评价体系和 ESG 投资理论，并提出了构建中国特色的 ESG 评价体系的设想。这对于 ESG 在我国的推广和应用具有重要的理论指导作用，同时也补充了 ESG 国际化与中国化交互融合的相关文献，丰富了 ESG 中国化的理论研究。（2）有助于企业注重持续性经济效益，并提高企业对 ESG 战略适用性的重视和投入。这将有利于最终形成企业、社会、环境三者之间的良性循环，为企业可持续发展提供更广泛的路径。（3）有助于各投资主体关注中国情境因素，并指导投资主体全面评价中国企业的可持续发展前景。（4）有助于社会公众全面解读和评价中国企业的 ESG 表现，成为更为公正的监督主体。（5）有助于政府客观审视企业的贡献，进而制定更符合全社会可持续发展的相关政策和制度。

本书在研究视角、研究方法和研究对象上有待进一步补充。从研究视角来看，本书选择了碳信息披露、乡村振兴和党组织建设三个视角对中国化 ESG 进行研究。然而，ESG 包含的内容是一个复杂、全面的综合体，中国化的 ESG 评价内容不仅仅包含目前列出的三个研究视角。在未来的研究中，可以关注其他环境、社会和治理方面的话题讨论。从研究方法来看，本书采用了大数据文本分析法对碳信息披露、乡村振兴和党组织建设三个方面的相关词频进行度量。然而，想要真实反映企业的相关投资建设活动，仅仅依靠相关文本信息披露可能不够全面。在今后的研究中，可以考虑将文本信息披露与财务信息披露相结合，以更准确地衡量相关变量。从研究对象来看，本书使用了上市公司公开发表的文件及数据。然而，中国化ESG的参与者应该是中国的各类型企业，并不仅仅是上市公司。在未来的研究中，如果能够获取中小型企业的相关数据，并分析大、中、小型公司对ESG投资持续发展的影响，将为更广泛的投资者提供参考，并为企业各发展阶段的管理层开展ESG实践提供理论依据。

作　者

2024年4月

▌目录

第1章　ESG概述

1.1　ESG生态圈与企业的角色定位

1.1.1　ESG生态圈

ESG是英文Environmental（环境）、Social（社会）和Governance（治理）的缩写，是一种关注企业环境、社会、治理绩效而非财务绩效的投资理念和企业评价标准。在大多数的研究报告中，人们将ESG理解为ESG理念、ESG投资和ESG实践。无论是从ESG理念、ESG投资、ESG实践还是从ESG表现、ESG信披、ESG评价等视角来理解ESG，其都是围绕着ESG生态圈来进行解释的。

2004年，联合国全球契约组织（United Nations Global Compact，UNGC）与20家金融机构联合发布了报告《关心者赢》（Who Cares Wins），在报告中首次明确了ESG投资的概念。在该报告的摘要示意图（如图1-1所示）中列示了有关ESG投资的金融市场所有参与者，即

ESG 投资生态圈。该报告包含了对 ESG 生态圈中不同角色的不同建议，力求使市场各方在有关问题上达成共识，开展合作和建设性对话。该示意图中对"不同角色"在 ESG 投资中的具体责任或义务进行了初步建议。该报告的总体目标是"营造更强、更具弹性的金融市场""促进可持续发展""促进利益相关者的意识和共识""促进金融机构间的信任"。可以看出，从正式被提出开始 ESG 投资就是以可持续发展作为其努力方向的。

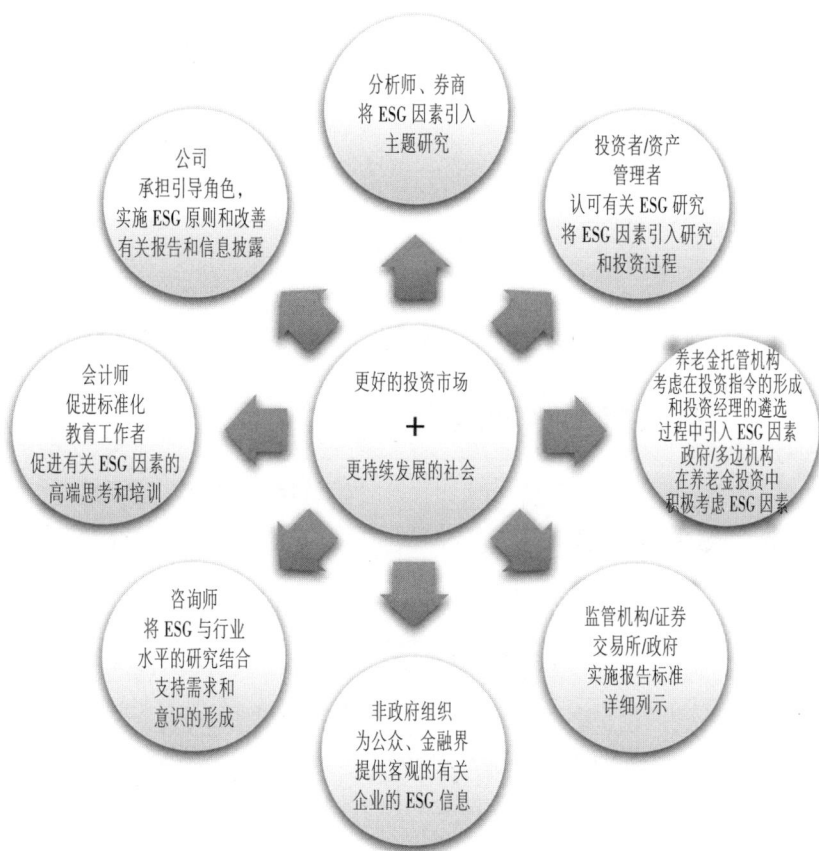

图 1-1 《关心者赢》摘要示意图

资料来源：UNGC，Who Cares Wins

在 UNGC2004 年报告的基础上，国内各大证券机构以及学者们纷纷对 ESG 生态圈进行解读，如华宝证券 2022 年 4 月 29 日发布的一份报告

《详解ESG信息披露 描绘ESG数据全貌》①中对ESG生态圈的描述较为完整地展现了各主要参与者之间的关系，如图1-2所示。王大地和黄洁（2021）认为一个完备的ESG生态系统应包括政府（含立法机关、监管机构）、企业、其他市场主体（含评价机构、投资者、交易所）以及非政府组织、智库和民众等。魏婷（2021）也描绘了一个包括企业、监管机构、资产所有者、第三方评价机构等在内的ESG投资生态圈。由光华-罗特曼信息和资本市场研究中心与北京大学光华管理学院于2023年5月联合发布的《2023中国资本市场ESG信息质量暨上市公司信息透明度指数白皮书》②指出ESG生态圈的主要参与者包括企业、国际组织、机构投资者、政府和监管机构、第三方机构等。中央财经大学绿色金融国际研究院提出的ESG生态圈包含了企业、投资者、金融机构、研究机构、行业自律组织、政府及监管部门。

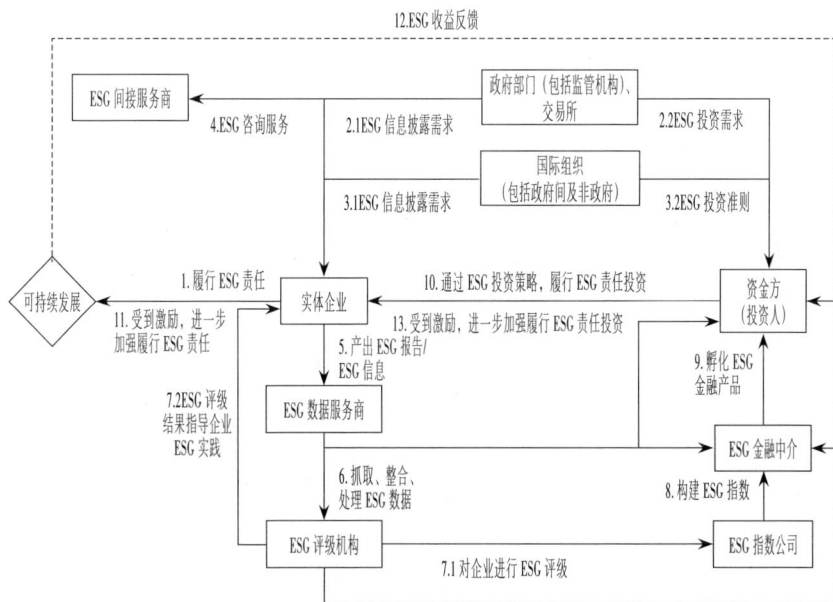

图1-2 ESG生态圈

资料来源：华宝证券研究创新部，转引自华宝证券研究报告《详解ESG信息披露 描绘ESG数据全貌》

① 转引自未来智库。
② 引自光华-罗特曼信息和资本市场研究中心官方网站 https://guanghua-rotman.work/。

1.1.2　企业在ESG生态圈中的角色定位

无论是UNGC在2004年发布的报告还是其他有关ESG生态圈的描述中对企业（实体企业、公司）的角色定位似乎都相对比较明确，即"企业是践行ESG的主体"（王大地、黄洁，2021）。

《2023中国资本市场ESG信息质量暨上市公司信息透明度指数白皮书》中对企业的角色定位为：在日常生产经营中践行可持续发展理念，制定ESG策略、目标及措施、披露ESG报告等。华宝证券的研究报告在ESG生态圈示意图（即图1-2）中将履行ESG责任的企业称为"实体企业"，是ESG的直接参与者，并明确了其与其他市场主体如机构投资者、评级公司、指数公司等在职能方面的具体区别。王大地和黄洁（2021）则认为"企业的态度和行为对于ESG的发展乃至整个人类社会的可持续发展起决定性作用"，他们从几个方面阐述了企业在ESG生态圈中的具体作用：首先，企业可以有效弥补政府在制定ESG和可持续发展议题上作用的不足（如在应对气候变化方面）；其次，政策法律和市场环境的变化也促使企业更积极地践行ESG理念，如消费者对企业的要求和投资者对企业的影响等。

如果把ESG投资视作一条价值链的话，其上端为投资人或资产所有人，譬如养老基金、保险公司、甚至散户投资人等。中端是金融中介，也就是资产管理人，其中包括银行、资管公司、基金公司等。下端是被投资方，即ESG实践者（邱慈观，2020）。

梳理以上有关ESG生态圈的不同表述可以发现，企业作为ESG的践行者，与ESG生态圈的其他参与者之间互相影响、互相作用，由此产生了ESG的不同活动，也形成了相对成熟的ESG应用路径，进而共同推进了整个社会的可持续发展。

通过梳理企业在ESG生态圈中的角色定位，我们初步厘清了有关ESG的活动和相关概念之间的关系：

（1）企业ESG实践：实体企业以自身行动践行ESG理念，体现为企业在E、S、G三方面的各种企业活动或企业行为。

（2）ESG信息披露：实体企业按照相关规定以独立的ESG报告（或

可持续发展报告）或在公司年报中对企业的 E、S、G 实践活动予以披露。同时，为迎合投资者需求和市场需求、接受监管机构的要求和建议不断完善企业的 ESG 实践活动和信息披露方式，企业要向 ESG 数据服务商或 ESG 评级/评价机构提供 ESG 信息。

（3）ESG 投资：专业投资机构（包括基金公司、债券公司等资产管理机构及投资人）在投资实践中融入 ESG 理念，在传统财务分析的基础上结合企业的 ESG 表现考察企业中长期发展潜力，从而找到既能够创造股东价值又能够创造社会价值，并且具有可持续成长能力的投资标的（包括投资组合）的行为。ESG 投资不仅要考虑评级机构的评级结果，更要对 ESG 产品、ESG 投资策略、投资组合的投资收益进行测算和评估，以确定 ESG 投资的可持续性，而 ESG 投资者的决策行为则会通过资本市场影响企业的 ESG 实践。[①]

（4）ESG 评价：专业评级机构（包括数据公司、研究机构、指数公司等）通过收集相关数据（企业公开发布的数据和机构通过调查问卷等方式获取的数据），构建 ESG 评价体系，设计评价指标，对企业的 ESG 表现进行打分并发布评级结果的过程。其评价活动和评价结果不仅影响 ESG 投资者的投资行为，也会影响企业的 ESG 实践和披露，同时也会对监管部门相关政策的制定产生影响。

（5）ESG 监管：国际组织或政府部门（包括监管机构）、证券交易所等对企业 ESG 信息披露的强制性规范、披露准则、对 ESG 投资的政策引导、准则制定等。ESG 监管会受 ESG 投资和企业 ESG 实践的影响，并且会对 ESG 监管政策的调整起到推动作用。

《关心者赢》中"信息披露"的建议部分提出"我们希望公司能够担当领导的角色，实施环境、社会和治理原则和政策，更一致、更标准地提供有关环境、社会和治理问题的信息和报告，并解释清楚这些问题与公司价值创造的关系。"实体企业扮演着领导角色，它们是实施 ESG 原则和政策、披露 ESG 信息和报告的主要责任人。

---

① 根据 Morketing 研究院发布的《Morketing 2022 ESG Case Book》，微观上来看，ESG 根据不同的主体有着不同的定义。对于投资者，其被定义为 ESG 投资策略，对于资产管理机构则被定义为负责任（ESG）投资原则，前两者又可以看作一个整体，统称为 ESG 投资；对于企业来说，ESG 称为可持续发展的企业行为标准，也叫 ESG 实践。这种对 ESG 投资和实践的划分在很多研究机构的报告中都得到了体现。

正如华宝证券上述研究报告中对 ESG 生态圈特征的描述那样，ESG 生态圈呈现闭环结构，企业与其他参与者共同努力就可以实现《关心者赢》中的发展目标：建设更好的投资市场和可持续发展的社会。

1.2 主要的 ESG 因素

1.2.1 《关心者赢》的 ESG 因素

在《关心者赢》的专栏 6 中，列示了部分影响公司价值和投资价值较大的 ESG 因素，包括：

表1-1 《关心者赢》的ESG因素

环境因素	社会因素	公司治理因素
气候变化及有关风险	工作场所的健康和安全问题	董事会的构成和责任
有毒物质排放和废物缩减的需求	社区关系	会计和信息披露行为
与产品和服务有关的延伸环境责任范围的新法规	公司的人权状况以及供应商（合同方）的承诺	审计委员会的构成和独立审计师
不断增加的公众压力使公司改善那些因管理不善而招致名誉危机的行为	在发展中国家中运营时对政府和社会公众的公关	管理层薪酬水平
因环境服务和环境友好产品而建立的新市场	不断增加的公众压力促使公司改善那些因管理不善而可能招致名誉危机的行为，提升透明度，增强责任感	对腐败和行贿问题的治理

这些关于企业环境（E）、社会（S）、公司治理（G）的主要议题基本构成了各评级机构、各资产管理公司及其他 ESG 投资生态圈利益相关者进行 ESG 评价、ESG 信息披露、ESG 监管、ESG 实践的主要框架体

系。本书第3章将详细介绍ESG评价体系研究现状，会涉及有关ESG监管内容；第5章将探讨ESG实践有关内容，同时也会涉及有关ESG信息披露相关内容。

1.2.2 GRI议题标准（2021版）

全球报告倡议组织（Global Reporting Initiative，简称GRI）由美国非政府组织环境责任经济联盟（Coalition for Environmentally Responsible Economics，简称CERES）以及联合国环境规划署（UNEP）于1997年联合倡议并成立。成立这一组织最初的目的是促进企业建立问责机制，规范环境责任行为，其后拓展到社会、经济以及治理范畴。GRI陆续在制定、推广和传播全球通用的可持续发展报告框架方面开展了大量工作，并且得到了政府、商界、社会公众等多方广泛支持。GRI在2000年发布首份可持续发展报告指南，为企业提供了可持续发展报告的第一个全球框架。2021年10月，GRI发布了最新版的GRI标准（2021版），并于2023年1月1日正式生效。主要由GRI通用标准、GRI行业标准和GRI议题标准三部分组成。通用标准适用于所有企业，行业标准是2021版加入的全新内容，议题标准涵盖了广泛议题，从经济、环境、社会3个维度为企业落实ESG报告实践提供了规范指引，见表1-2。

表1-2   GRI议题标准（2021版）

主题	具体指标	主题	具体指标
200系列：经济议题	GRI 201：经济绩效	400系列：社会议题	GRI 403：职业健康与安全
	GRI 202：市场表现		GRI 404：培训与教育
	GRI 203：间接经济影响		GRI 405：多元化与平等机会
	GRI 204：采购实践		GRI 406：反歧视
	GRI 205：反腐败		GRI 407：结社自由与集体谈判
	GRI 206：不当竞争行为		GRI 408：童工
	GRI 207：税务		GRI 409：强迫或强制劳动

续表

主题	具体指标	主题	具体指标
300 系列：环境议题	GRI 301：物料		GRI 410：安保实践
	GRI 302：能源		GRI 411：原居民权利
	GRI 303：水资源与污水		GRI 412：人权评估
	GRI 304：生物多样性		GRI 413：当地社区
	GRI 305：排放		GRI 414：供应商社会评估
	GRI 306：污水和废弃物		GRI 415：公共政策
	GRI 307：环境合规		GRI 416：客户健康与安全
	GRI 308：供应商环境评估		GRI 417：营销与标识
400 系列：社会议题	GRI 401：雇佣		GRI 418：客户隐私
	GRI 402：劳资关系		GRI 419：社会经济合规

资料来源：GRI https：//www.globalreporting.org。

1.2.3　CSRD 的 ESG 信息披露要求

欧盟于 2014 年 10 月颁布了《非财务报告指令》（Non-Financial Reporting Directive，简称 NFRD），是首次系统地将 ESG 三要素列入法规条例的法律文件。该指令规定大型企业（员工人数超过 500 人）对外进行非财务信息披露时内容要覆盖 ESG 议题。同时明确了对环境议题（E）需强制披露的内容，提供了社会（S）和公司治理（G）议题的参考性披露范围。2022 年 11 月 28 日，欧洲理事会通过了《企业可持续发展报告指令》（Corporate Sustainability Reporting Directive，简称 CSRD），取代了 NFRD 对企业 ESG 信息披露要求。CSRD 的 19a 条款要求企业基于双重重要性原则（影响重要性和财务重要性）在其管理报告中披露有助于利益相关者了解其对环境、社会、人权和治理等可持续发展问题的信息和影响企业业务发展、经营业绩和财务状况的信息。CSRD 主题及具体指标见表 1-3。

表1-3 　《企业可持续发展报告指令》（CSRD）主题及具体指标

主题	具体指标
环境	减缓气候变化
	气候变化应对
	水和海洋资源
	资源利用和循环经济
	污染
	生物多样性和生态系统
社会	平等待遇和工作机会
	工作条件
	人权
治理	行政、管理和监督机构
	内部控制和风险管理制度
	商业道德和企业文化
	企业施加政治影响的活动和承诺
	与受企业活动影响的客户、供应商和社区的关系管理和质量

　　资料来源：黄世忠.可持续发展报告迈入新纪元——CSRD和ESRS最新动态分析［J］.财会月刊，2023，44（1）：3-9。

　　GRI标准（2021版）和CSRD都为企业践行ESG实践提供了标准。GRI和CSRD有着共同的目标，即利用信息和透明度的力量来支持可持续成果的实现。

　　全球企业广泛采用GRI标准作为企业ESG报告编制的框架。GRI标准是一个全球通用的可持续性报告标准，被广泛应用于各个行业和地区的组织中；GRI标准涵盖了多个方面的指标，包括环境、社会和治理等方面；采用GRI标准框架编写ESG报告更为全面和更具有可比性，不仅可满足众多投资者需求，而且可以帮助企业更好地识别和管理与ESG相关的风险和机遇，管理其在环境、社会和治理方面的影响，帮助企业全面披露其在ESG方面的表现和绩效，也有助于提高企业的品牌价值和声誉。

引入CSRD是为了改进披露流程，为投资者和消费者提供更简洁、更一致的方式来了解和比较组织活动对环境、社会和治理（ESG）的影响，并根据可持续性发展数据做出更明智的决策。CSRD降低了适用企业门槛，扩大了欧盟范围内适用企业的范围，从2024年1月起，所有受欧盟成员国法律管辖或在欧盟成员国设立的企业（微型企业除外）都在受CSRD约束范围内。CSRD要求报告必须进行第三方审计，CSRD需要独立报告，并且必须涵盖可持续性发展目标、风险和机遇管理，必须重点关注前瞻性规划。

1.2.4　ISSB的披露要求

2022年3月31日，国际可持续发展准则理事会（ISSB）发布了《可持续发展相关财务信息披露一般要求》（简称《一般要求》）和《气候相关披露》的征求意见稿。ISSB以财务重要性为原则，致力于提供全球一致的可持续披露的基线准则，提供旨在满足通用目的财务报告使用者需求的、可比的、符合成本效益原则的、有助于决策的可持续相关财务信息披露标准。2023年6月26日，《国际财务报告可持续披露准则第1号——可持续相关财务信息披露一般要求》（IFRS S1）和《国际财务报告可持续披露准则第2号——气候相关披露》（IFRS S2）正式发布。IFRS S1规定，除非另一项IFRS可持续披露准则有其他许可或要求，否则主体应披露以下方面：

治理——主体用于监督和管理可持续相关风险和机遇的治理流程、控制措施和程序；

战略——应对可能影响主体短期、中期和长期商业模式和战略的可持续相关风险和机遇的方法；

风险管理——主体用于识别、评估和管理可持续相关风险的流程；

指标和目标——用于评估、管理和监督主体一段时间内在可持续相关风险和机遇方面的业绩的信息。

至此，可持续披露准则的制定初步形成了美国、欧盟和国际三足鼎立的格局。

GRI注重影响重要性，ISSB关注财务重要性，CSRD则以双重重要性为原则。三者共同致力于为利益相关者提供企业更为规范、统一、全面、透明的可持续发展信息，也为企业践行ESG实践并合理合规披露ESG信息提供了规范和指引。

1.3 ESG相关概念及其关系

1.3.1 ESG投资与相关投资

无论是起源于18世纪美国的"伦理投资"还是贵格派的"社会责任投资"，乃至于1965年在瑞典成立的第一只伦理基金，其投资均属于价值观投资，其投资策略是可持续投资策略中的负面筛选策略，即筛除或规避投资那些与个人、团体价值观不一致的公司或行业，如不投资于奴隶贸易、走私、赌博、烟草、军火生产等，之后扩展至更大范围的人权、种族、战争等领域。该阶段ESG投资尚处于萌芽阶段，其概念传播的广度不足，资本流入较少，ESG作为投资判断的要素尚不足以形成指导投资的判别标准，也少有企业能参照投资者的理念进行运营和实践。

随着一系列环境重大事件（如1988年的阿拉斯加海湾漏油事件）的发生，公众环境保护意识日益增强，在国际组织积极的环保倡议下，1990年，KDL研究分析公司创设第一只加入ESG理念的多米尼指数（Domini 400 Social Index），掀开了现代意义上社会责任投资的序幕。

2004年，联合国全球契约组织在《关心者赢》中首次明确了ESG的概念，探讨了将完整的ESG理念纳入资管行业研究，明确指出正确管理ESG相关问题将有助于提升企业价值和股东权益。

2006年，联合国发起设立联合国责任投资原则组织（United National Principles For Responsible Investment，UNPRI）并明确提出了"负责任投资"理念，"将ESG因素纳入投资决策和积极所有权（active ownership）的投资策略和实践"的行动，其签署者承诺六项原则，不仅包括ESG投资，而且要求被投资企业对ESG相关问题进行披露。

2007年，高盛公司在其《2007年度环境报告》中，将ESG三个因素整合在一起，在投资银行的投资实践中提出开展ESG投资的要求，ESG投资正式落地。之后，ESG投资规模逐年增大，成为主流投资方式。

2009年、2012年、2016年又陆续提出了影响力投资和可持续投资、绿色金融等与ESG一脉相承的投资概念。

2020年10月，全球可持续投资联盟（GSIA）对2012版的ESG可持续投资策略的分类与定义进行了修订，形成了目前全球主流的7类投资策略，即ESG整合、公司参与和股东行动、规范筛选、负面筛选、正面筛选、可持续发展主题投资、影响力投资。

梳理ESG投资从萌芽到成熟的发展历程中的标志性事件，不仅回顾了ESG投资从伦理投资到可持续投资的发展脉络，同时也明确了与ESG投资相关的一些投资概念，如伦理投资、社会责任投资、负责任投资、可持续投资、影响力投资等。社会价值投资联盟（简称"社投盟"，CASVI）《可持续发展金融概念全景》[①]报告中对除上述概念之外的绿色金融、可持续金融等概念范畴进行了区分，如图1-3所示，并从这几个概念的发展历程、内涵、市场规模、实践形式、重要机构、相关政策等6个方面进行了系统梳理。

从发展历程来看，ESG投资策略从负面筛选到ESG整合，投资者从规避不同价值观取向投资到主动解决环境社会问题，从单纯追求降低风险确保财务回报到追求解决社会环境问题降低财务回报，从伦理投资到追求经济、环境、社会、治理的可持续发展，体现了社会的发展和进步，也在践行着我们只有一个地球、保护我们共同的未来的投资理念。

① 社投盟.可持续发展金融概念全景［EB/OL］（2020-06-16）.https://www.casvi.org/h-col-334.html。

环境	社会	治理	经济

绿色金融

可持续发展金融

以可持续发展为愿景，依托多样化金融工具

可持续投资

概念覆盖

传统投资	ESG投资	影响力投资	慈善

投资者寻求有竞争力的投资回报

投资者寻求降低ESG风险

投资者寻求优化ESG表现

投资者为解决社会和环境问题提供方案

| 确保投资财务回报，缺乏投资外部性考量 | 具备初步投资外部性考量，但依据指标较为笼统、主观 | 以具体ESG评级标准考量投资外部性，进而提升投资整体价值 | 解决社会和环境问题，并获取高于市场回报的财务收益 | 解决社会和环境问题，并获取等于市场回报的财务收益 | 解决社会和环境问题，并获取低于市场回报的财务收益 | 纯粹解决社会和环境问题，不追求财务收益 |

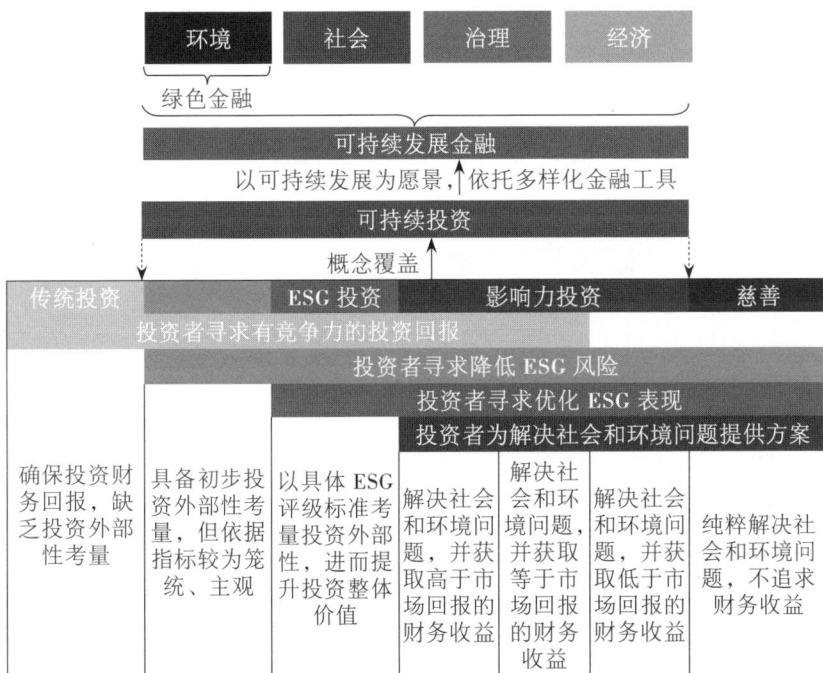

图1-3 可持续发展金融主题光谱图

资料来源：社会价值投资联盟。

1.3.2 ESG实践、ESG投资、ESG评价

（1）ESG实践和ESG投资

①ESG实践的产生早于ESG投资

ESG实践的产生远比ESG投资要早，始于19世纪下半叶，迄今已有150年历史。最早出现的ESG实践是企业的公益慈善行为，包括企业捐赠和志愿者服务。1970年以后，ESG实践渐趋多样化，先发展了社会维度S，再发展了环境维度E，最后发展了治理维度G，形成了完整的ESG实践，其背后的重要理论也在1990年以后就已发展完整（本书第2章中会详细论述）。

从上述对ESG投资发展历程的梳理可以知道，ESG投资起源于社会责任投资，但在前期一直被边缘化，被视为一种独具特色的投资方式。由于具体管理规模有限，ESG投资在20世纪一直难以获得主流金融学家的青睐，其背后理论也几乎未得到发展。直至2004年ESG投资概念被正式提出之后，关于ESG投资的理论才逐步开始形成。随后，2006年相关人员在联合国责任投资原则组织大会上提出了6条相对完整的ESG投资策略。

②ESG投资极大地推动了ESG实践

通过梳理ESG与可持续发展历程以及大事记（详见本书1.4.2），作者发现，无论是ESG发展历程还是可持续发展历程中，有确定时间点的大事件都是有关国际组织倡议（包括相关国际组织的诞生、重要倡议或报告的提出等）或投资（包括ESG投资及可持续投资）的，与ESG实践相关的大多是一些涉及社会活动、环境污染的大事，如1971年美国国内反越战浪潮、1989年阿拉斯加普拉德霍湾的油轮漏油事件等。事实上，企业的ESG实践更多的是一种潜移默化的行动，这些行动会受到投资者投资倾向（即ESG投资）的影响，也会受到国际组织倡议和政府命令（如大量的ESG投资原则、ESG信息披露要求、可持续发展会计准则等）的规制。尤其是21世纪以来随着可持续发展理念深入人心，ESG投资受到资本市场的追捧，其投资规模出现了爆发式的增长。截至2020年，全球ESG投资规模达35.30万亿美元，与2012年相比增长了近2倍，年复合增长率为13.02%，远超全球总资产管理规模6.01%的年复合增长率。[①]据中证指数有限公司的研究[②]，境外ESG ETF产品[③]规模从2018年年底的不足900亿美元增长至2022年年底的4500亿美元左右，年化增长率高达50.21%。ESG投资快速增长的同时，企业的ESG实践也呈现出了同步的快速增长。毕马威发布的2022年全球可持续发展报告数据显示，全球G250企业（2021年财富500强中排名前250的企业）和58个国家的N100企业（各样本国家收入排名前100位的企业）可持续发展报告披露率从2002年的45%和18%分别上升至2022年的96%和79%。ESG投资和ESG实践在全球

---

① 国际资管机构ESG投资实践及产品：2022年总结分析，2023年2月10日，市场资讯 https://finance.sina.com.cn/esg/2023-02-10/doc-imyfezcq6227516.shtml。
中证指数公司，2022年度《全球ESG指数及指数化投资发展报告》。
② ESG ETF是以ESG指数为基础的交易所买卖基金（Exchange-Traded Fund）。
③ 参见中证指数公司，2022年度《全球ESG指数及指数化投资发展报告》

范围内得到了长足发展。

③ESG 实践与 ESG 投资的辩证关系

虽然普遍的观点认为 ESG 实践古已有之，且早于 ESG 投资（邱慈观，2020）。但正如前文对企业在 ESG 生态圈中的角色定位的梳理结果所呈现的那样，企业的 ESG 实践影响 ESG 投资，ESG 投资又会通过资本市场传导影响企业的 ESG 实践，实体企业和 ESG 投资者是构成 ESG 生态圈最重要的两个主体，ESG 实践和 ESG 投资是从不同主体视角对 ESG 的解读。因此，关于 ESG 实践与 ESG 投资产生先后顺序的争论似乎和实践与理论的关系一样。马克思主义认为，理论与实践是互相依存、互相作用、互相促进的辩证统一关系。理论来源于实践，又反作用于实践，指导实践的发展。实践是理论的基础，也会作用于理论，检验理论的正确性与科学性，促进理论的创新与发展，二者相辅相成，缺一不可。一般而言，先有实践，然后才有理论，正所谓"一切真知都是从实践发源的"，但如果就此确定 ESG 实践先于 ESG 投资，可能就又将 ESG 实践与 ESG 投资的主体混为一谈了。

如前所述，我们在说 ESG 投资的时候，其主体是投资者，而我们在说 ESG 实践时，其主体是企业，也就是投资标的对应的实体企业。但如果我们不区分主体，简单将 ESG 投资和 ESG 实践混用的时候，势必产生这样的问题：作为践行 ESG 职能或 ESG 行为的实体企业，其在生产经营过程中减少污染物排放、关注职工权益、设立独立董事的行为都是典型的 ESG 活动，是企业的 ESG 实践。外部性理论、薪酬理论、委托代理理论等则是支持企业 ESG 实践的基础理论。随着 ESG 理念的逐步成熟，未来 ESG 也可能会成为指导企业行为的基础理论。从投资者视角来界定的 ESG 投资同样也包含了实践活动和理论基础两部分。由周君等（2022）翻译的美国作家 John Hill 的著作《ESG 实践——从理论要素到可持续投资组合构建》中对各种主体的 ESG 投资实践进行了分析和介绍，该书第 9 章至第 13 章分别介绍了机构投资者基金中的 ESG 实践、大学捐赠基金中的 ESG 实践、主权财富基金的 ESG 实践、家族基金会和家族办公室的 ESG 实践、具有直接影响的 ESG 投资机构如妇女联合会等的 EGS 实践，其实质都是不同投资者的 ESG 投资活动。指导投资者进行 ESG 投资的理论则可能包括投资组合理论、负责任投资理论、可持续发展理论等。因此，从实体企业角度来讲的 ESG 被称为 ESG 实践，ESG 实践理论基础是企业理论，对 ESG 实践的研究属于管理学范畴；从投资者或资产管理人的视角来讲的 ESG 被称为 ESG 投资，投资人的 ESG 投资也有实践，如社会责任投资、负责任投资、可持续投资等，也有一定的投资策略如负面筛选、积极股东投资等，其理论基础主要是投资理论。

可以明确的是，企业的 ESG 实践并不会直接产生 ESG 投资，ESG 投资通常由 ESG 投资人推动，由金融中介开展，以形成具体的 ESG 投资策略或金融产品，但金融中介在推出 ESG 投资策略或金融产品时，必然会参考 ESG 评价的结果，企业如果不能很好地实践 ESG，就无法获得较好的 ESG 评价结果。

（2）ESG 评价及其作用

①ESG 评价的发展历程

ESG 评价是指从环境、社会和治理三个层面对企业进行综合考量，利用最优搭配的指标组合和评分比例进行打分，从而全面评判企业的发展绩效、长期发展能力和投资潜力，进而实现为投资者的投资选择提供参考、为企业管理层的变革方向领航（王凯、邹洋，2021）。

ESG 评级最初出现于 20 世纪 80 年代，作为投资者筛选投资标的公司的一种方式，其标准不仅限于财务特征，而且包括与社会和环境相关的特征。早期的 ESG 评级由怀抱理想的使命导向组织展开（邱慈观，2020），最早的 ESG 评级机构 Vigeo Eiris 于 1983 年在法国巴黎成立，Vigeo Eiris 被称为 ESG 评级的鼻祖。其产品和能力均以 ESG 评估和广泛的 ESG 数据库为基础，致力于提供专门的研究与决策工具，帮助客户进行可持续且合乎道德规范的投资。

1988 年，KLD 研究和分析公司成立，公司的愿景是"为社会责任投资消除障碍，为资本市场提供研究服务，促使企业行为走向更加可持续的领域"，其搭建的企业社会责任履行状况评估体系最初有 8 个评估维度：社区关系、雇员关系、环境、产品、对待女性与少数族裔、军火贸易、核武器、是否在南非有经营活动等。进入 21 世纪，KLD 将评估维度调整为：环境、社区、公司治理、多样性、员工关系、人权以及产品质量与安全。2006 年后随着 ESG 概念的兴起，KLD 公司的评级框架更新为 ESG。2009 年 11 月被 Risk Metrics 收购之前，KLD 公司已形成了完善的 ESG 评估流程和指标体系并据此开发了多种指数产品。

ESG 评价机构出现后，世界经济论坛（WEF）和国际商业委员会（IBC）开始努力构建一套标准化的衡量指标，试图将 ESG 转变为一个组织化的框架。随着科研人员的努力探索，ESG 的框架已经出现，其中使用最广泛的是全球报告倡议组织（GRI）、碳披露项目（CDP）、可持续发展会计标准委员会（SASB）、气候相关金融信息披露工作组（TCFD）和劳动力披露倡议（WDI）（邱慈观，2020）。

近十年来，随着 ESG 投资的主流化，ESG 评级机构数量剧增。目前全球有六百多家，如 MSCI、晨星、富时罗素等。国内评级机构有商道融绿、华证、中证、万得、中央财经大学绿色金融国际研究院（简称中财绿金院）等。各评级机构背景、特质、组织目的及客户对象等差异很大，在评级指标体系构建时，各 ESG 评级机构根据自身的价值取向挑选各维度下的议题，并根据各自的评估方法赋予各议题权重进行打分。评级机构选择议题的理念不同、对同一议题的解释不同、选择的结果不同、各议题权重排序不同等等，都会造成评估结果的差异。本书第3 章会详细介绍不同评级机构评级体系差异以及由此产生的 ESG 分歧。

②ESG 评价在 ESG 投资生态圈中的角色定位

了解 ESG 评价的基本流程是明确 ESG 评价在 ESG 生态圈中角色定位的前提。KDL 的 ESG 评估流程大致为：信息搜集分析——具体企业评级——信息监测与评级更新——评级质量审计。ESG 评级是在 ESG 评价完成后，根据评分进行进一步的等级划分，从而得出具体的 ESG 评级（王凯、邹洋，2021）。ESG 评价的参与者可大致分为三类：第一类参与者为标准制定者，即各类国际组织（全球报告倡议组织（GRI）、可持续发展会计准则委员会（SASB）等）以及交易所等，标准制定者负责给出基本的 ESG 框架，公布相应的披露标准及相关原则，前述GRI 标准（2021 版）、IFRS S1 和 IFRS S2 即属此类；第二类参与者为数据提供者，该类参与者主要负责提供并加工数据，为评级机构提供用于打分的底层数据；第三类参与者为评级机构，主要负责给出企业的 ESG 评级。ESG 评级的基本步骤包括：首先由专业的 ESG 评价机构按照 ESG 标准制定者给出的框架与基本原则，制定自身评级体系；随后，通过公司公告、信息披露、媒体、专业数据机构、发放问卷等获取 ESG 相关信息与数据；最终，评级机构基于自身建立的评级体系为企业打分，对外公布 ESG 评级结果与评分。KLD 公司作为全球顶级的 ESG 评级机构，其 ESG 评估流程更为严苛，不仅包括这三个基本步骤，还有评级质量审计，本书第 3 章会探讨 ESG 评级的监管问题。

华宝证券的 ESG 生态圈（即图 1-2）将 ESG 评级机构的角色定位描述为：A. 抓取、整合、处理 ESG 实体企业或 ESG 数据服务商提供的 ESG 数据；B. 对企业进行 ESG 评级，并向 ESG 金融中介、ESG 指数公司、投资人提供 ESG 评级结果；C. ESG 评级结果指导企业 ESG 实践。该描述事实上将 ESG 评价的主体即 ESG 评级机构的角色定位于连接企业 ESG 实践和 ESG 投资之间的桥梁。

③ESG 评价结果（即 ESG 评级）有效缓解 ESG 实践与 ESG 投资主体之间的信息不对称。

A. 对企业而言

首先，ESG 评级通过 ESG 投资为实体企业绿色转型提供了内在动力。ESG 投资对于促进企业绿色转型，实现经济绿色低碳发展具有重要意义，而 ESG 评级是进行 ESG 投资的重要依据。ESG 评级在企业与市场的连接中起着重要作用。现代企业理论的代表人物科斯认为，企业的本质是各生产要素所有者（利益相关者）达成的一组契约，而不确定性的存在、信息的不对称、人类的有限理性以及高昂的交易成本等，均会导致企业契约的不完备，由此产生了道德风险和逆向选择问题。获取尽可能多的信息、缓解信息不对称就是解决逆向选择和道德风险的关键。根据信号传递理论，ESG 评级向外部市场传达了企业在环境、社会责任和公司治理方面的表现，传递了公司可持续发展的经营理念，从多个维度增加企业的信息披露透明度，进而缓解了企业与利益相关者尤其是 ESG 投资者之间的信息不对称，有助于发挥市场激励机制与外部监督机制的作用，帮助 ESC 评级表现好的企业获得利益相关者尤其是

ESG 投资者更多的支持，从而为企业绿色转型提供内在动力。

其次，ESG 评级为考察企业 ESG 表现的动机和经济后果提供了重要抓手。ESG 评级是企业践行可持续发展理念的重要标准，能够反映企业在自然资源利用与环保投入、社会责任履行以及公司经营管理等方面的效率和效果。现有实证研究表明，ESG 评级越高的企业，其资源利用的效率越高（高杰英等，2021），融资成本越低（邱牧远、殷红，2019），信息透明度越高（Yuan 等，2022；Christensen 等，2021）经营业绩也越好（李井林等，2021），容易获得更高的财务绩效和更高的市值（Deng 等，2013；Flammer，2015），提升企业市场竞争能力与长期价值（Cheng et al.，2022）。良好的 ESG 表现是一笔隐形的财富，企业通过观察自身在 ESG 评级机构中的评级结果表现，及时发现其生产过程导致的环境、社会问题，并从内部治理方面寻求解决这些问题的途径，减少负面环境影响和社会影响带来的监管部门高额处罚和顾客投诉等舆论压力，抑制公司的信息风险和经营风险从而提高经营业绩（晓芳等，2021）。

B. 对投资者而言

首先，ESG 评级为投资者确定投资组合，规避环境、社会、治理风险提供了依据。ESG 评级是 ESG 投资组合考虑的首要因素。企业 ESG 评级体系相较于传统的绩效评价指标囊括了反映企业环境、社会和治理方面的更多指标，能更加全面地衡量影响企业可持续发展的非财务信息。根据信号传递理论，ESG 评级向 ESG 投资者、积极股东传达企业 ESG 实践状况的非财务信息，基于 ESG 评价，投资者可以便捷且全面地评估其投资对象在促进经济可持续发展、履行社会责任等方面的贡献，可以更全面地了解企业面临的来自环境、社会、治理方面的风险，识别企业发展的潜力和机遇，进而使投资者和积极股东作出相应的投资决策，确定正面筛选的标的名单，或者进行负面筛选，在投资组合中删除不符合其投资理念的企业。

其次，ESG 评级为中长期投资者保驾护航。润灵环球在其 ESG 评级方法中解释其 ESG 评价标准的核心目标是"以回应投资者关切为主要考量，通过对评级对象 ESG 风险管理过程和结果的分析和评估，管窥企业 ESG 风险的管理环境、能力和有效性，以及可持续成长能力，为中长期投资者提供量化的参考数据"。①ESG 评价是展现公司成长价值的晴雨表。②ESG 评级结果的高低已成为衡量企业发展潜力和前景的判断依据（刘云波，2022）。ESG 评价注重对企业可持续发展能力的非财务判断，有效弥补了财务信息评估的短期效应，缓解了企业与中长期投资者在企业可持续成长性方面的信息不对称。ESG 是一种企业战略，ESG 评级通过多维视角反映企业的战略信息，为中长期投资者了解企业发展愿景、评价企业增长潜力提供了可能。许多机构投资者逐渐将企业 ESG 表现纳入其投资策略，并积极对企业 ESG 表现施加影响（Dyck et al.，2019；Chen et al.，2020；黎文靖、路晓燕，2015）。

1.4　ESG 与可持续发展

1.4.1　ESG 理念与可持续发展理念比较

可持续发展是一种人与自然和谐共存的思想。ESG 与可持续发展都是处理人类活动对周围环境的关系中遵循的行为准则。两者的核心都是关注环境、社会和治理问题，强调企业在发展过程中需要积极履行社会责任。但从二者的发展历程来看，ESG 更强调处理人与人或者说是企业与公众的关系，可持续发展则更为关注人与环境或者说是企业与公众的关系。从《寂静的春天》到《增长的极限》，及至 1987 年世界环境与发展委员会在《我们共同的未来》报告中第一次阐述可持续发展的概念，都在表达人类生产生活与环境之间的关系。

ESG 和可持续发展都追求平衡发展。无论是 ESG 实践还是 ESG 投资都强调企业（实体企业和投资者）的综合利益最大化，这个综合利益不仅包括可以量化的显性的财务回报，而且包括无形的社会声誉等社会价值。传统的可持续发展思想强调人与自然和谐相处，平衡发展。现代

---

① 润灵环球 http://www.rksratings.cn/ueditor/php/upload/file/20200922/1600741869556957.pdf。

② 高朗财经，ESG 的中国特色：ESG 在中国独特的实践路径，2022 年 10 月 20 日，新浪网 http://k.sina.com.cn/article_7414172568_1b9eb4b98019018ip5.html。

的可持续发展关注环境、社会和经济的平衡，强调满足当前人类需求的同时不损害未来人们满足自身需求的能力。

ESG与可持续发展有共同的理论基础（本书第2章将介绍）。人地关系理论、增长极限理论、人口承载力理论、外部性理论、利益相关者理论等都是ESG与可持续发展共同的理论基础。可持续理论更强调财富代际公平分配理论，更强调代际之间的责任。

ESG与可持续发展都需要各利益相关方的参与和合作。包括政府、企业、投资者和公众等，共同推动可持续发展目标的实现。但是从主体来看，二者有所区别。无论是ESG实践还是ESG投资都是以企业作为主体的，而可持续发展的主体更为广泛，可能是企业、政府、国家、地区、社会，乃至全球，可持续发展是一个空间范围和时间范围跨度更大的概念。

从目标来看，ESG投资与可持续发展的理念一致。邱慈观（2020）从联合国17个可持续发展目标解释了二者在理念上的一致性。ESG投资常以可持续发展为主旨，以资金推动符合可持续发展理念的行业发展。比较ESG和可持续发展的理念，可以说ESG是公司层面的可持续发展，是反映企业可持续发展水平的重要指标（唐凯桃等，2023）；ESG虽然是企业责任，但背后关乎国家层面的ESG发展目标。

1.4.2 ESG与可持续发展大事记

梳理ESG与可持续发展历程中的标志性事件可以发现，ESG投资的理念始于伦理投资，可持续发展理念则始于人类对破坏自然环境的反思。从1972年首届联合国人类环境会议发表《人类环境宣言》开始，国际组织开始行动，全球环境保护意识逐步增强，各国针对环境保护、社会责任的披露准则、倡议等纷纷出台。首先是可持续发展的概念正式被提出，进而出现了可持续发展原则和目标，之后ESG概念出现，ESG投资随即如火如荼，由此产生了对可持续会计准则的需求。2015年可持续发展17项目标的完整提出无论是对ESG发展还是可持续发展都是一个全面的总结。之后，ESG与可持续发展互相影响、互相渗透，成就了ESG发展的新局面。图1-4基本总结了2015年之前ESG与可持续发展的标志性事件。

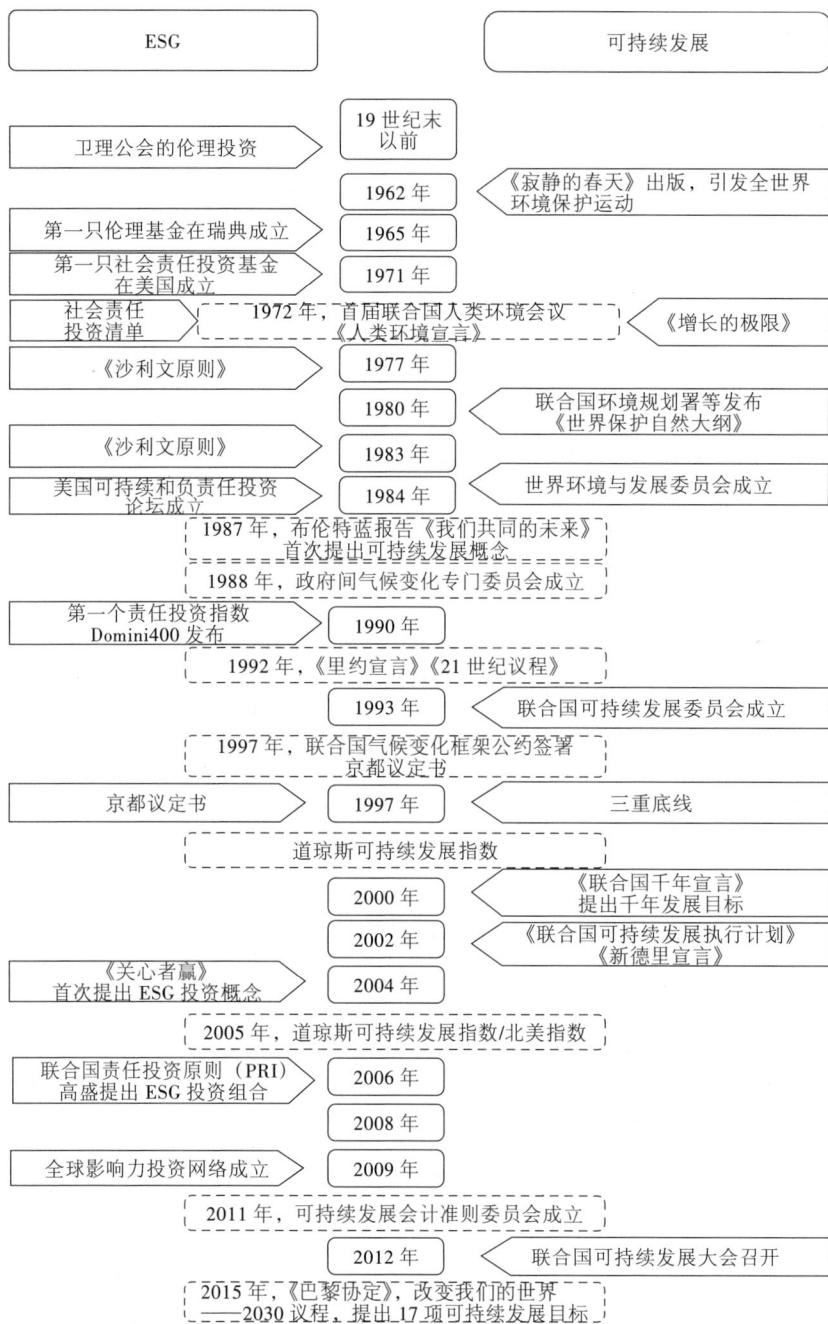

ESG		可持续发展
卫理公会的伦理投资	19 世纪末以前	
	1962 年	《寂静的春天》出版，引发全世界环境保护运动
第一只伦理基金在瑞典成立	1965 年	
第一只社会责任投资基金在美国成立	1971 年	
社会责任投资清单	1972 年，首届联合国人类环境会议《人类环境宣言》	《增长的极限》
《沙利文原则》	1977 年	
	1980 年	联合国环境规划署等发布《世界保护自然大纲》
《沙利文原则》	1983 年	
美国可持续和负责任投资论坛成立	1984 年	世界环境与发展委员会成立
1987 年，布伦特蓝报告《我们共同的未来》首次提出可持续发展概念		
1988 年，政府间气候变化专门委员会成立		
第一个责任投资指数 Domini400 发布	1990 年	
1992 年，《里约宣言》《21 世纪议程》		
	1993 年	联合国可持续发展委员会成立
1997 年，联合国气候变化框架公约签署京都议定书		
京都议定书	1997 年	三重底线
道琼斯可持续发展指数		
	2000 年	《联合国千年宣言》提出千年发展目标
	2002 年	《联合国可持续发展执行计划》《新德里宣言》
《关心者赢》首次提出 ESG 投资概念	2004 年	
2005 年，道琼斯可持续发展指数/北美指数		
联合国责任投资原则（PRI）高盛提出 ESG 投资组合	2006 年	
	2008 年	
全球影响力投资网络成立	2009 年	
2011 年，可持续发展会计准则委员会成立		
	2012 年	联合国可持续发展大会召开
2015 年，《巴黎协定》，改变我们的世界——2030 议程，提出 17 项可持续发展目标		

图 1-4　ESG 与可持续发展大事记（2015 年前）

1.4.3　ESG与可持续发展评价体系比较

国内外著名的 ESG 评级机构（包括独立的评级机构、研究机构、专业数据提供商等）已经形成相对成熟的 ESG 评级体系。虽然存在评级分歧，但已经基本形成以环境、社会、公司治理三大主题为统领包含若干议题和指标的评级指标体系（本书第 3 章）。

可持续发展指标（SDI）体系作为评估可持续发展的重要工具，始于 1992 年联合国 21 世纪议程可持续发展委员会的倡导。其目的是将指标作为重要的技术基础，通过指导可持续发展决策、信息改进和数据收集，为国家和组织衡量可持续发展进程提供可测量的目标。此后，国际可持续发展指标体系研究得到了长足发展，主要的可持续发展指标体系有：经济合作与发展组织（OECD）提出的"驱动力–状态–响应"（DSR）指标概念、联合国可持续发展委员会（UNCSD）的指标体系、联合国统计局（UNSTAT）的可持续发展指标体系框架（FISD）、国际科联环境问题科学委员会（SCOPE）的可持续发展指标体系、联合国开发计划署（UNDP）的人文发展指标（HDI）、世界银行的"新国家财富"指标体系、加拿大国际可持续发展研究所（IISD）的环境经济持续发展模型（EESD）等等。

国际典型的可持续发展指标体系的主题都十分清晰、明确，都是围绕人类圈这一核心理念，涉及受人类社会影响的各领域，而指标的选择也是紧密围绕相关主题（张杰等，2020）。其中，联合国可持续发展委员会（UNCSD）于 2007 年发布第 3 版报告——《可持续发展指标：指南和方法学》，包括社会、经济、环境 3 个维度，14 个主题，44 个子主题，96 项指标（50 项核心指标和 46 项非核心指标）的指标体系，为各个国家提供了一套广泛接受的、对各国开发可持续发展指标体系具有重要参考意义的指标体系，见表 1-4。

表1-4　　　　　　　　　　　UNCSD指标框架（2007）

维度	主题	子主题	核心指标示例
社会	贫困	贫困、收入不平衡、环境卫生、饮水、能源获得、居住条件	生活在国家贫困线以下的人口比例
	管理	腐败、犯罪	每 10 万人中发生故意杀人案件的数量
	健康	死亡率、医疗服务供给、营养状况、健康状态及风险	5 岁以下儿童死亡率
	教育	教育水平、识字	初等教育净入学率
	人口统计	人口、旅游	人口增长率
环境	自然灾害	气候变化、臭氧层耗竭、空气质量	二氧化碳排放量
	土地	土地利用和状态、荒漠化、农业、森林	森林覆盖率
	海洋和海岸	海岸带、渔业、海洋环境	受保护的海洋面积比例
	碳水	水量、水质	所使用水资源占总量的比例
	生物多样性	生态系统、物种	物种威胁状态的变化
经济	经济发展	宏观经济表现、可持续公共财政、就业、信息和通信技术（ICT）、研发、旅游	人均 GDP
	全球经济合作	贸易、外部筹资	经常账户赤字占 GDP 的比例
	消费和生产模式	物料消耗，能源使用，废物产生和管理，交通	废物处理与处置

　　资料来源：UNDESA. Indicators of Sustainable Development：Guidelines and Methodologies［R］. 3rd ed. New York：United Nations，2007；转引自张杰等 . 国际典型可持续发展指标体系分析与借鉴［J］. 中国环境管理，2020（4）：89-95。

国内可持续发展指标体系大概有：国家计委国土开发与地区经济研究所提出的可持续发展指标体系，包括社会、经济、资源和环境四个方面 41 个指标；中国国际经济交流中心提出的可持续发展指标体系由经济发展、社会民生、资源环境、消耗排放和治理保护五个主题构成，下设 25 个二级指标，45 个三级指标。中国科学院可持续发展战略研究组提出的可持续发展综合国力评价指标体系则由经济力、科技力、军事力、社会发展程度、政府调控力、外交力、生态力等七大类 23 个二级指标 85 个三级指标构成；国家统计局和 21 世纪议程成立的课题组认为中国可持续发展指标体系应涵盖经济、资源、环境、社会、人口及科教六大领域，涉及 28 个二级指标 304 个三级指标；中国国际经济交流中心与美国哥伦比亚大学地球研究院构建的中国可持续发展指标体系（CSDIS）包括经济发展、社会民生、资源环境、消耗排放、治理保护 5 个一级指标。相对于 UNCSD（2007）指标体系，CSDIS 在经济、社会方面的指标之外，扩充了环境指标，将经济活动对环境的影响分为资源环境、消耗排放和治理三个维度。

比较 ESG 指标体系和可持续发展指标体系可以发现：单纯从指标体系框架来看，ESG 评价体系的 3 个维度与可持续发展指标体系的 3 个维度均包括了对环境和社会方面的考量，ESG 的第三个维度为治理，而可持续发展指标体系的第三个维度为经济。二者对社会、环境都给予了同样重视，但各有侧重。将 UNCSD 指标框架（2007）与 MSCI 的 ESG 评级指标体系进行比较，二者在环境方面关注的关键议题非常相似，比如自然资源（土地、水、生物多样性等）、污染物排放、环境治理等。在社会维度，可持续发展关注广泛意义上的社会贫困、教育、健康、人口等，而 ESG 评级体系则关注企业内部人力资本、产品责任以及有利益关系的相关方。

ESG 评级指标体系的评价对象是微观企业，是 ESG 实践的主体；可持续发展指标体系评价的是全球、区域、国家、各级政府等。尽管国内许多学者（张晓红、权小锋，2009；张波等，2013；庄莉等，2013；陶娅，2014；高波、秦学成，2017；苏屹、于跃奇，2018；黄秋爽等，2019；李雪姝、王海东，2020；贺新闻，2020；王驰等，2021）就企业可持续发展评价体系提出了很多观点和建议，但将 ESG 与可持续发展结合起来对企业进行综合绩效评价的几乎没有。随着企业 ESG 实践的不断发展，将 ESG 评价体系与可持续发展相结合，融合财务与非财务两方面，综合评价企业竞争力和可持续发展能力的做法将成为常态。

1.5　ESG在我国的发展

1.5.1　我国的ESG投资现状

近年来，受欧美国家可持续投资理念的影响，中国 ESG 投资发展迅速，规模不断扩大。青云创投发起成立中国环境基金，这是国内第一只致力于清洁技术领域投资的海外系列创业投资基金。2008 年，兴业全球基金管理有限公司发布了国内首只社会责任主题的基金产品，开启了境内资产管理机构的 ESG 投资热潮。随着我国双碳目标的提出和生态文明理念的深入发展，投资者对于 ESG 金融产品的认可度也不断增强，各类头部金融机构对 ESG 投资的意识正逐步深化，以银行业和资管业为表率的 ESG 相关产品规模不断提高，已创新开发 ESG 指数、ESG 理财产品、ESG 投资基金、ESG ETF 等金融产品不断增加。以签约联合国负责任投资组织（Principles for Responsible Investment，简称 UN PRI）的情况来看，自 2017 年以来，我国资管机构加入 UN PRI 的数量呈现持续增长趋势。截至 2023 年 4 月 9 日，累计已有 132 家中国机构加入 UN PRI，较 2021 年年底的 83 家增长了约 59%。在 132 家资管机构中，资产管理者、服务供应商和资产所有者分别占 72%、25%、3%，其中，资产管理者是 ESG 投资的主体。

虽然 ESG 投资的口径没有全球统一标准，但中央财经大学绿色金融国际研究院与《每日经济新闻》联合发布的报告——《中国上市公司 ESG 行动报告 2022—2023》[①]将在投资策略中包含了 ESG 整合、公司

---

① 中央财经大学绿色金融国际研究院 https://iigf.cufe.edu.cn/info/1014/7437.htm。

参与和股东行动、标准化筛选、负面筛选、正面筛选、可持续主题投资或影响力投资中的一个或者多个 ESG 投资策略的公募基金产品认定为 ESG 公募产品，据此通过关键词筛选的方式统计我国 ESG 公募基金的规模。截至 2022 年 12 月 31 日，我国 ESG 公募基金共有 624 只，总规模约 5 182 亿元。相较于我国公募基金约 26 万亿元的总规模，ESG 公募基金比例仅占约 2%，总体市场规模仍然较小。

除 ESG 公募基金的规模外，该报告还对国内 ESG 指数（包括 ESG 主题指数、ESG 股票指数、ESG 主题债券指数）的发行情况、国内 ESG 银行理财产品发展现状、国内 ESG 金融产品发展现状进行了统计。

1.5.2 我国上市公司 ESG 实践情况

（1）ESG 报告发布情况

ESG 信息披露是企业 ESG 实践的评价依据（董瑞华，2022）。在全球 ESG 浪潮推动下，我国上市公司 ESG 信息披露情况也步入了快车道。商道融绿[1]统计了 2009 年至 2023 年（截至 2023 年 6 月 2 日）A 股 ESG 报告的发布情况（如图 1-5 所示）：从 2009 年至 2021 年，我国 A 股 ESG 报告发布率基本在 22% 至 27% 左右浮动。但 2022 年、2023 年两年的发布率快速上升，2022 年发布率为 31.53%，2023 年快速上升为 34.5%。发布 ESG 报告的上市公司数量已从 2009 年的 371 家增加到 2023 年的 1755 家，沪深 300ESG 报告的发布率高达 92.8%。海南省绿色金融研究院对 2022 年及之前 ESG 披露率的统计结论基本相同。[2] 中央财经大学绿色金融国际研究院的统计结果也与这两家研究院的统计数据相差无几。[3]

（2）ESG 不同维度指标披露情况

商道融绿统计了自身 ESG 评估体系中各行业共有的 ESG 通用指标披露情况，结果发现：2018 年至 2023 年中证 800 成分股 ESG 指标的披

---

[1] 商道融绿 http: syntaogh.com/products/asesg 2023。
[2] 海南省绿色金融研究院 http: //www.hgfi.cn/html/achievement.html。
[3] 中央财经大学绿色金融国际研究院 https: //iigf.cufe.edu.cn/info/1014/7437.htm。

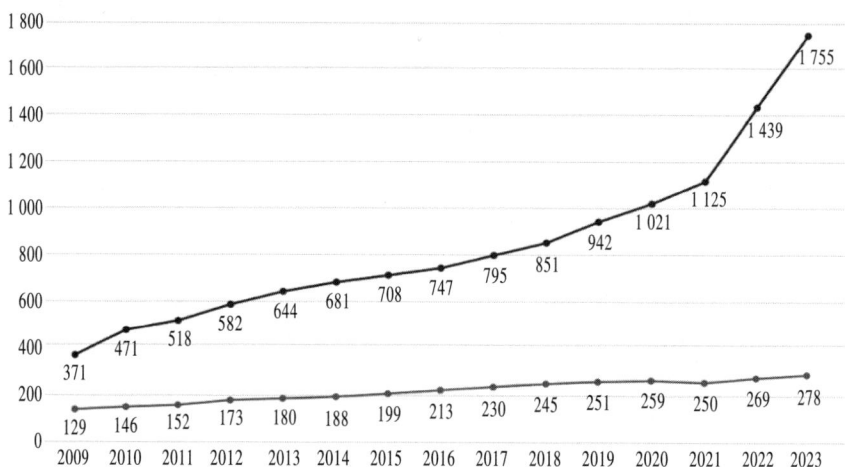

图 1-5　A 股上市公司 2009—2023 年 ESG 报告发布率

资料来源：商道融绿。

露率持续上升，其中，环境指标的披露率从 29.98% 提升至 68.61%，社会指标的披露率由 18.31% 提升至 41.18%，治理指标的披露率从 52.39% 提升至 63.20%。治理指标的披露率一直处于较高的水平，但增长缓慢；社会指标披露率持续稳定增长，但依然是披露最为薄弱的指标。中央财经大学绿色国际金融研究院对上市公司 2020 年—2022 年 ESG 各维度信息披露得分进行统计发现：环境维度的定性指标和定量指标得分均有较大幅度上升；社会维度定性指标得分呈上升趋势，定量指标得分基本持平；治理维度无论是定性指标还是定量指标得分均呈现下降趋势。同时，该研究成果还发现，上市公司 ESG 三个维度的定性指标披露水平均高于定量指标披露水平。

社会维度的信息披露评分中，定性指标得分呈上升趋势，定量指标得分则基本持平，治理维度的信息披露得分，无论是定量指标得分还是定性指标评分均呈下降趋势。三个维度的信息披露均呈现出定性指标披露水平高于定量指标披露水平的趋势，表明在上市公司的 ESG 信息披露中，定量指标的信息披露仍与定性指标的信息披露存在较大差距。

（3）主要的 ESG 议题

商道融绿研究团队结合国际标准和中国环境、社会及经济发展现状，对中证800成分股公司的ESG报告披露内容进行分析，识别现阶段影响中国公司运营的核心ESG议题共14项，其中环境议题5项，社会议题6项，治理议题3项。商道融绿对ESG3个维度的核心议题的管理和信息披露进行的统计结果显示：环境维度的5个ESG核心议题按照得分从高到低依次为环境政策、污染物排放、应对气候变化、能源与资源消耗和生物多样性；社会维度共有6个ESG核心议题，绩效得分从高到低依次为产品管理、客户权益、社区、员工发展、数据安全和供应链管理；治理维度共有3个ESG核心议题，分别为治理结构、商业道德和合规管理，且治理结构方面的信息披露仍然明显高于商业道德和合规管理。

商道融绿的研究报告中还对应对气候变化这一环境方面的核心议题进行了重点分析。从行业表现来看，中证800成分股中的卫生服务业、交通运输、仓储和邮政业、金融业在应对气候变化核心议题的绩效位列前三，而信息传输、软件和信息技术服务业、运输设备和通用专用设备制造业、其他服务业则排名靠后。

润灵环球和第一财经研究院、诺亚控股联合（以下简称第一财经研究院）发布的《2022中国A股公司ESG评级分析报告》也对截至2022年5月31日A股上市公司2022年ESG分维度的主要议题进行了统计，环境维度主要关注了气候相关信息议题，尤其是温室气体排放管理信息；社会维度的主要议题为员工权益、员工发展和公益慈善，该报告同时发现60.6%的参评企业公益活动与国家相关扶贫政策相关；治理维度包括董事会、独立董事、董事长与CEO的两职分离、ESG风险管理制度等议题。

商道融绿认为，无论是A股ESG报告发布率近两年来的快速增长，还是应对气候变化核心议题管理和信息绩效的提升，都与政策的推动息息相关。前者主要是由于2021年6月28日证监会发布修订后的上市公司年度报告和半年度报告格式准则，新增了环境和社会责任章节，鼓励公司自愿披露为减少碳排放所采取的措施及其效果、巩固拓展脱贫攻坚成果以及服务乡村振兴等工作情况，后者则主要与碳市场交易有关。第一财经研究院的报告中也表达了类似的结论。

1.5.3 我国上市公司ESG评级情况

（1）我国企业ESG评级的国际比较

MSCI ESG样本中前十大经济体ESG评级分布情况如图1-6所示。新加坡管理大学金融学副教授、新加坡绿色金融中心联席主任梁昊（2023）研究了MSCI中的各国企业ESG评级，结果发现在政策倾向、监管法规以及来自资本市场和客户的压力的综合作用下，ESG评级在中国企业和投资者间逐渐流行，越来越多的中国投资者和企业采用国际主流ESG评级。与MSCI评级样本前十的国家相比，中国企业的ESG评级表现集中在中后段。2019—2022年，在与其他市场ESG指数相比时，MSCI中国股份指数的ESG评级分布整体呈现出向上迁移的趋势，ESG水平落后于行业平均水平（CCC级和B级）的比例从2019年的59%下降到2022年的51%。但是，中国处于行业ESG领先水平（AAA级和AA级）的企业数量较少，与新兴市场和世界综合指数对比也呈现出偏后的特征。MSCI中国指数（China）、新兴市场指数（Emerging Markets）和全球指数（ACWI）评级ESG分布比较如图1-7所示。

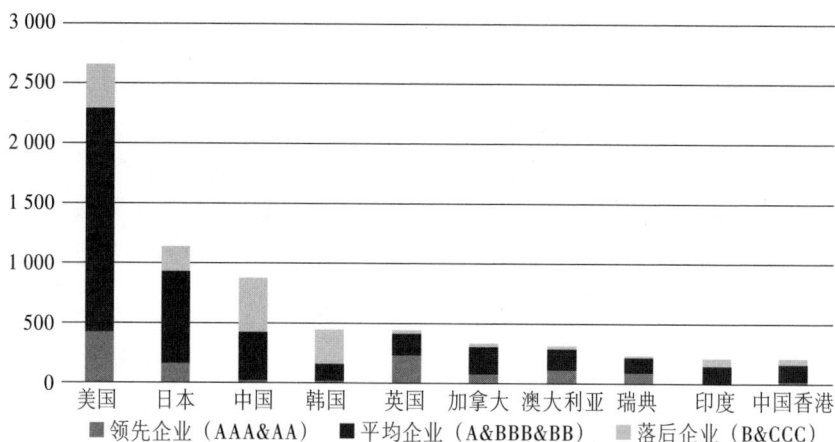

图1-6 MSCI ESG样本中前十大经济体ESG评级分布情况

资料来源：梁昊.中国企业的ESG：从评级到实践［EB/OL］.（2023-02-02）.https://www.yicai.com/news/101663638.html。

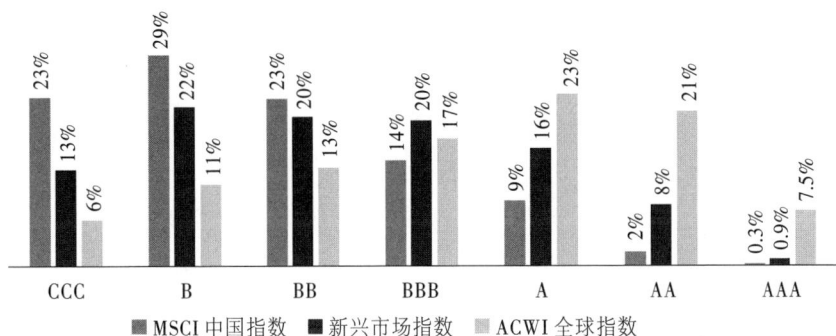

图1-7 MSCI中国指数（China）、新兴市场指数（Emerging Markets）和
全球指数（ACWI）评级ESG分布比较

资料来源：同图1-6。

梁昊分析了产生上述差距的原因：首先，中国企业往往对于ESG相关信息披露不足，尤其是按照国际披露标准（如GRI，TCFD等）的企业屈指可数；其次，受中国资本市场的限制，ESG投资的体系还不够健全，缺少足够的ESG投资产品，股价对企业ESG的反馈机制较弱；最后，国内缺乏足够的ESG教育，企业高管对如何践行国际通行的ESG准则缺少认知。

（2）A股上市公司ESG评级结果

①第一财经研究院ESG评级结果

第一财经研究院发布的《2022中国A股公司ESG评级分析报告》通过对截至2022年5月31日1 267家A股披露ESG及相关报告的上市公司ESG信息进行ESG评级，统计了A股公司的ESG表现。该报告使用的评级体系采用了176+环境维度指标、128+社会维度指标、45个治理维度指标，评级结果得分由高到低分为AAA、AA、A、BBB、BB、B、CCC七级。评级结果大致如下：

从评级结果的区间分布来看：约89.8%的被评估企业的ESG评级结果为B、BB和BBB三个等级，其中BB级占比62.9%。获得A评级和CCC评级的比例分别为1.7%和8.5%，没有公司被评为AA级和AAA级。

从行业分布来看，独立电力生产商与能源贸易商、航空公司以及保险得分位列前三。医疗保健技术、水公用事业、建筑产品得分靠后。

　　从区域分布来看，有 71.4% 的发布 ESG 报告的上市公司集中在东部经济较发达的省市。获得 A 级和 BBB 级评级的公司大多集中在广东省、北京市和上海市。值得注意的是，各省市 ESG 平均得分前三名中除了广东省、北京市之外，云南省位列第三。

　　从企业规模来看，大型企业在 BBB 及以上级别（BBB 级和 A 级）的占比要高出中型企业和小微企业，尤其是被评为 A 级的 21 家企业皆为大型企业。小微企业在 CCC 级的占比要明显高于其他两类企业。

　　从企业权属方面来看，不论是国企、外企还是民营企业，获得 B 级评级的占大多数。A 级和 BBB 级国企占全部参评国企的 11.3%，外企在这两个级别的分布占比合计为 10.6%，但外资企业在 A 级的分布比例明显高于其他两类企业。

　　②商道融绿评级结果

　　商道融绿基于其 STAR ESG 数据平台，统计了按照自身 ESG 评估体系计算的中证 800 成分股公司的 ESG 评级，从图 1-8 可以看出，中证 800 成分股公司的 ESG 评级整体仍不理想：获得 C 级评级的公司总数比较少；近 6 年时间里，中证 800 成分股公司中没有一家公司获得 A+ 评级，直到 2021 年才出现了 1 家获得 A 级评级的企业，2022 年和 2023 年分别有 2 家和 7 家公司获得 A 级评级；6 年来，获得 A-、B+ 评级的公司增幅明显，获得 B- 评级的公司总数最多，获得 B-、B+、C 级评级的公司呈逐年下降的趋势。

　　虽然中证 800 成分股公司中获得 A+ 和 A 级评级的公司数量较少，但令人欣喜的是，整体来看，2018 年至 2023 年中证 800 成分股公司的 ESG 评级有明显提升，并在 2022 年和 2023 年呈现出加速提升态势。其中，评级在 B+ 级（含）以上的公司数量从 2018 年的 63 家增至 2023 年的 506 家，增幅达 703%，评级在 C+ 级（含）以下的公司数量从 2018 年的 199 家降至 34 家，降幅达到 82.9%。

　　中央财经大学绿色金融国际研究院对富时罗素、MSCI 的 ESG 评级体系中我国 A 股上市公司评级情况进行统计后发现，处于领先及平均水平的企业数量较少，处于落后水平的企业数量较多，而国内评级机构对中国上市公司的 ESG 评级结果分布更加合理。关于 ESG 评级体系的更多内容本书将在第 3 章进行介绍。2018—2023 年中证 800 成分股 ESG 评级分布如图 1-8 所示。

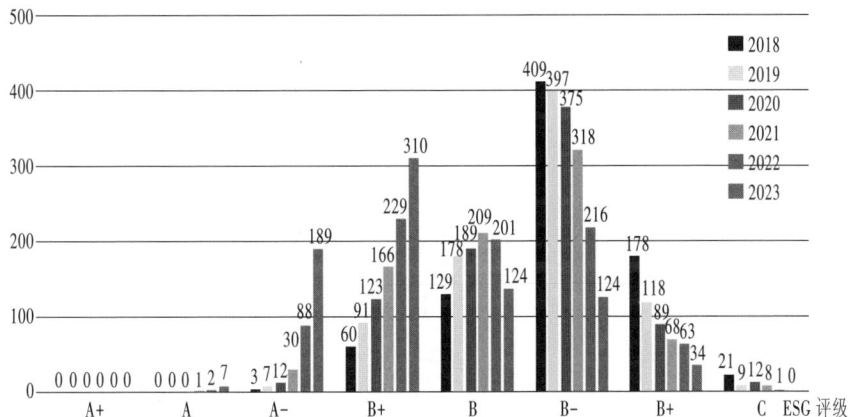

图 1-8　中证 800 成分股 ESG 评级分布（2018—2023 年）

1.6　ESG会增加企业价值吗

1.6.1　企业践行ESG的主要动因

2004 年的 ESG 是被作为一项投资行为而正式提出的，在《关心者赢》报告中对企业践行 ESG 的动机做了全面的表述。在报告描绘的 ESG 生态圈中，无论是分析师、会计师还是券商、咨询机构等，报告对其所提的建议都是基于 ESG 投资所做的思考。企业践行 ESG 的主要动因是什么？《关心者赢》报告中对企业践行 ESG 的动机做了最为全面的表述。在该报告的专栏 9 中，明确了管理环境、社会和治理问题促进股东价值创造的驱动因素，对企业参与 ESG 的主要动因做了总结。这些动因可能包括：

（1）及早发现新出现的风险、威胁和管理失效；

（2）新的商业机会；

（3）客户满意度和忠诚度；

（4）被誉为有吸引力的雇主；

（5）与商业伙伴和利益相关者进行联盟与合作；

（6）强化信誉和品牌；

（7）减少监管干预；

（8）节约成本；

（9）获得资本，降低融资资本；

（10）更好的风险管理，更低的风险水平。

在此基础上，各研究机构也对企业践行 ESG 的动机做了调研。以 2022 年 10 月《哈佛商业评论》（中文版）联合贝恩公司一同发布的《放眼长远，激发价值——中国企业 ESG 战略与实践白皮书》①为例，该报告的调查结论显示，受访企业（21 家中国公司）对实践 ESG 理念的主要动机的选择依次是：提高核心业务长期表现和发展质量（100%）、供应链安全与优化（81%）、合规要求/政策推动（78%）、控制风险（67%）、维护公众形象需要（62%）、提高员工满意度（57%）、融资评级/信息披露要求（52%）、受客户/用户的需求推动（52%）、外部投资人需求（24%）。该报告得出结论：ESG 可以为企业带来多重价值，在防范风险的同时实现提质增效：首先，良好的 ESG 表现能够帮助企业识别、管理并降低风险，避免价值破坏，还可以降本增效，收获长期利润；其次，在满足合规要求之余，若企业将 ESG 作为积极应对变化的突破点，以快制快，则能够获得政府和相关部门的补助；再次，ESG 还是企业升级战略、维护老客、拓展新客、增加收入的重要途径；最后，ESG 可以帮助企业拓宽融资渠道、降低融资成本。简言之，企业践行 ESG 的目的是放眼长远，激发价值。

华宝证券在前述 2022 年的研究报告中将 ESG 生态圈中实体企业践行 ESG 的动因或 ESG 带给企业的价值描述为："有助于企业对外降低违规成本，推进转型发展，防范金融风险，并形成良好的社会声誉与公众形象；对内降低舞弊、腐败、内控缺失等公司治理风险，促进企业可持续发展，扩宽长期盈利空间。"

---

① 资料来源：贝恩公司官网 https://www.bain.cn/news_info.php? id=1530.

《2023中国资本市场ESG信息质量暨上市公司信息透明度指数白皮书》中关于"上市公司披露ESG相关信息的主要动机"的调研显示，2021—2023年，受访企业认同度从高到低的选项依次是：承担社会责任、提高公司品牌和声誉、增进投资者信息、协助公司辨认自身机遇与挑战、满足政府要求、服务消费者、降低公司融资成本、提高公司股票价格、满足其他利益相关者（如银行、客户、员工等）要求、满足投资者要求、承担同行压力。

邱慈观（2022）在讲到中国ESG时，从国家发展目标的框架出发，认为能够"通过ESG优化国内体制"。如ESG倡导企业要优化人力资源，有助于积累社会资本；ESG要求的拒绝贪腐有助于维护社会公平；ESG要求的节能减排有助于保护自然生态。而社会资本积累、社会公平和自然生态平衡都是国家发展目标，反映于国家的五大发展理念（创新、协调、绿色、开放、共享）、供给侧改革、高质量发展、碳中和目标之中。

企业是否开展ESG实践的内在动因在于行为的价值产出能否契合企业的可持续发展需求（杨有德等，2023）。相关的可持续发展理论认为，企业的可持续发展是一个包括了经济可持续、社会可持续和环境可持续的综合发展。

美国霍夫斯特拉大学可持续性研究院院长罗伯特·布林克曼（Robert Brinkmann）在其著作《可持续发展概论》（刘国强译，2021）中对企业为什么会关注可持续发展的回答包括：利润、公共关系、利他主义、对行业长期可持续发展的关注、专业标准和规范。

可以发现，诸多有关企业践行ESG动机的调研报告结果与《Who Cares Wins》报告中对企业践行ESG动机的表述基本一致。践行ESG对企业的价值主要表现为：

（1）通过践行ESG树立企业良好的声誉，强化企业品牌，进而提升客户满意度和忠诚度，吸引更多潜在投资者、商业伙伴和利益相关者的合作，包括金融机构，由此可以获得更多的业务拓展机会和融资机会，扩大企业规模、提升企业业绩、降低融资成本等。

（2）通过践行ESG减少监管干预，增强企业经营的合法合规性，及早发现和识别新出现的风险、威胁和管理失效因素，并制定应对潜在风险的应对措施，降低受到处罚、面临诉讼等的风险，减少因此带来的经营成本和损失。

（3）放在国家发展战略框架内，企业践行 ESG 有助于优化国内体制，实现国家发展战略。

无论企业践行 ESG 的动机是规避风险还是赢得声誉，都是服务于企业发展的终极目标，即实现企业价值最大化。践行 ESG 是否会提升企业价值？这是决定 ESG 到底能走多远的关键问题。

1.6.2　践行 ESG 与企业价值

（1）ESG 与企业价值的研究结论

ESG 和企业价值之间的关系，一直是个受人瞩目的议题（邱慈观，2020）。基于委托代理理论对 ESG 与企业价值关系的研究结论认为，ESG 与企业价值负相关。而依据利益相关者理论，企业的 ESG 实践是对各种利益相关者负责任的表现，因此企业的 ESG 实践与企业价值正相关（Freeman，1984）。比较优势理论从战略的视角解析了企业实践 ESG 的理由，认为 ESG 实践可以为企业创造竞争优势，最终提高企业价值（Porter and Kramer，2006）。共享价值创造理论认为，当企业针对紧迫的社会问题，为利益相关者推出有创意的解决方案时，可以为双方创造共享价值，并反映于彼此价值的增加上（Porter and Kramer，2011；Crane 等，2014）。邱慈观（2020）将企业 ESG 实践和价值之间呈正向关系的看法称为"企业价值假说"，并认为建立 ESG 数据库是获取检验企业价值假说所需的 ESG 数据的三种努力方向之一，ESG 评级则为这种努力提供了可能。Dai 等（2021）研究发现，企业和其供应商通过 ESG 实践产生了共享价值，即当企业和供应商参与协同式的 ESG 时会为双方创造经济价值，反映于销售成长、成本降低、市净率增加等方面。

邱慈观（2020）总结了 ESG 实践与企业价值的研究结论，认为"历史研究结论整体表明，当企业进行利益相关者管理时，会获得利益相关方的支持，诸如能吸引优秀员工加入、能获得买方厂商的订单、能获得更好的融资渠道、能强化市场竞争优势、能提高企业形象等，最终造成企业价值的增加。"

关于践行 ESG 对企业的经济后果及影响路径的研究文献，在本书第 4 章中将详细阐述。践行 ESG 与中国式现代化的关系在本书第 3 章也有涉及。

（2）中国特色 ESG 实践议题

中央财经大学绿色金融国际研究院与每日经济新闻联合发布的《中国上市公司 ESG 行动报告 2022—2023》提出了因地制宜，构建中国特色 "1+1" ESG 框架的建议。第一个 "1" 是以国际 ESG 指标中的共性指标作为普适性基础框架，第二个 "1" 是基于中国国情与战略布局形成的特色 ESG 指标。其中：①环境维度。环境维度的议题源于早期国家粗放式经济增长带来的环境问题，因而在指标设置上多从 "生态文明建设" 的宏观战略议题出发，重点关注节能、污染防治、资源节约与循环利用、清洁交通、清洁能源、生态保护与适应气候变化等领域。②社会维度。社会维度指标更多地体现在国家宏观战略的执行，包括扶贫、乡村振兴、共同富裕、农业发展、灾害救助、公共卫生等内容。③治理维度。考虑到中国 ESG 市场的成熟度、市场特点以及上市公司的组织形式差异，在组织架构、独立董事、盈余质量、现金分红等关键指标设置上，融合了 "党建" 内容。

中国特色 ESG 议题是我国上市公司的实践行动，是在我国社会主义国家特殊情境之下的企业行为，是一种 "自上而下" 的政策驱动的结果。企业践行这些 ESG 特色议题是否会增加企业价值，能否带来企业盈利能力的持续增长？如果不能，企业未来是否还要继续在这些特色议题上持续投入？如果答案是肯定的，那么其作用机制又是什么？影响程度如何？

进一步来看，ESG 评级体系中如何加入这些具有中国特色的 ESG 议题？这些议题的加入如何影响企业的 ESG 评级结果？"1+1" 的 ESG 评级体系如何构建？指标如何量化？面对全球 ESG 披露标准和国际可持续财务准则，我国的上市公司该如何应对，如何处理国际准则与中国特色的关系？

面对特色 ESG 实践议题是否会带来企业盈利的持续增长这一问题，本书通过实证分析从 ESG 的三个维度各选择了一个特色议题并进行量化，检验其对企业盈余持续性的影响及作用路径。这为我国上市公司践行特色 ESG 提供了实证依据，增强了上市公司践行特色 ESG 的内生动力，为推动我国 ESG 实践、ESG 投资的快速发展解决了机制问题。

面对特色 ESG 实践议题如何影响 ESG 评价结果这一问题，本书介绍了国内外主要的 ESG 评级体系，并运用案例分析法对加入 ESG 特色议题前后的企业 ESG 评级结果进行比较。

除此之外，本书还探讨了 ESG 分歧、反 ESG 行动等问题。

第2章　ESG 相关理论

黄世忠（2021）指出，可持续发展理论、经济外部性理论、企业社会责任理论是支撑 ESG 的三大理论支柱，企业在日常经营活动中需要积极履行社会责任，正视其经营活动所带来的外部性影响，从而在长期发展中实现经济、环境和社会效益的平衡。李小荣和徐腾冲（2022）的研究支持了黄世忠 ESG 三大理论的观点，他们认为，ESG 促使企业更加重视环境、社会责任和公司治理议题，体现了可持续发展理论的精髓。ESG 实践通过收取排污费、设立碳排放交易权、补贴新能源汽车等方式产生溢出效应，蕴含了经济外部性理论的思想。ESG 还倡导兼顾利益相关者的权益，符合企业社会责任理论的要求。

王大地和黄洁（2021）在其著作中深入探讨了企业环境责任理论和公司治理理论，并将其作为 ESG 理论的重要组成部分，认为对环境责任的积极履行和良好的公司治理结构能够为企业的可持续发展提供保障。

本书作者梳理了有关 ESG 研究的文献，发现国内关于 ESG 理论基础的观点还有很多，大概有：资产价值理论和利益相关者理论（张慧，

2022)、合法性理论和制度理论（黄琭等，2023）、信息不对称理论（胡洁等，2023）、声誉理论（孙慧等，2023）、风险理论（杨有德等，2023）等等。有关 ESG 的学术研究从不同视角、依据不同理论基础对 ESG 表现的经济后果进行了较为深入的研究（详见本书第 4 章）。除黄世忠（2021）的阐述外，有关 ESG 理论基础的系统论述很少，仅有的研究又很碎片化。从 ESG 不同主体视角探究其理论基础，不仅有助于厘清 ESG 不同内涵之间的关系，而且有助于针对 ESG 的不同研究方向进行深入探索，挖掘 ESG 的理论价值和现实意义，寻求提升 ESG 价值的机制和路径。

前一章明确了 ESG 实践、ESG 投资、ESG 评价在 ESG 生态圈中的不同角色定位。基于实体企业视角的 ESG 即 ESG 实践，对 ESG 实践的研究属于管理学研究范畴，其理论基础为企业理论。基于投资者或资产管理人视角的 ESG 即 ESG 投资，通常由 ESG 投资人驱动，由金融中介机构展开，形成具体的 ESG 投资策略或金融产品，因此，ESG 投资属于金融学范畴，其理论基础为投资理论。ESG 评价是链接 ESG 实践和 ESG 投资的第三方企业活动，其主要职责是消除双方之间的信息不对称，相关理论主要为信息不对称理论。

ESG 实践理论首先包含可持续发展理论与代际公平理论。企业在追求经济发展的同时，也要关注对环境和社会的影响，注重三者协调发展，这是 ESG 与可持续发展的共同理念。从时间维度来看，财富的分配不仅要满足当代人生产生活的需要，更要满足子孙后代生产生活的需要，即代际公平理论。从空间维度来看，基于资源供给的视角，不同利益相关者为企业生产提供资源，企业需要对不同利益相关者负责，即利益相关者理论；基于企业行为后果的视角，企业的经济活动会对环境、社会产生外部性；基于经济外部性理论，企业需要承担相应的环境和社会责任。企业的 ESG 实践在我国可以用更为朴素的"两山"理论予以解释。

ESG 投资不仅要考虑评级机构的评级结果，更要对 ESG 产品、ESG 投资策略、投资组合的投资收益进行测算和评估，以确定 ESG 投资的可持续性。因此，各类投资组合理论对于指导投资者进行 ESG 投资，制定投资策略，以获得最大回报具有重要作用。伦理投资作为一种融合了财务考量与道德价值观的投资策略，不仅仅关注投资回报，在投资决策中还会考量企业对环境的影响、企业社会责任的履行情况以及企业的内部治理结构等。

ESG评价是第三方评级机构等对企业ESG实践的信息资料进行搜集、加工、整理并发布评价结果以供投资人进行ESG投资或可持续投资时参考的一系列活动。ESG评价的主体主要是第三方评级机构，基于信息需求、信息处理过程和信息传递结果，ESG评价至少可以包括不对称信息理论、信号传递理论和声誉理论。

2.1 ESG实践理论

2.1.1 可持续发展理论

可持续发展理论萌芽于20世纪60—70年代，正式形成于1987年。可持续发展的概念于1972年斯德哥尔摩世界环境大会上被首次提出。为了应对环境和经济发展的挑战，联合国于1983年12月成立了世界环境与发展委员会（World Commissionon Environment and Development，WCED），由当时的挪威首相布兰特夫人担任委员会主席。WCED于1987年3月向联合国提交了报告《我们的共同未来》（Our Common Future，亦称《布兰特报告》），该报告经第42届联合国大会讨论通过，并于1987年4月正式发布。《我们的共同未来》的发布，标志着可持续发展理论正式诞生。

WCED在报告的第二章中将可持续发展定义为"满足当代人的需要而又不对后代人构成危害的发展"。报告总体上秉承了人类中心主义中把人类意志力施加于自然界并降服自然的思维模式，同时，也继承了生态中心主义中的合理成分，承认人类并不高于自然，而是与其他生物一样，是自然界的组成部分，因此，人类必须改变消费习惯，减小对生态环境的破坏，才能满足当代人和后代人的需要。WCED对可持续发展观念的具体阐述主要包括10个方面（黄世忠，2021），至少包括3层含义：首先，可持续发展的主要目标是要满足人类需要和对美好生活的向往。

这与党的十九大做出的"我国社会主要矛盾是人民日益增长的美好生活需要和不平衡、不充分的发展之间的矛盾"的判断是一致的，表达了人类作为自然界组成部分最朴素的需求。其次，可持续发展提倡在生态环境可承受范围内消费的价值观。包括人口发展与生态环境的承受能力相协调、遏制对资源的过度开采、保护地球生命支持系统、维护大气、水、土壤和生物的完整性、合理利用可再生资源、控制不可再生资源的开发率、保护动植物多样性等等倡议，旨在降低人类活动对环境的影响，以保持生态系统的完整性。Willian E.Rees（1998）提出的"生态足迹"就是通过测算现今人类为了维持自身生存而利用自然的量来评估人类对生态系统的影响。生态足迹的值越高，人类对生态的破坏就越严重。其意义就在于探讨人类持续依赖自然以及要怎么做才能保障地球的承受力，进而支持人类未来的生存与发展。最后，可持续发展提倡经济发展需要确保公平和满足人类需求，确保全球资源的公平获取和技术支持，缓解资源压力。这些阐述为全球实现可持续发展提供了重要指导，成为了可持续发展理论的重要基石。

可持续发展理论的主旨是在满足当前需求的基础上，保护未来的需求，以达到经济、社会和环境的平衡与进步。可持续发展涵盖的范围非常广，小至个人行为，大到全社会、全球的发展都应该遵循可持续发展理念。人类当下的活动不仅要处理好眼前的经济利益与环境和社会利益的平衡问题，还要关注未来几十年、上百年，乃至世世代代的人类生存和发展问题。可持续发展理论从空间上关注了地球生态圈甚至是太空生态圈的生存问题，从时间上关注了上述生态圈的未来发展问题。

对于企业而言，可持续发展理论要求企业积极实现绿色和高质量发展，用可持续发展的眼光进行决策，制定长远的战略规划，优化资源配置，才能让企业在未来的经营环境中保持优势，实现稳健成长。可持续发展理论强调企业将因传统利益驱动而忽视的环境、社会责任等外部性因素内部化，从而实现企业经济效率、环境、社会的共赢。可持续发展理论实现了从单方面强调"利己"和关注"利他"走向关注"共赢"的跨越，协调了以往股东至上主义与利益相关者主义的矛盾，为 ESG 理念的普及与发展奠定了理论基础。ESG 则系统地将环境（E）、社会

（S）、公司治理（G）这三个维度整合起来作为衡量一家企业除经济表现之外的非财务表现的综合概念，将企业的可持续发展用简洁明了的概念表述出来，并逐渐普及，被大众广泛接受。如果说可持续发展是从传统自由经济理论关注"利己"到关注"利他"的转变，那么ESG则从关注广泛利益相关者利益的可持续发展中分化并聚焦股东长远利益，实现了从企业社会责任关注"利他"到可持续发展理论关注"共赢"的转变。

企业的可持续发展主要包括经济可持续发展、环境可持续发展、社会可持续发展。

（1）经济可持续发展。经济发展是基础，可持续发展鼓励经济增长。有了坚实的经济基础，才有能力兼顾环境和社会方面没有了经济作为支撑，很难在其他领域得到发展。经济可持续发展要求企业追求经济增长的数量和质量，改变"高消耗、高污染"的生产模式，实现绿色生产。

（2）环境可持续发展。环境可持续发展要求经济社会发展应当在自然环境的承载能力范围内。企业应当正确看待与环境的关系，在环境可承受的范围内以可持续的方式发展经济，从而保持企业经济发展与生态环境的平衡。

（3）社会可持续发展。社会可持续发展的本质应包括改善人们的生活质量，提高生活水平，创造和谐稳定的社会环境。企业要强化社会责任感，主动承担社会责任，将社会责任置于企业实现长远发展的重要位置。

2.1.2　代际公平理论

"代际公平"是可持续发展原则中关于资源分配的一个重要内容，主要是指当代人为后代人的利益而保存自然资源的需求，以期不同代际的人们都能公平地享有自然资源。代际公平作为可持续发展原则的一个重要部分，在国际法领域和国际条约中已经被广泛地接受和认可。

"代际公平"这一理论最早由美国哲学家约尔·范伯格在《动物与

未来世代的权利》一文中明确提出，由美国国际法学者爱迪·B.维丝（也译为爱蒂丝·布朗·魏伊丝）（1989）进行了深入阐释。其中，最重要的是"托管"这一概念，它的含义是人类每一代人都是后代人类的受托人，在后代人的委托之下，当代人有责任保护地球环境并将它完好地交给后代人。

代际公平理论的逻辑起点是"世代间公平问题"（白瑞雪，2012）。代际公平涉及的世代包括当代人和后代人。与当代人比较，后代人具有在需求上的不确定性、公平的后代主体缺位、平等的内容存在争议、时间延续具有无限性等特点。代际公平中的财富分配和归属问题是代际内及代际间人类经济活动的重要内容。代际公平的义务承担是代际内及代际间人类工作的分配，是人类生产的基础。经济学给出了解决代际公平的基本思路——帕累托最优。但新古典经济学派与财富理论对如何解决代际公平的观点有所不同。新古典经济学派的重点在于微观资源配置，这与财富理论从宏观角度理解代际公平有所不同。新古典经济学派认为，自然资源也是经济学中的"资源"，并且其最佳配置仍然以帕累托最优为准则。若无法在资源的再分配中确保至少一个人得到利益，同时也不会对其他人造成伤害，便可以认为已经实现了资源的最佳分配。对于代际资源分配的问题，新古典经济学派认为也可以在这个框架内进行解释。可以采取的策略是将静态效益的理论拓宽到动态效率的理论，即不只需要关注成本和收益，同样也需要考虑时间因素对这些成本和收益的作用。从经济学的角度看，资源配置有多种方案，决策需要在多种方案之间进行选择。决策人决策的原则是净收益最大，净收益实际上就是收益（效益）减去损失（成本）。使得净收益最大的资源配置方案就是资源配置静态效率最优的配置方案。假设一个跨越特定时间段的资源分配策略能够在所有可能的资源分配策略中获取最大的当前净收益，那么这个策略就被视为具有动态性和有效性。这是解决资源代际分配问题的基本思路。

代际公平理论在企业 ESG 实践中有以下几种内涵：

（1）环境方面的公平。企业在利用资源和保护环境之间要进行平衡。企业在追求经济利益满足自身生产发展需求的同时，对后代负有合理使用资源以使资源可以再生的义务，负有确保企业行为对环境损害最小以满足后代对环境需求的义务。

（2）社会方面的公平。企业有关注当前社会中处于弱势和贫困群体并采取措施确保他们也能享有基本权益和资源的义务，这项义务的履行不仅是对当代弱势群体和贫困群体生存的保护，而且是对后世这类群体继续享受生存基本权利的保障。

（3）治理方面的公平。企业有确保所有利益相关人在企业内获得与其劳动付出相应回报的义务并应当具备确保这项义务得以履行的各种措施和机制，如利益相关者之间的制衡等。

2.1.3 利益相关者理论

斯坦福研究中心（Stanford Research Institute）在1963年提出了"如果没有这些关键的人，公司就无法存活"的理念，从而引入了利益相关者的概念。弗里曼（Freeman）等（1984）在著作《战略管理——利益相关者方法》中将利益相关者定义为"能够影响一个组织目标的实现，或者受到组织实现其目标过程影响的所有个体和群体"。弗里曼认为，利益相关者由于所拥有的资源不同，对企业产生的影响不同。企业的利益相关者包括两类：第一类是持有公司股票的人，如董事会成员、经理人员等，他们被称为所有权利益相关者；第二类是与公司有经济往来的相关群体，如债权人、内部服务机构、消费者、供应商、竞争者、地方社区、管理机构等，被称为经济依赖性利益相关者；米歇尔（Mitchell）（1997）归纳了有关利益相关者的27种定义，可以归纳为三类：第一类定义最宽泛，即凡是能影响企业活动或被企业活动所影响的人或团体都是利益相关者；第二类定义稍窄，即凡是与企业有直接关系的人或团体才是企业的利益相关者，这类定义排除了政府、社会组织以及社会团体、社会成员等；第三类定义最窄，第三类是与公司在社会利益上有关系的特殊群体，如政府机关、媒体等，被称为社会利益相关者；即在企业中下了"赌注"的人或团体才是利益相关者。惠勒（Wheeler，1998）从相关群体是否具有社会性以及与企业的关系是否直接由真实的人来建立两个角度，将利益相关者分为四类：同时具备社会性和直接参与性的为第一类，即主要的社会性利益相关者，主要包括股东、债权人、雇员、客户等。第二类则为社会利益相关者，如政府、社会团体、竞争对手等，这类利益相关者主要通过社会性的活动与企业形成间接关系。第三类为主要的非社会利益相关者，这类利益相关者对企业有直接影响，但却不作用于具体的人，如自然环境。第四类是次要的非社会利益相关者，他们与企业没有直接联系，也不作用于具体的人，但他们也会影响企业的活动，如环境保护组织、动物保护组织等。

利益相关者理论是对传统企业理论中的股东至上理论的颠覆，对公司治理的影响很大。与传统的股东至上理论相比，利益相关者理论认为，企业是所有利益相关者的企业。在企业发展过程中，各利益相关方以直接或间接的方式为企业提供生存所需的资源，如股东为企业提供资金支持，社会为企业构建良好的外部环境，雇员为企业贡献劳动力等。而企业自身则是连接各利益方的纽带，各利益主体都以各自的方式为企业发展做出贡献。企业也应对所有利益相关者履行社会责任，满足各利益相关者的期待，最终达到共赢的目标。按照利益相关者理论，企业目标从股东价值最大化转变为利益相关者价值最大化，公司治理的主体由一元转向多元，公司权利在利益相关者的博弈过程中被重新分配，人力资本受到前所未有的重视。利益相关者理论要求企业管理层在经营决策中妥善处理与不同利益相关者的关系，平衡其正当的权益要求，制约其额外要求，争取利益相关者最大程度的合作以便实现企业的战略目标。

本书第1章对 ESG 生态圈进行了界定，并围绕 ESG 生态圈，从 ESG 理念、ESG 投资、ESG 实践、ESG 表现、ESG 信息披露、ESG 评价等方面对 ESG 进行阐述与解析。按照《关心者赢》报告（2004）对 ESG 生态圈的描述，ESG 的利益相关者应包括公司、会计师、教育工作者、咨询师、分析师/券商、投资者/资产管理者、养老金托管机构、政府/多边机构、监管机构/证券交易所/政府、非政府组织等。除公司治理之外，企业在环境、社会方面履责也是利益相关者理论的要求。

（1）环境方面。按照 Wheeler（1998）的利益相关者的分类，环境属于企业利益相关者中的"主要的非社会利益相关者"。按照利益相关者理论基本要求，企业应为所有的利益相关者负责，当然也应该为主要的非社会利益相关者负责。企业在生产实践中，选择节能减排设备，采用减碳降碳技术，运用绿色能源等等都是对环境这一利益相关者的保护。企业承担的环境保护税费也是企业向环境这一利益相关者支付的补偿。

（2）社会方面。雇员是企业主要的社会性利益相关者，他们直接参与企业生产经营活动并从企业领取经济报酬，享受企业提供的员工福利。企业制定和实施的员工权益保护措施对员工越有吸引力，就越会得到员工的努力回报。社区及一般公众、政府、社会团体、竞争对手等作为次要的社会利益相关者，其政策、倡议、价值取向、活动方案等会对企业产生影响，相应地，企业的行为也会受到这一类利益相关者上述活动的影响。企业要在政府法律法规和制度的约束下合法经营，其价值取向要符合公序良俗。

2.1.4　经济外部性理论

经济外部性，又名外部效应或者溢出效应，是经济学领域的核心理论。马歇尔的外部经济观念、庇古的研究以及科斯的产权理论，构成了经济外部性理论演变历程的几个主要阶段。三位经济学专家各个阶段的研究成果，为经济外部性的深化与扩大打下了稳固的根基。马歇尔在《经济学原理》（1890）一书中首次引入了"外部经济"的观念。马歇尔认为，"工业组织"是与传统的土地、劳动和资本并存的第四类生产要素，改革工业组织可以提升生产效率，进而提高产品产量。马歇尔运用"内部经济"与"外部经济"的理论，阐述了第四类生产要素的改变如何引发产量的提升。这里的外部经济是由各个行业的普遍进步所构成的。内部经济主要依赖组织的资源配置以及管理的有效性，是一种规模经济。马歇尔外部经济理论为后来的经济学家提供了重要的启示和借鉴，推动了经济外部性理论的发展。1920年，庇古在《福利经济学》一书中首次提出并构建了外部性理论，这一理论将外部性问题的探讨范围从企业受到外部因素的影响转变为企业或者居民对其他企业或者居民的影响（沈满洪、何灵巧，2002）。庇古主张，若存在非经济性或者负面影响，则个人的净收益将超过社会的净收益，因此政府有权实施税收（即庇古税）来对超额收益进行抑制。假设有外部经济效益或者正面效益，那么个人的净收益将低于社会的净收益，因此政府有权提供奖赏，这种奖赏被称作庇古补助。税收和补助政策能够将外部影响转变为内在效果（徐桂华、杨定华，2004），从而尽可能地达到帕累托最优的资源分配。例如，排污费的收取、环境保护税的实施、零排放汽车的奖励等，都是庇古税。庇古首次阐述了政府能够利用税收和补贴来修复外部性的观念，为后续的经济学者探讨外部性问题的处理提供了关键指导与参考。1960 年，科斯撰写了《社会成本问题》，在书中明确指出庇古税在解决经济外部性时的缺点。科斯认为，在产权清晰的前提下，只需契约双方达成协议就能解决案例中的外部性问题，这就是著名的科斯定理。

在外部性问题的研究中，庇古提出了政府干预的思想，即通过对产生外部性的企业和个人征税或给予补贴来纠正外部性。科斯则认为，政府干预并不是最优的解决方案，因为这会产生交易成本和政治成本，清晰的产权划分和构建市场体系，能够更有效地处理外部性问题。一旦产权清楚，那么经济的外部性问题能够由双方达成合同或者主动进行谈判来处理，因此对于庇古税的需求并不存在。但市场并不是完美的，交易成本的存在会导致市场失灵。在交易费用为零的情况下，不论初始产权如何分配，市场最后都会实现高效的资源配置。但是，当交易成本不为零时，初始的产权配置会直接影响到资源配置的结果。

经济外部性理论认为，当某个经济实体（如国家、企业或个人）的行为对其他的经济实体产生直接的影响但并未提供适当的回报或者补偿时，就构成了外部性。这个影响力有时候会带来积极的效果，有时候则会带来消极的影响。当存在外部性时，仅依赖市场机制往往无法实现资源的最佳分配和社会福利的最大化，政府应适当介入。这为政府在非市场化的环境下对公司运营和信息公开的介入和控制提供了关键的理论依据。在实际情况中，尤其是在非经济领域，外部性依然是一个相当严峻的社会和经济难题，例如环境污染和环境损害。

经济外部性理论对企业 ESG 实践的影响在于：

（1）环境方面。企业的生产经营会带来环境污染和环境损害。政府通过收取环境保护税来抵补企业生产经营对环境的外部性。从企业实践来看，除了在生产经营源头通过绿色生产降低对环境的损害进而减少企业缴纳的环境保护税之外，在信息披露阶段，在 ESG 报告或社会责任报告中充分披露环境保护相关信息以及支付的排污费等等，也是其在环境方面的主要职责。另一方面，生态环境作为一种产权不明晰的公共物品，与生态环境相关的问题不能完全依靠市场机制分配资源，需要政府通过分配排放定额、收取排污费、设置碳排放权交易市场等方式去分配，政府分配需要依据企业在环境保护方面的信息，这就要求企业充分披露环境信息。

（2）社会方面。企业的生产经营还会对社区、公众等造成外部性，这种外部性可能是正的外部性，也可能是负的外部性。企业向社会捐赠、支持社会团体活动等行为是对其负外部性的补偿。企业受到来自社会的赞誉、收到政府补助等是对其正外部性的奖赏。

从 ESG 报告披露的视角来看，企业在环境方面和社会方面的卓越表现所带来的正外部性的奖赏可能会远远大于其在这方面的支出或成本，这也为企业增加对环境保护方面的投入，更为积极地走绿色发展、绿色转型之路提供了理论基础。

2.1.5　两山理论

ESG 在我国能够得到足够的重视和认可，一方面的原因是域外对 ESG 理念的有效运用，另一方面的重要原因是我国对经济发展与生态环境保护的辩证统一关系的清晰认识。习近平总书记提出的"绿水青山就是金山银山"（简称"两山"理论）正是这一认识的集中体现。"两山"理论蕴含深刻的哲学内涵和丰富的经济学思想，是习近平总书记对正确处理经济发展与生态保护关系的理论贡献。

2005 年 8 月，时任浙江省委书记的习近平同志在考察浙江安吉余村时首次提出"绿水青山就是金山银山"。习近平同志以其对基层实践的深刻总结发表于 2005、2006 年的两篇文章——《绿水青山也是金山银山》《从"两座山"看生态环境》标志着"两山"理论的初步形成。2013 年 9 月，习近平主席在哈萨克斯坦纳扎尔巴耶夫大学发表演讲时对"两山"理论进行了全面总结："我们既要绿水青山，也要金山银山。宁要绿水青山，不要金山银山，而且绿水青山就是金山银山。"2015 年 3

月，"坚持绿水青山就是金山银山"被写入《关于推进生态文明建设的意见》，成为生态文明建设的基本原则。2016 年 3 月，习近平总书记在参加十二届全国人大四次会议黑龙江代表团审议时提出："绿水青山是金山银山，黑龙江的冰天雪地也是金山银山"。这是对"绿水青山"内涵的丰富和完善。此外，习近平总书记多次强调"两山"理念的核心在于"绿水青山和金山银山绝不是对立的，关键在人，关键在思路"。2018 年 5 月，全国生态环境保护大会召开，"绿水青山就是金山银山"成为习近平生态文明思想的重要组成部分。

"绿水青山"代指生态环境，"金山银山"代指经济，"两山"理论是对如何正确处理经济发展与生态环境保护关系的高度总结和集中阐述。ESG 理念与"两山"理论均着眼于人类社会的可持续发展，推行 ESG 理念，开展企业 ESG 信息披露工作是对"两山"理论的贯彻和落实。

2.2 ESG 投资理论

2.2.1 投资组合理论

美国经济学家马科维茨（1952）首次提出投资组合理论，并进行了系统、深入和卓有成效的研究。马科维茨的投资组合理论包括两个重要内容：均值–方差分析方法和投资组合有效边界模型，并首次对风险和收益这两个投资管理中的基础性概念进行了准确的定义。从狭义的角度理解，投资组合理论，即如何恰当选择若干种证券以及各种证券的数量，让投资者在一定收益水平下承担的风险最小，或者在一定风险水平下收益最高。

投资组合理论的核心思想在于投资者可以通过将不同资产进行组合（根据它们之间的相关性和波动性），来降低整体投资组合的风险。通过将不同资产组合在一起，当某些资产的价格下跌时，其他表现良好的资产可能会抵消这种损失，从而实现风险的分散化。这被称为"分散化"或"多样化"投资组合。马科维茨认为，"多元化就是罕见的午餐"。例如，仅关注一只特定股票的预期风险和回报是不够的，通过分散投资多只股票可以明显降低投资组合风险，这也就是我们俗称的"不要把鸡蛋放在同一个篮子里"。

ESG投资旨在实现有竞争力的回报，同时促进长期价值创造、环境管理、社会公平和负责任的公司治理。ESG投资策略是指投资人在研究财务状况的同时兼顾非财务的ESG分析，精选出财务绩效与ESG表现双突出的资产组合，亦是一种投资组合，是马科维茨资产组合思想的具体表现，具有自身的明显特征。虽然ESG投资总是与其他投资策略放在一起综合运用，但事实上，它的底层逻辑是通过量化优化，促使资产组合的风险调整收益发生量的提升和质的变化，这也正是现代投资思想的理论原点。所以，ESG投资策略亦是一种典型的投资组合策略。

全球可持续投资联盟（Global Sustainable Investment Alliance, GSIA）在其发表的《全球可持续投资回顾2012》中，首次对ESG可持续投资策略进行了分类与定义。2020年10月，GSIA对定义进行了修订，总结了主流的七类ESG投资策略，包括负面筛选、正面筛选、规范筛选、ESG整合、可持续发展主题投资、影响力/社区投资和企业参与及股东行动。其中，负面筛选、正面筛选、规范筛选、可持续发展主题投资为筛选类投资策略，即基于一定的标准对投资标的进行排除和选择。GSIA定义的7类投资策略其实质都是在投资组合理论指导下，对不同投资标的进行风险收益组合。

2.2.2 伦理投资理论

伦理投资，作为一种将投资者的道德价值观、社会责任感以及对环境的关注融入投资决策过程中的投资方式，近年来逐渐成为全球资本市场的一个重要趋势。与传统的以最大化财务回报为唯一目标的投资理念不同，伦理投资强调在追求经济利益的同时，也要考虑投资活动对社会、环境及治理结构的长远影响。这种投资方式旨在促进可持续发展，支持社会正义，并推动良好的治理实践。随着社会对可持续发展和企业社会责任的日益重视，伦理投资已经从边缘化的概念转变为主流投资策略之一。

20 世纪 60 年代至 70 年代，随着环保运动的兴起和社会责任感的增强，伦理投资开始获得更广泛的认可。投资者开始主动寻求那些能够带来社会和环境正面影响的投资机会，同时也避免那些可能造成负面影响的公司或行业。这一时期，伦理投资理论和实践都得到了显著的发展。

进入 21 世纪，伦理投资已经从被边缘化的投资方式转变为主流投资策略之一。这一变化得益于多方面因素的推动：首先是投资者意识的转变，越来越多的人开始认识到自己的投资选择可以对社会和环境产生重大影响。其次是信息技术的发展，使得投资者更容易获取有关企业社会责任和环境表现的数据，从而做出更加明智的投资决策。最后是监管机构和政策的支持，许多国家和地区开始出台相关政策鼓励或要求投资者考虑 ESG（环境、社会、治理）因素。

伦理投资的定义在不断演变中变得更加全面和精细。最初，伦理投资主要是通过排除那些被认为是不道德或有害的行业或公司来实现的，这种方法被称为"负面筛选"。现代伦理投资则更加注重"正面筛选"，即主动寻找那些在环境保护、社会责任和治理结构方面表现出色的公司进行投资。此外，伦理投资还包括了"主动股东参与"，即投资者利用其作为股东的权利来影响企业的行为，推动其朝着更加负责任和可持续的方向发展。总体来看，伦理投资的背景和定义反映了人们对于投资行为社会责任的不断深化与理解。从最初的宗教或道德排除，到现在的全面考虑 ESG 因素，伦理投资展现了投资领域与社会价值观的紧密联系和相互影响。随着社会对于可持续发展和企业社会责任的日益重视，伦理投资无疑将继续在全球资本市场扮演越来越重要的角色。

2.3 ESG 评价理论

2.3.1 信息不对称理论

古典经济学认为，在市场参与者拥有完全共享的公开信息前提下，市场会在"看不见的手"作用下达到自然均衡状态。然而，现实市场不存在无摩擦信息的理想状态。阿克尔洛夫（Akerlof）（1970）在《次品问题》中参考了这一前提假设，首次提出"信息市场"概念，正式提出了更贴近现实的信息不对称理论。阿克尔洛夫的研究以二手车市场交易为例解释了信息不对称对交易价格和交易市场的影响。由于交易双方掌握的信息差异较大，卖方拥有比买方更多的私有信息，买方在价格既定的情况下难以辨别商品质量的好坏，卖方为了更好地推销次品而隐藏负面信息，这就产生了严重的信息不对称问题。信息不对称会导致市场出现"劣币驱逐良币"的恶性循环现象，即所谓的"柠檬"问题。据此，学术界展开了对信息不对称理论的系统性研究。斯宾塞和斯蒂格利茨则提供了企业和消费者如何解决信息不对称的方法，指导企业和消费者从各式各样的商品中去芜存菁。这三位经济学家分别从商品交易、劳动力和金融市场三个不同领域研究了不对称信息及其解决方法，最后殊途同归形成了完整的信息不对称理论。

信息不对称理论认为：市场交易双方拥有的相关信息不对称，其中一方比另一方拥有更多信息，而且双方都知道这种不对称信息的分布状况。这种按照市场主体存在的信息不对称可分为两种情况，买方信息多于卖方信息和卖方信息多于买方信息。信息不对称按时间不同又可分为两类，即事前信息不对称（即外生信息不对称），事后信息不对称（即内生信息不对称）。卖方信息多于买方信息为事前信息不对称，买方信息多于卖方信息为事后信息不对称。前者会产生逆向选择问题，后者会产生道德风险。搜寻和发布信息是解决逆向选择的有效办法，监督和激励是解决道德风险的基本办法。通过解决信息不对称问题，可以使市场资源配置达到帕累托最优状态。

ESG研究中的信息不对称理论涉及多个层面。在企业可持续性和责任投资领域，信息不对称主要指的是公司内部与外部利益相关者之间在环境、社会和治理方面信息的不平衡分布。这种不对称可能影响投资者、消费者、政策制定者和其他利益相关者的决策。

ESG评价机构通过搜集践行ESG行动的实体企业ESG信息，并发布专业的ESG评级结果，有效解决了ESG实践和ESG投资之间的信息不对称。依据信息不对称理论，ESG评价通过搜寻和发布信息解决了ESG

投资方的逆向选择问题。另一方面，ESG投资结果则又反向激励ESG评价，ESG评价将激励传递给企业，同时监督（非正式监督）企业的ESG实践。依据信息不对称理论，ESG评价通过监督和激励很好地解决了道德风险问题。

2.3.2　信号传递理论

信号传递理论最早可以追溯到1973年，迈克尔·斯宾塞在其《劳动力市场的信号传递》一文中，将信号传递理论应用于劳动力市场，提出了经典招聘模型，分析了教育在劳动力市场中的信号传递功能。1976年斯蒂格利茨和罗斯查尔德在其《竞争性保险市场均衡：关于不完全信息经济学的探讨》一文中，讨论了在保险市场中的逆向选择问题。1979年，巴恰塔亚发表了《不完美信息、股利政策和"一鸟在手"谬误》一文，创建了第一个股利信号模型，将信号理论运用于股利分配政策。之后，信号传递理论开始大量运用在经济学研究中。

信号传递理论是解决信息不对称的有力工具（范培华、吴昀桥，2016）。目前，信号理论已经发展出一套包括信号发送者、信号、信号接收者、反馈和信号发送环境等要素在内的完整理论框架（黄静等，2016）。信号传递者将信号向信号接收者传递，信号接收者根据自身需求筛选有用信息，再把信息使用结果反馈给信号传递者，这就构成了信息传递的闭环（Connelly等，2011）。信号传递者拥有个人信息、产品信息、公司信息等私人信息，这些信息通常是外部人很难获取或无法获取的。信号接收者是缺乏有关组织信息，但希望得到这些信息的外部人员。一旦接收者接收到信号，并用它成功地做出明智的选择，那么他们就更希望在未来看到类似的信号（Cohen and Dean，2005）。在这种情况下，作为信息处理者的第三方就出现了。

实体企业作为ESG信息的生产者和信息披露者，掌握了内部信息，通过ESG报告和社会责任报告向市场披露企业在环境、社会和治理方面的实践活动及取得的效果。投资者面对企业海量信息的轰炸，在获取信息、判断信息真伪、提取有效信息、对信息进行组合并做出综合评价方面具有天然的弱势，ESG评价机构的出现在一定程度上弥补了ESG实践企业与ESG投资主体之间的信息不对称问题。ESG评价机构利用其独立第三方的地位，通过多种信息搜集渠道，按照一定的流程和方法采集尽可能全面的企业对外公开披露的信息和企业通过调查问卷等方式回答的信息，进行相对科学的综合评估和判断，对ESG投资标的方的ESG表现进行评价。评价结果成为ESG投资产品组合的依据以及进行ESG投资决策的依据。ESG投资者也根据ESG评级结果进行风险和收益的平衡，并将投资结果反馈给评级机构和ESG实践企业，形成ESG闭环，即：ESG实践生产ESG信息—ESG信息披露向投资者或利益相关者发送信号—ESG评价机构加工处理ESG信息—ESG评级结果向金融机构发送企业ESG表现信号—金融机构生产ESG投资产品并向投资者发送投资组合收益风险信号—投资者进行ESG投资。可以毫不夸张地说，整个ESG生态圈的运行都是信号在其中的传递和运用。

信息不对称理论揭示了信息的重要性，资本市场中的不同主体因获得信息的渠道不同、信息量的多寡不同而承担不同的风险和收益。ESG投资者通过获取第三方ESG评价机构提供的ESG组合信息降低ESG投资风险，获得良好ESG投资收益。

2.3.3 声誉理论

最初将声誉概念引入经济学领域的是美国著名学者法马（Fama），他在20世纪70年代末提出了"经理市场竞争论"（李延喜等，2010）。他认为即使没有企业内部的激励，经理们出于对今后职业前途及外部市场压力（即声誉）的考虑，也会努力工作。经济学中标准的声誉模型则是由克雷普斯（Kreps）等人（1982）创建的，旨在解决"连锁店悖论"，并对有限重复博弈中的合作行为作出解释。在标准的声誉博弈文献中，"声誉能够增加承诺的力度"这一结论具有理论基石般的地位（余津津，2003）。

微观视角下对声誉理论的研究主要集中在三个方面：声誉交易理论、声誉信息理论和声誉的第三方治理机制（皮天雷，2009）。霍纳（Horner）（2002）研究了一个充分竞争的市场条件下企业和消费者的博弈模型，并得出结论：为了阻止消费者从企业的客户群中退出，企业会一直保持高水平的努力程度，以保持好的声誉并留住客户。声誉的第三方治理机制研究主张，需要第三方治理机制作为声誉自我实施机制的加强与补偿，使声誉的形成更为有效（Milgrom 等，1990；Grief 等，1994）。这三个视角依次为企业社会责任表现与企业声誉的关系，以及社会责任报告和社会责任报告鉴证对两者关系的影响提供了理论解释（沈洪涛等，2011）。科姆科斯（Ekmekci）（2010）采用了另外一种机制——评级机制来解决声誉持久性问题。对于企业来说，更高的评级意味着更高的价值，所以企业愿意为了更高的评级而付出更多的努力。

ESG 评价作为对企业 ESG 实践和 ESG 报告等进行鉴证的社会鉴证方式，通过对企业 ESG 实践进行评价、评级，形成企业的 ESG 表现结果，即 ESG 评分，来强化企业在社会责任、环境责任和治理责任履行方面的声誉，并解决企业 ESG 声誉的持久性问题：企业的 ESG 评分越高，投资者认为企业在 ESG 投资中越具有价值；企业为了获得更高的 ESG 评级愿意在环境、社会、治理等方面付出更多的努力。按照声誉理论，ESG 评价作为一种第三方治理机制为企业声誉的自我实施机制提供了加强和补偿，使企业更有效地形成 ESG 声誉。

第3章　ESG评级体系研究现状及本土化趋势

3.1　国外主要ESG评级体系

国外ESG评级一般是基于联合国责任投资原则组织（简称UNPRI）提出的ESG核心释义构建基本框架体系，同时根据评级机构自身理解诠释的ESG价值观。国际主流的ESG评价体系主要有明晟（MSCI）、道琼斯（Dow Jones）、汤森路透（Thomson Reuters）、富时罗素（FTSE）、星辰（Morningstar）等。

3.1.1　明晟 ESG 指数评级（MSCI-ESG rating）

MSCI（Morgan Stanley Capital International）摩根士丹利资本国际公司（又译为明晟），是美国指数编制公司，总部位于纽约，与全球50家大资产管理公司中的46家共同合作，是全球最大的ESG数据及研究服务和指数提供商之一。

MSCI根据上市公司自愿披露的信息和其他渠道的公开信息，对上市公司开展 ESG 评测，并给出 ESG 评级。其评级体系关注企业在环境、社会和治理三个方面合计 10 项主题下的 37 项 ESG 关键评价指标表现（2020 年 11 月更新为 35 项关键议题）。在完成对基本指标的打分后，MSCI 按照全球行业划分准则（GICS）将被评分者分为 11 个大类，24 个行业组别，69 个行业及 158 个子行业，并按照不同行业中各议题的风险将各项核心议题分配 5%~30% 的权重。最终，相较于公司与同行业标准的表现，企业的评分等级从最高 AAA 级到最低 CCC 级。

　　MSIC 会根据相关规则赋予每个关键指标一定的权重，权重的高低主要考察该指标的影响程度和影响的持续时间。MSIC 在评估关键指标时，对风险、机遇和争议项等都建立了较为严谨的评估框架和方法。MSIC 会综合考虑风险和机遇敞口和公司管理能力。MSIC 认为争议事件是未来重大经营风险的明确信号之一，评级时应予以足够的关注。MSIC 将争议项事件分为环境、客户、人权、社区建设、劳动者权利及供应链、公司治理等 5 大类、28 项主题，全面排查公司风险管理可能存在的机构性问题。其主要评价指标见表 3-1。

表 3-1　　　　　　　　　　　　　ESG 评测表

范畴	主题	关键议题
环境	气候变化	碳排放、金融面临的环境影响、产品碳足迹、气候变化脆弱性
	自然资本	水资源压力、原材料采购、生物多样性和土地利用
	污染物与废弃物	有害排放和废弃物、包装材料与废弃物、电子废弃物
	环境机遇	在清洁技术领域的机遇、在可再生能源领域的机遇、在绿色建筑领域的机遇
社会	人力资本	员工管理、人力资源发展、健康和安全、供应链劳工标准
	产品责任	产品安全和质量、隐私和数据安全、化学品安全、负责任投资、消费者金融保护、人身健康风险
	利益相关者反对意见	有争议的采购、社区关系

续表

范畴	主题	关键议题
社会	社会机遇	通信服务实践情况、医药服务实践情况、金融医务实践情况、在营养与健康领域的机遇
治理	公司治理	所有权及控制、薪酬、董事会、会计
	商业行为	商业道德、税务透明

资料来源：MSCI官网。

2018年6月，MSCI首次将233只中国A股的成分股纳入其新兴市场指数（MSCI Emerging Markets Index）、全球基准指数（MSCIACWI Index）与中国指数（MSCI China）。在最近几年中，MSCI不断扩大A股比重，2019年11月，MSCI将所有中国A股的纳入因子权重总和已提升至20%。MSCI宣布公开全球部分上市公司的MSCIESG评级，从MSCI官方网站可查阅到MSCI全球基准指数（MSCIACWI Index）中逾2 800家企业的MSCIESG评级结果。

3.1.2 道琼斯可持续发展指数（Dow Jones Sustainability Index，DJSI）评级

DJSI是全球第一个可持续发展指数，该指数1999年由美国道琼斯公司和苏黎世可持续发展领域的权威机构RobecoSAM合作设立。从成立开始，DJSI就开始持续进行企业ESG表现评估，并搭建可持续发展指数产品。相较于其他评级体系，DJSI具有长久的发展历史，是全球公认的社会责任及可持续发展参考标杆。2019年12月，RobecoSAM的ESG评级部门被著名评级公司标普全球（S&P Global）收购作为标普公司ESG研究的关键要素，也证明了RobecoSAM的ESG评级在全球多样化的ESG评级体系中的独特价值。

富有ESG投资影响力的DJSI和标普ESG指数都是参考CSA（Corporate Sustainability Assessment）评分结果进行评选的。自1999年以来，通过邀请全球范围特定企业填写问卷的形式，CSA从ESG投资的角度衡量企业在经济、社会及环境三方面的可持续发展能力，形成了涵

盖 61 个不同细分行业的 ESG 标准体系。2022 年，中国（包括港澳台地区）受邀参选 DJSI 指数系列（A 组）的公司有 345 家，受邀参选标普 ESG 指数系列（B 组）的公司有 476 家。另外，还有 1 509 家中国公司作为其他公司（C、D 组）受邀参加了问卷调查。CSA 会通过公司报告、媒体报道或是直接与公司联系等方式对问卷调查的结果做必要验证，以确保分析数据的可靠性。CSA 以 0~100 的分数量化企业年度可持续发展绩效，并精选分数排名靠前的企业，将其纳入相关指数。

和其他评级体系的最大区别是 DJSI 未设置"G"这一公司治理维度，相关指标被纳入了经济维度。在经济、社会及环境每个维度下设置了不分行业的通用指标和随行业变化的行业特定指标。行业特定指标主要针对特定行业的风险、机遇以及未来趋势进行设计，与行业的经济、环境和社会挑战密切相关。针对不同的指标和问题考察的重点稍有不同，包括理念、绩效、趋势、披露、公开信息、支持文件、外部鉴证等。CSA 只选择行业内 ESG 表现最佳的公司，而不进行跨行业比较，各行业可持续发展表现得分最高的前 10% 的股票才能入选 DJSI 指数系列成分股。与中国内地公司有关的是 DJSI 新兴市场指数（DJSI Emerging Markets）以及 DJSI 全球指数（DJSI World）。DJSIESG 评级指标体系见表 3-2。

表3-2 　　　　　　　　　　DJSIESG评级指标体系

一级指标	二级指标	
环境	通用指标	环境策略与管理系统
		环境报告
	行业特定指标	生态多样性
		商业风险与机会
		气候战略
		发电
		输电与配电

续表

一级指标	二级指标	
社会	通用指标	人力资本开发
		人才吸引与留存
		劳工实践
		企业公民与慈善
		社会报告
	行业特定指标	股东参与
		职业健康与安全
		争议性问题
经济	通用指标	公司治理
		风险及危机管理
		商业行为准则
		重要性
	行业特定指标	创新管理
		信息与网络安全
		金融稳定性与系统性风险
		客户关系管理
		市场机会
		产品质量与召回管理
		供应链管理

资料来源：S&P Dow Jones Indices。

2020 年 CAS 在最新版的方法论中，对部分议题的表述方式及问题的内容作了修改。增加了信息安全/网络安全议题，该议题适用于所有行业，侧重于公司为防范重大信息安全/网络安全所做准备的能力以及受到攻击时的应急反应。针对银行业、保险业及多元化金融资本行业，修改了可持续金融的议题，修订后的问题可以使公司更清楚地披露其在业务运营中的创新产品，以及公司在不同业务部门中如何整合 ESG 标准。

按照三个维度加总得出标普全球 ESC 得分（S&P Global ESG Score），分数范围为 0~100（100 为最高分），得分越高，企业可持续发展能力就越强。根据得分从高到低依次将被调查企业划分为金牌企业奖、银牌企业奖、铜牌企业奖、行业推动者奖以及成员奖五类。

标普全球评级（S&P Global Ratings）2023 年 8 月 4 日宣布，将停止在信用评级报告中使用其于 2021 年推出的 ESG 信用指标。标普在声明中表示："我们已经确定，在信用评级报告中用专门的段落分析了评级主体在 ESG 方面的细节和透明度是最有效的。"标普表示不再对评级主体进行 ESG 数字评分。这一声明使全球 ESG 评级尤其是 ESG 量化评级的权威性受到质疑，但标普声明中关于 ESG 信用风险的详细文字分析同时肯定了 ESG 评级的重要性。

3.1.3 汤森路透（Thomson Reuters）ESG 评级

汤森路透是由加拿大汤姆森公司（The Thomson Corporation）与英国路透集团（Reuters Group PLC）合并组成的商务和专业智能信息提供商。汤森路透 ESG 评级体系作为海外最全面的 ESG 评级体系之一，涵盖的数据范围包括在全球范围内超过 7 000 家上市公司，以及自 2002 年以来的时间序列公司数据。汤森路透的 ESG 评级体系中，环境一级指标包含了资源利用、低碳排放、创新性等 3 个二级指标以及 61 项具体考评项目。社会项一级指标包括雇佣职工、人权问题、社区关系和产品责任 4 个二级指标以及 63 项具体考评项目。治理项目则从管理能力、股东/所有权、CSR 策略这 3 个二级指标入手，下辖 53 项具体考评项目。其主要评价指标见表 3-3。

汤森路透的 ESG 评级方法被纳入了 ESG 争议项，以显示重大争议项目对整体 ESG 评分的影响。企业的 ESG 综合得分（ESG Combined Score，ESGC）是 ESG 得分和 ESG 争议得分的有机结合。汤森路透通过五大步骤计算企业的 ESG 得分，包括 ESG 分类得分（ESG 评价体系中的十类指标得分）、分行业的重要性矩阵、计算整体 ESG 得分和三个支柱

表3-3　　汤森路透（Thomson Reuters）ESG评级指标体系

一级指标	二级指标	考察范围
环境	资源利用	衡量公司在减少材料、能源或水的使用方面的表现能力并通过改进供应链管理来获得更多有利于生态资源利用效益的解决方案
	低碳排放	衡量公司在生产运营过程中降低环境污染物排放的承诺及其有效性
	创新性	衡量公司降低环境成本和负担的能力，并通过有利于环境保护的新技术和新工艺，或通过设计生态产品来创造新的商业机会
社会	雇佣职工	衡量公司员工对工作的满意度，是否拥有健康且安全的工作场所，是否能够保持多样性和机会的平等性，能否为员工创造有效的发展机会
	人权问题	衡量公司在尊重基本人权公约方面的有效性
	社区关系	衡量公司是否致力于成为一个好公民，即对于保护公众健康及遵守商业道德的承诺
	产品责任	衡量公司在生产优质产品及提供服务方面的能力，包括客户的健康和安全、数据的完整性和数据隐私
治理	管理能力	衡量公司是否较好地实践了公司治理原则，以及承诺和有效性
	股东/所有权	衡量公司在公平对待股东和反对收购股权方面的承诺及其有效性
	CSR策略	衡量公司的实践性，即是否能将ESG整合到其日常决策中

资料来源：Thomson Reuters，Refinitiv Eikon。

得分（各类别的得分和类别权重汇总计算）、计算企业ESG争议分数、将ESG分数和ESG争议分数结合为综合ESG分数。ESG争议得分的计算以争议项目行业组为基准，计算争议分数时，通过设置权重来解决大盘公司遭受的市值偏差。争议项目分类清单见表3-4。

表3-4 　汤森路透（Thomson Reuters）ESG争议项目分类清单

类别	争议项	
社区	反垄断争议	关键国家争议
	商业伦理争议	公共卫生争议
	知识产权争议	税务欺诈争议
人权	童工劳动争议	人权争议
管理	管理层薪酬争议	
产品责任	消费者争议	产品获取争议
	客户健康和安全争议	责任营销争议
	隐私争议	责任研发争议
资源利用	环境争论	多样性与机会争议
	会计争议	员工健康与安全争议
	内幕交易争议	薪资或工作条件争议
	股东权利争议	罢工

资料来源：Thomson Reuters，Refinitiv Eikon。

3.1.4　富时罗素（FTSE Russell）可持续发展指数评级

富时罗素（FTSE Russell，简称FTSE）属于伦敦证券交易所集团全资子公司，是全球第二大指数服务提供商，是全球主要股票指数提供商之一，其旗舰指数包括富时100指数（FTSE100）等，用于衡量不同市场和资产类别的投资绩效。在FTSE的官网上，可持续投资已经占据了一个醒目的二级标题位置。FTSE提供了一系列与ESG相关的数据模型、评级、分析及指数，覆盖全球发达市场及新兴市场。FTSE拥有逾15年的ESG评级经验，其评级方法包含ESG3个维度的14个主题和300个指标。对于每家受评公司，FTSE会根据其在FTSE行业分类系统中的类别，选择适用于该行业的主题进行评级。

富时罗素ESG评价体系主要从环境、社会和治理三个支柱下的14个主题对企业ESG进行评价。每一个主题下面包含19~35个数据指标，其 ESG 评价模型一共参考了超过 300 个数据指标。在每个主题下，FTSE 会评估公司对于这项主题的暴露程度（也就是相关性），以及公司在这项主题下的具体得分。所有主题的得分确定以后，再逐级汇总成每个维度的得分以及最终的一个 0~5 分的 ESG 评级结果，其中 5 分为最高评级。其相关主要评价指标见表 3-5。

表3-5   **FTSEESG评级指标体系**

1个评价	3大支柱	14个主题
公司管理ESG问题的整体质量	环境	生物多样性
		气候变化
		污染与资源
		供应链
		水资源安全
	社会	消费者责任
		健康与安全
		人权与社区
		劳工标准
		供应链
	治理	反腐败
		公司治理
		风险管理
		税务透明

资料来源：FTSE Russell。

富时罗素 ESG 评级结果一方面会直接被追随 FTSE 的投资者作为投资参考，另一方面还会用于 FTSE 可持续投资系列指数的构建。目前，FTSE 的可持续投资系列指数中较为知名的包括 FTSEESG 指数和 FTSE4Good 指数。根据 FTSEESG 评分结果，企业将被 FTSEESG 或 FTSE4Good 指数系列纳入或剔除。其中，FTSEESG 指数系列将 ESG 评分转化为ESG指数权重，经各行业权重调整后形成指数；FTSE4Good指数系列要求发达国家及地区的公司必须取得3.1分及以上（满分5分）方可被纳入，新兴市场公司要求在2.5分及以上可被纳入。2019年6月，FTSE宣布将A股纳入其指数体系，并逐步提高纳入比例。2022年12月8日，富时罗素和中国平安金融集团宣布建立合作伙伴关系以促进可持续投资，推出富时平安中国ESG指数系列，未来有望对中国企业的ESG评级产生重大影响。

3.1.5 晨星基金定性评级体系

晨星（Morningstar）是全球领先的投资研究提供商，为资本市场提供了广泛的产品和服务。Sustainalytics是全球领先的ESG评级机构和数据供应商。2017年晨星入股Sustainalytics，2020年4月晨星收购了Sustainalytics公司60%的股份，加强了其ESG分析能力。

Sustainalytics的ESG评级体系比较完善，但是同大多数机构一样，它是针对公司、证券发行人进行环境、社会和治理评价的。晨星在Sustainalytics的ESG分数的基础上，设计出了一套方法来计算投资组合的ESG分数，将其应用于对基金的评估。

Sustainalytics的评估体系从ESG风险角度出发，根据企业ESG表现进行风险评估。按照企业ESG风险得分划分风险等级，企业的ESG风险得分越低代表企业的表现越好。

其中，0~10分为可忽略的风险水平，10~20分为低风险水平，20~30分为中等风险水平，30~40分为高风险水平，40分以上为严峻风险水平。

Sustainalytics的ESG评价体系较为特别，划分为公司治理模块、实质性议题模块及特殊议题（黑天鹅事件）模块三个部分。三个模块中，公司治理模块主要聚焦于公司管理不善的可能风险，没有行业差异性，权重通常为20%；实质性议题模块主要关注公司所属行业商业模式和商业环境的潜在风险，是ESG评价的核心和关键；特殊议题模板主要对应公司的黑天鹅事件，不涉及行业特征引发的共性问题。

Sustainalytics的ESG评价体系中公司治理模块包括六大支柱：董事

会和管理层的能力和诚信、董事会结构、所有权和股东权利、薪酬政策、审计和财务报告、利益相关者的治理;20个重大的ESG议题,主要由公司所处子行业决定,对公司的估值产生影响,并有可能影响理性投资人的决策。以钢铁业为例,排名前5位的重大ESG议题包括社区关系、排放、废水和废弃物管理、自身运营产生的碳排放、职业健康和安全、资源利用。除此之外,碳排放、废水和废物管理、人力资本和商业道德等关键ESG议题也是各子行业重点关注的内容。Sustainalytics ESG风险评价(MEI)见表3-6。

表3-6 Sustainalytics ESG风险评价(MEI)①

一级指标	二级指标	具体内容
重大ESG问题(Material ESG Issues)	获得基本服务	重点是管理向弱势社区或群体获得基本产品或服务(如保健服务和产品)的机会
	贿赂和腐败	管理与涉嫌非法支付有关的风险,如向政府官员、供应商或其他商业伙伴支付回扣、贿赂,以及从供应商或商业伙伴收到这类款项
	商业道德	侧重于一般职业道德的管理,如税收和会计、反竞争实践和知识产权问题。商业道德可能包括贿赂和腐败。可能包括其他分行业特定的主题,如关于提供金融服务的医学伦理等。此外,如果产品或服务可能被用来侵犯人权,那么这里还可能包括与客户选择有关的道德因素
	社区关系	重点是公司如何通过社区参与、社区发展减少对当地社区负面影响的措施

① 表中范围1、范围2、范围3的概念出自《温室气体核算体系》(GHG Protocol),由世界资源研究所(World Resources Institute,WRI)和世界可持续发展工商理事会(World Business Council for Sustainable Development,WBCSD)自1998年起开始逐步制定的企业温室气体排放核算标准,由四个相互独立但又相互关联的标准组成,包括:《温室气体核算体系企业核算与报告标准》《企业价值链(范围3)核算和报告标准》《产品生命周期核算和报告标准》和《温室气体核算体系项目量化方法》。其中,范围1为直接温室气体排放;范围2为间接排放,即公司外购电力产生的温室气体排放;范围3为价值链上下游活动产生的其他间接温室气体排放。

续表

一级指标	二级指标	具体内容
重大 ESG 问题（Material ESG Issues）	数据隐私和安全	数据隐私和安全侧重于数据治理实践，包括公司如何收集、使用、管理和保护数据。重点是采取措施，确保安全使用/维护客户的个人可识别数据
	排放、废水和废物	侧重于管理公司自身业务对空气、水和土地的排放，不包括温室气体排放。根据工业类型的不同，重点放在一个或几个废物处理流程上
	碳-自主经营	指公司对与自身运营能源使用和温室气体排放相关的风险的管理（范围 1 和范围 2）。它还包括范围 3 的部分排放，如运输和物流。不包括在供应链中或在产品的使用阶段或生命周期结束期间的排放
	碳产品和服务	指公司在使用阶段对其服务和产品的能源效率和温室气体排放的管理。不包括与金融服务相关的碳风险
	产品和服务的勘探开发和影响	指对产品或服务的环境或社会影响的管理，包括：输入材料的固有特征，包括积极的和消极的，以及在使用、处置和回收过程中的影响。如果碳产品和服务不被视为子行业的重大 ESG 问题，那么产品和服务的重大 ESG 影响可能包括碳影响
	人权	侧重于公司如何在自己的业务中尊重基本人权。重点是采取措施保护公民权利和政治权利以及经济、社会和文化权利，包括儿童和强迫劳动

一级指标	二级指标	具体内容
重大ESG问题（Material ESG Issues）	人权委员会人权-供应链	人权-供应链侧重于一家公司对其供应链中发生的基本人权问题的管理。对于依赖冲突矿产的子产业，这还包括一家公司对其供应链中的冲突矿产的处理
	人力资本	侧重于人力资源的管理。它包括通过保留和征聘方案来管理与熟练劳动力短缺有关的风险，并包括诸如培训方案等职业发展措施。此外，它还包括劳动关系问题，如结社自由和不歧视，以及工作时间和最低工资
	土地利用和生物多样性	关注的是公司如何管理其业务对土地、生态系统和野生动物的影响。其所涉及的主题包括土地转换、土地恢复和森林管理，以及保护生物多样性和生态系统
	职业健康与安全	侧重于对影响公司自身员工和现场承包商的工作场所危害的管理。在有关方面，该问题还可能包括艾滋病治疗方案等
	ESG整合-财务部门	包括金融机构的所有ESG整合活动，这些活动要么受到金融下行风险的影响，要么受到商业机会考虑的驱动。包括一个机构自身的流动资产（包括直接投资、公司信贷或项目融资中的股权等），以及为客户管理的资产。该问题还包括在房地产投资中考虑ESG标准，如绿色建筑倡议

续表

一级指标	二级指标	具体内容
重大 ESG 问题（Material ESG Issues）	产品治理	侧重于公司如何管理其对客户的责任（其产品和服务的质量和/或安全）。重点是放在质量管理体系、市场营销实践、公平的计费和售后责任。对于媒体公司来说，这个问题还包括与内容相关的标准的管理，如对新闻标准和消息来源的保护（媒体伦理）
	弹性	侧重于金融服务业的金融稳定和相关风险的管理，重点是遵守资本要求。这一问题适用于构成系统性风险的金融机构
	资源使用	重点是公司如何在生产中有效地使用其原材料投入（不包括能源和石油类产品），以及如何管理相关风险
	资源使用–供应链	关注公司如何有效地管理与缺水和原材料投入（不包括能源和石油产品）相关的风险

资料来源：Morningstar。

Sustainalytics 的风险评级计算方法是其最具特色的一环。Sustainalytics 结合风险敞口和管理能力对各项指标进行评分，步骤如下：首先，通过事件追踪、公司报告、外部数据和第三方研究计算行业的风险敞口，根据生产、融资、事件和地域特征确定每个公司的 β 系数，两者相乘得到公司的风险敞口。其次，考察公司对员工的管理能力（例如职业健康和安全）、外部参与者对公司管理能力的影响（例如网络安全）、问题的复杂性（例如全球供应链）以及创新的技术限制（例如碳排放）等四个主要因素，确定行业层面风险敞口有多大比例不可控，得到可控风险因子 MRF，继而计算出公司可控风险敞口大小。再次，根据管理体系和管理结果计算公司的管理得分，再乘以可控风险敞口得到受控风险。最后，用公司风险敞口减去受控风险，对公司未管理风险进行评分。

　　晨星 ESG 评价主体除上市公司外还包括基金公司和投资组合等。上市公司 ESG 评价结果主要用于评价公司的 ESG 绩效和相关风险管理。基金公司和投资组合的 ESG 评价则可用于评估基金公司是否将 ESG 投资策略纳入基金公司的投资组合中以及基金公司对 ESG 投资策略的重视程度。随着 ESG 投资的迅速发展，晨星推出了另一个独立、研究驱动的定性评级体系作为补充，即晨星 ESG 实践程度评级（Morningstar ESG Commitment Level）。该评级评价的是基金产品和基金公司在环境、社会和治理方面的表现，其主要目的包括：定义晨星分析师认为的出色的 ESG 投资框架需要具备的特征；帮助投资者甄别在 ESG 方面表现出色的基金产品和基金公司；帮助投资者识别在 ESG 方面表现欠佳的基金产品和基金公司；对单个基金产品和基金公司的运作情况进行跟踪分析，及时捕捉可能影响其 ESG 实践程度的变化。

　　晨星 ESG 实践程度评级结果分为四个等级，从高至低分别为：领先（Leader）、进阶（Advanced）、基本（Basic）和初阶（Low）。此外，ESG 实践程度评级的结果还可能显示为"待审"（Under Review），该结果表示晨星分析师正在研究基金产品或基金公司出现的变化，评估该变化是否会对其 ESG 实践程度评级结果造成影响。

3.2　国内主要ESG评价体系

　　我国 ESG 评价体系起步较晚，目前仍处于探索阶段，国内 ESG 评价体系呈现出多元发展格局，各具特点。主要包括华证 ESG 评级、中证 ESG 评级、商道融绿 ESG 评级、嘉实 ESG 评级、社会价值投资联盟 ESG 评级、万得 ESG 评级等。

3.2.1　商道融绿ESG评价体系

　　商道融绿成立于2015年，同年推出内地首个 ESG 评价体系，并建立了国内最早的上市公司 ESG 数据库。最初商道融绿 ESG 评价体系主要覆盖沪深300的成分股，自2020年起其覆盖范围扩展到我国境内全部上市公司、港股通中的香港上市公司以及主要的债券发行主体。商道融绿ESG评级主要评估公司ESG管理水平及ESG风险暴露大小。其ESG评价指标体系共包含三级指标。一级指标为环境、社会和公司治理，二级指标包括环境管理、环境披露、员工管理、供应链管理、商业道德等13项分类议题，三级指标涵盖具体的ESG指标，共有200多项。商道融绿ESG评价指标体系见表3-7。

表3-7　　　　　　　**商道融绿ESG评价体系主要指标**

一级指标	二级指标	三级指标
环境E	环境管理	环境管理体系、环境管理目标、员工环保意识、节能和节水政策、绿色采购政策等
	环境披露	能源消耗、节能、耗水、温室气体排放
	环境负面事件	水污染、大气污染、固体污染等
社会S	员工管理	劳动政策、反强迫劳动、反歧视、女性员工、员工培训等
	供应链管理	供应链责任管理、监督体系
	客户管理	客户信息保密等
	社区管理	社区沟通等
	产品管理	公平贸易产品等
	公益及捐赠	企业基金会、捐赠及公益活动等
	社会负面事件	员工、供应链、客户、社会及产品负面事件
公司治理G	商业道德	反腐败和贿赂、举报制度、纳税透明度
	公司治理	信息披露、董事会独立性、高管薪酬、董事会多样性
	公司治理负面事件	商业道德、公司治理负面事件

资料来源：商道融绿。

商道融绿ESG评级指标分为两类，即通用指标和行业指标。通用指标对所有行业都适用，行业指标是针对部分行业进行评估的指标。ESG评级总分由ESG主动管理总得分和ESG风险暴露总得分相加构成，E、S、G各自得分也均由管理分数与风险分数加总构成，分数越高，表现越好。商道融绿通过融绿ESG负面信息监控系统搜集上市公司的ESG负面信息,对照国际国内法规、标准及最优实践,对企业自主披露的信息进行评估,然后对负面事件根据严重程度及影响等进行评估,并将评估结果进行交叉审核。商道融绿对全体评估样本上市公司的ESG评级分数进行聚类分析得到ESG评级的级别,从A+到D共十级。商道融绿对A股上市公司的ESG综合评级主要分布在(C+,B)区间。商道融绿开发的ESG因子投资策略表现优于沪深300指数。

3.2.2 中财绿金院ESG指数体系

中财绿金院ESG指数体系是由中央财经大学绿色金融国际研究院(简称中财绿金院)自主创新开发的,该ESG指标体系从环境保护、社会责任、公司治理三个维度的定性与定量指标以及公司的负面行为与风险来全面衡量企业ESG水平。中财绿金院的ESG指标体系在评价企业ESG水平的同时,更强调企业的负面行为与风险,形成相应的扣分项,统计上市公司的环保处罚、债务、违约、纠纷、毁约、拖欠、安全性、质量和违规方面的信息,测量上市公司的环境风险、信用风险、劳务风险、产品风险和违规风险,综合而全面地评价上市公司ESG行为。2019年中财绿金院发布国内最大的线上ESG数据库——中财绿金院ESG数据库,覆盖范围超过4 000家中国公司,包括上市公司和非上市发债主体。2020年中财绿金院与万得信息技术股份有限公司(简称万得)达成合作,在Wind金融终端发布中财绿金院上市公司ESG评级报告与ESG双周刊,使得中财绿金院ESG评级体系的影响迅速扩大。2019年起中财绿金院坚持发布《中国ESG发展白皮书》,在国内形成较大影响。中财绿金院ESG指标体系见表3-8。

表3-8 　　　　　　　　中财绿金院ESG指标体系

一级指标	二级关键指标	定性/定量
环境E	节能减排措施	定性
	污染处理措施	定性
	绿色环保宣传	定性

续表

一级指标	二级关键指标	定性/定量
环境 E	主要环境量化数据	定量
	环境成本核算	定量
	绿色设计	定性
	绿色技术	定性
	绿色供应	定性
	绿色生产	定性
	绿色办公	定性
	绿色收入	定量
社会 S	综合	定性
	社区	定性
	员工	定性
	消费者	定性
	供应商	定性
	社会责任量化执行	定量
治理 G	组织结构	定性
	投资者关系	定性
	信息透明度	定性

资料来源：中央财经大学绿色金融国际研究院。

3.2.3　中证 ESG 评价体系

中证 ESG 评价体系是中证指数有限公司进行 ESG 评级所用的指标体系。中证 ESG 评级旨在反映财务信息之外的收益和风险因素，揭示 ESG 因素对公司可持续运营的影响，帮助投资者了解 ESG 的风险和机遇，并将 ESG 因素纳入投资决策过程。中证 ESG 评价体系在环境（E）、社会（S）和公司治理（G）三个维度下设置了 14 个主题、22 个单元和近200余个指标。环境维度反映企业在生产经营过程中对环境的影响，揭示企业可能面临的环境风险和机遇，包括气候变化、资源消耗、能源效率、污染物排放等，衡量碳中和背景下企业可能面临的环境风险和机遇。社会维度反映企业对利益相关方的管理能力及社会责任方面的管理绩效，揭示企业可能面临的社会风险和机遇。公司治理维度考察公司是否具有良好公司治理能力或存在潜在治理风险。中证ESG评价体系见表3-9。

表3-9 　　　　　　　　　　　　**中证ESG评价体系**

维度	主题	单元
环境 E	气候变化	碳排放
	污染与废物	污染与废物排放
	自然资源	水资源、土地使用与生物多样性
	环境管理	环境管理制度、绿色金融
	环境机遇	环境机遇
社会 S	利益相关方	员工、供应链、客户与消费者
	责任管理	责任管理
	社会机遇	慈善活动、企业贡献
公司治理 G	股东治理主题	股东治理、控股股东治理
	治理结构	机构设置、机构运作
	管理层	管理层
	信息披露	信息披露质量
	公司治理异常	公司治理异常
	管理运营	财务风险、财务质量

资料来源：中证指数有限公司。

2022年3月中证指数有限公司推出《中证指数有限公司ESG评价方法V2.0》明确其评价体系、评价结果及更新机制等问题。中证ESG评价总分与E、S、G维度分数由高到低分为十档，依次为AAA、AA、A、

BBB、BB、B、CCC、CC、C 以及 D，分档越高代表公司 ESG 表现越好。

2022 年 12 月 19 日，中国上市公司协会联合中证指数有限公司编写并发布《中国上市公司 ESG 发展报告（2022）》，该报告全面回顾了中国上市公司 ESG 管理实践及 ESG 信息披露情况，提出了推动上市公司 ESG 实践的措施和展望。

3.2.4　华证 ESG 评价体系

华证 ESG 评价体系是上海华证指数信息服务公司（简称上海华证）ESG 评级的重要内容。该评价体系包括一级支柱指标 3 个、二级主题指标 16 个、三级议题指标 44 个、四级底层指标近 80 个、底层数据指标 300 多个。上海华证集成语义分析、NLP 等智能算法等构建了 ESG 大数据平台，覆盖全部 A 股上市公司和具有可投资性的港股上市公司（港股市值覆盖率达 95%）。华证 ESG 指标在设计过程中增加了中国特色的指标，如扶贫（2022 年 5 月更新为"乡村振兴"）、社会责任报告、证监会处罚等。同时，基于中国上市公司的特点，华证 ESG 修改了部分指标的定义及计算规则，尤其是针对国有企业客观原因导致的公司治理问题（如关联交易等问题）进行单独处理。通过按季度定期评价与动态跟踪相结合的方式，华证 ESG 系统测算全部 A 股上市公司的 ESG 水平，并相应地给予 AAA-C 的 9 档评级。除了 ESG 评级以外，作为 ESG 动态跟踪的一部分，华证还进行 ESG 监控，及时识别 ESG 得分异常变动的公司，并实时发布 ESG 风险警示（分为严重警告、警告、关注和低风险 4 级）。2022 年 11 月《华证 ESG 评级方法论 V2.0》发布，更新了华证 ESG 评级框架体系，对其评级原理、评级方法、评价体系、指标赋值、权重设定及评级结果说明等内容进行了规定。华证 ESG 评价体系见表 3-10。

3.2.5　社投盟 ESG 评价体系

社会价值投资联盟（简称"社投盟"，CASVI）是国内推动公司可持续发展价值评估和应用的先行者，其 ESG 评价覆盖沪深 300 成分股，每年 6 月和 12 月进行两次评估。

表3-10 **华证ESG评价体系**

支柱	主题	关键指标
环境E	气候变化	温室气体排放、碳减排路线、应对气候变化、海绵城市、绿色金融
	资源利用	土地利用及生物多样性、水资源消耗、材料消耗
	环境污染	工业排放、有害垃圾、电子垃圾
	环境友好	可再生能源、绿色建筑、绿色工厂
	环境管理	可持续认证、供应链管理、环保处罚
社会S	人力资本	员工健康与安全、员工激励和发展、员工关系
	产品责任	品质认证、召回、投诉
	供应链	供应商风险和管理、供应链关系
	社会贡献	普惠、社区投资、就业、科技创新
	数据安全与隐私	数据安全与隐私
公司治理G	股东权益	股东权益保护
	治理结构	ESG治理、风险控制、董事会结构、管理层稳定性
	信披质量	ESG外部鉴证、信息披露可信度
	治理风险	大股东行为、偿债能力、法律诉讼、税收透明度
	外部处分	外部处分
	商业道德	商业道德、反贪污和贿赂

资料来源：上海华证指数有限公司。

社投盟对于企业社会价值的评估逻辑在于"义利并举"。社投盟将企业的社会价值分为"义"和"利"两个取向，与ESG的国际共识相结合，通过目标（驱动力）、方式（创新力）和效益（转化力）三个维度对企业的社会价值进行评估。社投盟的企业价值评估模型在ESG评价的基础上增加了经济效益，并且将经济效益放在首位，这是其评价模型区别于其他ESG模型的独特之处。

社投盟开发的"上市公司社会价值评估模型"是对上市公司社会价值贡献的量化评分模型。该模型由"筛选子模型"和"评分子模型"两部分构成，筛选子模型是社会价值评估的负面清单。筛选子模型按照 5 个方面、17 个指标，对评估对象进行"是与非"的判断。评分子模型包括 3 个一级指标（目标、方式和效益）、9 个二级指标、27 个三级指标和 55 个四级指标。以经济转化二级指标为例，又包括 5 个三级指标和 15 个四级指标，三级指标中有盈利能力、营运效率、偿债能力、成长能力、财务贡献等。四级指标包括净资产收益率、营业利润率、总资产周转率、应收账款周转率、流动比率、资产负债率、净资产、近 3 年营业收入复合增长率、近 3 年净资产复合增长率、纳税总额、股息率、总市值等。与筛选子模型"是与非"的判断相对应，评分子模型对评估对象进行"义与利"的判断。最终的评分共设 10 个基础级别、10 个增强级别。基础等级设置为 AAA 至 D，增强等级即 AA 至 B 基础等级用"+"和"-"号进行微调，从 AA+ 至 B-，表示在各基础等级分类中的相对强度。

盟浪可持续数字科技（深圳）有限责任公司（简称"盟浪"）成立于 2021 年，在社投盟"上市公司社会价值评估模型"基础上提出了盟浪 FIN-ESG 评估模型评估企业可持续发展价值。该模型将国际 ESG 标准和中国特色相结合，从财务（F）、创新（1）、价值准则（N）、环境（E）、社会（S）和公司治理（G）6 个维度，用数百个有实质性的通用和行业特色指标，对 A 股上市公司进行全方位可持续发展价值评估。基于该模型建立的盟浪 ESG 评分评级数据已覆盖 4 600 多家上市公司，实现了对 A 股 100% 覆盖。该模型指标体系包含 6 个维度即一级指标，30 个主题即二级指标，90 个关键议题即三级指标和 300 多个具体评级指标。盟浪 FIN-ESG 评级共设 9 个基础等级和 10 个增强等级，与社投盟的上市公司社会价值评估模型评分结果相比，剔除了基础等级中的 D 级。FIN-ESG 对中证 800 成分股的 ESG 综合评级主要分布在平均水平。盟浪与中证指数公司合作发布中证可持续 100 指数，与博时基金合作发行博时可持续发展 100ETF，截至 2022 年 10 月，博时可持续发展 100ETF 累计收益率跑赢同期沪深 300 指数超 16 个百分点。

表3-11　　　　　　　　　**盟浪FIN-ESG评价体系**

一级指标	二级指标	三级指标
财务 F	盈利能力	
	运营效率	
	资本业务结构	
	效益质量	
	资产质量	
	偿债能力	
	成长能力	
	财务贡献	
创新 I	研发能力	
	产品服务	
	业态影响	
价值准则 N	价值驱动	
	战略驱动	
	业务驱动	
环境 E	环境管理	90 多个
	资源利用	
	生态气候	
	污染防控	
	绿色金融	
社会 S	客户价值	
	员工权益	
	合作伙伴	
	安全运营	
	公益贡献	
公司治理 G	治理结构	
	利益相关方	
	信息披露	
	风险内控	
	激励机制	

资料来源：新浪财经-ESG评级中心。

此外，国内还有诸如嘉实基金、中信证券、和讯、万得、润灵RKS等也构建了各自的ESG评价体系。

3.3 国内主要ESG评选体系

3.3.1 国内ESG评选简介

"3060"目标的提出使ESG成为我国政府关注的焦点。"十四五"规划和2035年远景目标纲要突出强调绿色发展理念，2021年全国两会首次把"碳达峰""碳中和"写入政府工作报告，把"力争2030年前实现'碳达峰'、2060年前实现'碳中和'"纳入生态文明建设整体布局。ESG是贯彻绿色发展理念、实现生态文明建设整体布局的有力抓手。加快ESG建设，不仅可助力我国"双碳"目标平稳落地，还能提升我国在国际绿色可持续发展议程中的话语权，助推我国在国际交往中构建双循环发展格局。2021年7月18日，国务院国资委党委委员、秘书长彭华岗在"ESG中国论坛2021夏季峰会"开幕致辞中指出："国务院国资委明确公布将ESG纳入企业履行社会责任的重点工作。"同时，中国上市公司协会会长宋志平在第十一届公司治理国际研讨会中指出："在国际市场体系中，上市公司的ESG情况将是投资者考虑的首要因素。"2022年3月17日，经中央机构编制委员会（简称中央编委）批准，国务院国资委成立社会责任局。社会责任局主要职能包括"抓好中央企业社会责任体系构建工作，指导推动企业积极践行ESG理念，主动适应、引领国际规则标准制定，更好推动可持续发展。"同年12月20日，相关部门发布《中央企业社会责任蓝皮书（2022）》《国资国企社会责任蓝皮书（2022）》，成立"中央企业ESG联盟"，该联盟由社会责任局指导，中国企业改革与发展研究会、中国社科院国有经济研究智库、中国社会责任百人论坛牵头发起成立，多家中央企业担任理事长单位的央企ESG研究交流平台，旨在联合各方助力中央企业ESG建设。国资委社会责任局和中央企业ESG联盟的成立，显示了政府对央企ESG研究和实践的极大重视。

"3060"双碳目标的提出还迅速带火了我国的ESG投资。越来越多的投资者开始关注并将ESG理念融入投资实践中。以环境、社会责任、公司治理为核心的ESG评价体系，逐渐成为国内投资者发现资本市场投资机遇、规避投资风险的重要参考依据。

配合投资领域不断高涨的ESG投资热情以及企业对ESG实践的积极性，各大平台纷纷推出ESG评选活动，助推国内ESG的发展。

ESG评选活动是ESG建设的重要推动力量，是衡量企业ESG绩效的重要窗口和工具。从参评企业视角来看，通过参与ESG评选，有利于企业"以评促改"，明确其在ESG实务中需要重点改进和加强的环节，推动参评企业持续深化ESG行为，提升企业的可持续发展能力；从其他参与者，包括评级机构视角来看，参与评选有利于将绿色可持续发展由企业的单向传递升级为企业与评级机构的双向传导，促进更多的市场主体积极参与ESG建设，推动ESG理念在我国良好而健康地发展；从政府视角来看，支持此类评选活动，有利于为政府出台相关政策提供支持，从而充分发挥其在制定ESG相关政策时的作用；对投资者包括投资机构而言，通过此类活动可以更为全面地了解企业可持续发展战略及行动，帮助投资者更科学、更理性地对企业进行ESG投资。

ESG评选活动整个流程基本包括四个步骤：标准制定、数据采集、评分评级、综合排名。首先，评级机构参照国际组织/交易所等公布的标准/指引事先制定评级体系；其次，通过截取企业社会责任报告的内容、通过公开渠道或者向企业发放问卷的方式采集相关信息和数据；再次，评级机构给出评分和评级结果；最后，综合各个评级机构的评分，同时结合榜单的附加条件，综合排序结果，评选出符合ESG榜单要求的上市公司。

ESG评选活动标准一般包括但不限于以下事项，并随着社会发展和具体议题的变化而改变，详见表3-12。主要的ESG评选活动及评选标准见表3-13。

表3-12 　　　　环境、社会和公司治理（ESG）评选标准举例

环境	社会	公司治理
气候变化	职工权益保护	贿赂和腐败
资源消耗	供应链管理	高管薪酬
废弃物	工作条件	董事会多样性和结构
污染	员工关系	税务策略
…	…	…

表3-13 　　　　主要的ESG评选活动及评选目的或标准

榜单名称	评选目的或标准
新财富最佳董秘·最佳 ESG 信披奖 2022	以公开、透明数据为基础、依托新财富自身广泛、丰富的资本市场资源，结合自主报名提交资料、大数据分析及中证指数有限公司 ESG 评价体系，最终得出第十八届金牌董秘评选最佳 ESG 信披单项奖
《财富》首份中国 ESG 影响力榜 2022	邀请申报企业完成一份问卷。问卷包含环境、社会和公司治理三个部分，每部分都包含一些定性问题。企业还可以为每个部分附加一个最佳实践案例。评选时考虑申报企业数据提交的完整程度、行业、规模等，参考申报企业在 Refinitiv（路孚特）数据库中的数据表现
《哈佛商业评论》"中国新增长·ESG 创新实践榜" 2021	基于企业在 ESG 领域的实践探索，评选出将环境议题、社会议题与公司治理议题有效结合，推动企业进入长期可持续增长轨道的企业
上海报业集团｜界面新闻发起的【ESG 先锋 60】评选 2021	旨在通过主流财经媒体平台的影响力表彰在 ESG 相关领域中解决具体问题的优秀企业，以及对于其他企业有研究和借鉴意义，反映出其在 ESG 领域内影响力、传播力和实施效果的企业

榜单名称	评选目的或标准
证券时报"A股公司ESG百强榜"2021	榜单聚焦上市公司环境（E）、社会（S）、公司治理（G）三大维度，从110项底层指标中综合评估了超1 100家A股公司的得分均值
新浪财经ESG评级中心、CCTV-1《大国品牌》"中国ESG优秀企业500强"2021	通过对多家权威机构的评级体系进行系统性分析，将E、S、G三个维度下的近50个关键议题及所属的约450个具体指标进行了评估。指标全面覆盖企业碳排放、资源利用、废弃物处理等环境数据，员工培训与发展、供应链管理、反腐败、公益捐助等社会责任数据，以及董事会、薪酬体系、商业道德、税收透明度等公司治理数据
和讯网"中国财经风云榜"·ESG卓越企业2021、2020	在和讯上市公司ESG测评体系中，评分排名在前20%；评测基础数据取自上海、深圳证券交易所官网发布的年报信息；在和讯财经APP内，和讯商业指数各类评分比较稳定；公司产品在市场中有良好的知名度和美誉度
新浪财经中国企业"金责奖"最佳环境（E）责任奖2021、2020、2019	要求在环境披露、环境管理、绿色技术、环保投入等对环境产生积极影响的领域作出贡献；无重大环保监管部门处罚信息，无水、大气、固废等污染负面信息；候选企业在ESG专业数据库"E"项评分中表现优异
新浪财经中国企业"金责奖"最佳社会（S）责任奖2021、2020、2019	要求在员工健康与福利、就业平等、产品安全、精准扶贫、乡村振兴等社会责任领域作出贡献；无重大社会责任相关处罚信息，无产品安全、就业歧视等负面信息；候选企业在ESG专业数据库"S"项评分中表现优异

续表

榜单名称	评选目的或标准
新浪财经中国企业"金责奖"最佳公司治理（G）责任奖2021、2020、2019	要求在公司治理框架、商业道德、信息披露、风险管理、技术创新等方面表现优异；无重大公司治理相关处罚信息，无商业贿赂、腐败等负面信息；候选企业在ESG专业数据库"G"项评分中表现优异
财联社·ESG金E奖评选·中国企业ESG实践奖-环境特色（E）实践奖2021	环境管理体系、员工环保意识、节能和节水政策、绿色采购政策、节能等方面有创新特色实际
财联社·ESG金E奖评选·中国企业ESG实践奖-社会特色（S）实践奖2021	在员工管理、供应链管理、客户管理、社区管理、产品管理、公益及捐赠等方面有完善的制度建设及应用
财联社·ESG金E奖评选·中国企业ESG实践奖-治理特色（G）实践奖2021	在反腐败和反贿赂、内部举报制度、纳税透明度、信息披露、董事会独立性等方面有创新特色实际

3.3.2 主要ESG评选活动

（1）中国ESG优秀企业500强

2021年新浪ESG评级中心联合CCTV-1《大国品牌》在金麒麟论坛上发布首份"中国ESG优秀企业500强"名单。新浪财经依托其强大的ESG评级数据库，对中国A股、港股、美股及未上市的优秀企业进行了ESG综合评价。考虑到目前全球范围内并无统一的ESG评价标准，且不同的评级体系对E、S、G三个维度的衡量标准各有侧重。因此，此次评选不依托单一评级机构的数据结果，而是通过对多家权威机构的评级体系进行系统性分析，将E、S、G三个维度下的近50个关键议题及所属约450个具体指标进行评估。指标全面覆盖企业碳排放、资源利用、废弃物处理等环境数据，员工培训与发展、供应链管理、反腐败、公益捐助等社会责任数据，以及董事会、薪酬体系、商业道德、税收透明度等公司治理数据。最终选定海内外6家评级机构的ESG评级数据及多家智库公开发布的相关数据作为数据源，通过数据标准化、权重再分配等流程进行综合打分。考虑到评级机构的ESG数据更新频率较低，评级具有一定的滞后性，新浪财经引入了自有的舆情大数据系统，并多次举办评审会征求外部专家意见和建议，结合评价周期内企业发生的负面事件，通过对财务恶化、法律纠纷、社会争议等事件进行量化评估，按负面事件的严重程度对样本企业酌情减分或一票否决，形成一份既具有科学性又具有时效性的"中国ESG优秀企业500强"榜单。上榜企业有阳光电源、金风科技、华润电力、华为、洛阳钼业等。

（2）中国新增长·企业社会责任榜

《哈佛商业评论》、上海报业集团、证券时报等媒体机构从2020年开始在年度上市公司评选活动中加入ESG相关奖项，通过一系列评选指标的制定，筛选出"中国新增长·ESG创新实践榜""A股公司ESG百强榜""中国ESG优秀企业500强"等上榜公司。

《哈佛商业评论》2020年度"中国新增长·企业社会责任榜"是基于企业近一年来在社会责任领域的投入与创新实践，评选出的社会价值与商业价值同步增长的典型企业榜单。百威（中国）、春播、德邦快递、欢瑞世纪、花西子等企业上榜。2021年度企业社会责任榜则是结合企业在ESG领域的实践探索，评选出将环境议题、社会议题与公司治理议题有效结合，进入长期可持续增长轨道的企业。阿里巴巴、保时捷（中国）、成都市沱江流域公司、飞利浦（中国）、美的等企业上榜。

（3）ESG先锋60

上海报业集团发起2021ESG先锋60评选，主办方旨在通过主流财经媒体平台的影响力，寻找经济效能与社会责任并重的绿色企业与业内先锋人物。在综合考量企业ESG的基本概况、环境责任、社会责任、公司治理责任以及效益五大维度的基础上，展现企业在"碳中和"时代下的核心竞争力。本次评选不限参与企业的所有制类型、国别、规模以及所处行业，通过两个多月的数据筛选、大众投票、评委审议等多个环节的考察，全面衡量了参选企业的ESG实践能力，力求对企业的年度价值和ESG表现作出客观、公正的评价。榜单评选出来的企业前几名分别是DHL快递（中国区）、碧桂园集团、菜鸟物流、京东、福佑卡车等。

（4）A股公司ESG百强榜

2021年11月4日，证券时报编制并发布了2021"A股公司ESG百强榜"。榜单聚焦上市公司环境（E）、社会（S）、公司治理（G）三大维度，从110项底层指标中综合评估了超1 100家A股公司的得分均值。主办方评选经过财务筛查、网络投票、专家评审、权威机构审核等环节层层筛选，结合客观评分、自荐得分、专家评分三项得分，得出上市公司ESG的最终得分情况。①环境维度的表现：百强公司单位营收颗粒物排放强度、营收大气污染物税、单位营收氮氧化合物排放强度、单位营收VOCs（挥发性有机物）排放强度较全部A股均具备优势。②社会维度的表现：百强公司展现出较强的责任担当，对外捐赠、员工工会经费和职工教育经费、员工住房公积金均值明显高于A股市场、沪深300成份股。不少百强公司通过设立扶贫项目、在抗疫和灾情时积极参与捐赠与资助等方式积极履行社会责任，如乐普医疗、比亚迪等均在2020年社会责任报告中表示，公司通过捐款或防疫物资等参与抗疫工作。③治理维度的表现：百强公司中，2020年年报审计意见为标准无保留意见占比达100%，财务造假指数也明显低于A股整体。中远海能、三一重工、厦门象屿、葛洲坝、上汽集团等企业名列百强榜前茅。

（5）中国企业ESG"金责奖"

由新浪财经主办的"新征程新使命——新浪金麒麟论坛"于2019年11月28日在北京举行。"ESG投资助力可持续发展之路"分论坛（ESG峰会）上，首届中国企业ESG"金责奖"颁奖典礼举行。北控水务集团、广汽集团等获得最佳环境责任奖，恒安国际、中国移动、中国电信等获得最佳社会责任奖，最佳公司治理责任奖则由安踏体育、中国平安等企业分享，复星医疗、工商银行等获得年度可持续发展奖。该项评选结合了企业客观的ESG绩效指数、专家评选、网络投票等三方面的因素，其中，客观的ESG数据评选占到60%的权重。

2021年新浪财经金责奖同样设置了最佳环境责任奖、最佳社会责任奖、最佳公司治理责任奖。最佳环境责任奖要求参选企业在环境披露、环境管理、绿色技术、环保投入等对环境产生积极影响的领域作出贡献；无重大环保监管部门处罚信息，无水、大气、固废等污染负面信息，候选企业在ESG专业数据库"E"项评分中表现优异。通过评选，阳光电源、万科、京东方、中国神华、京东集团等企业获得该项殊荣。最佳社会责任奖则要求参选企业在员工健康与福利、就业平等、产品安全、精准扶贫、乡村振兴等社会责任领域作出贡献，无重大社会责任相关处罚信息，无产品安全、就业歧视等负面信息，候选企业在ESG专业数据库"S"项评分中表现优异。该奖项评选出了招商银行、环旭电子、百济神州、中国交建、腾讯控股等企业。最佳公司治理责任奖要求在参选企业在公司治理框架、商业道德、信息披露、风险管理、技术创新等方面表现优异，无重大公司治理相关处罚信息，无商业贿赂、腐败等负面信息，候选企业在ESG专业数据库"G"项评分中表现优异。该奖项评选出了比亚迪、中国中冶、中化国际、中国海洋石油、南山铝业等企业。

（6）ESG最佳案例奖

2021年财联社特邀ESG专业咨询机构商道纵横共同研发评选维度，结合国内外企业ESG评级关注重点筛选议题，并邀请行业领袖、专家学者、资深媒体人，基于专业性、前瞻性、公正性等原则，评选出中国企业ESG卓越案例，助推ESG新发展。评选采取"专业评价指标+专家评审+网上投票"相结合的形式，按照6∶3∶1的权重比例综合确定最终获奖名单。此次评选设置了4类奖项，分别为中国企业ESG最佳案例奖、ESG最佳环境（E）案例奖、ESG最佳社会（S）案例奖、ESG最佳公司治理（G）案例奖。"中国企业ESG最佳案例奖"旨在表彰在环境、社会、公司治理三方面全面发展，具有行业领先、堪称典范的ESG综合表现的企业案例。爱尔眼科、工业富联、和合首创、佳兆业等企业获奖。"中国企业ESG最佳环境（E）案例奖"旨在表彰在环境管理体系、员工环保意识、节能和节水政策、绿色采购政策等方面有创新特色实践的案例。迪马股份、多伦科技、晶澳科技、蓝思科技等企业上榜。"中国企业ESG最佳社会（S）案例奖"旨在表彰在员工管理、供应链管理、客户管理、社区管理、产品管理、公益及捐赠等方面有完善的制度建设及应用的杰出案例。达州银行、九方智投、九台农商银行、康师傅饮品等企业上榜。"ESG最佳公司治理（G）案例奖"旨在表彰在反腐败和反贿赂、内部举报制度、纳税透明度、信息披露、董事会独立性等方面有创新特色实际的案例。东方明珠、光大控股、光大绿色环保、金邦达宝嘉等企业上榜。

2022 年由中国网财经主办 2022 年度中国企业 ESG 实践优秀案例评选，43 家企业入选，其中 2022 年度 ESG 企业有京东集团、三七互娱等；2022 年度 ESG 最佳环境责任（E）实践优秀企业有佳沃集团、龙光集团等；2022 年度 ESG 最佳社会责任（S）实践优秀企业有世茂集团、国信证券等；2022 年度 ESG 最佳公司治理（G）实践优秀企业有中国再保险股份有限公司和中邮消费金融有限公司。

2022 年中国上市公司协会也发布了 2022 年 A 股上市公司 ESG 最佳实践案例榜单，华能国际、宝钢股份、中国石化、中信证券、国电南瑞位列前五。

（7）中国财经风云榜

2021 年和讯网联合中国证券市场研究中心（SEEC）等机构评选出和讯网中国财经风云榜·ESG 卓越企业。此次评选活动对数千家企业和机构大数据展开分析，通过综合排名筛选出入围名单，再经专家、研究员团队调研，历经一个多月网上投票后，评选出最终榜单，并由评审组审核确定。入围公司首先需要在和讯上市公司 ESG 测评体系中，评分排名前 20%，其测评基础数据取自上海、深圳证券交易所官网发布的年报信息。其次，入围公司要在和讯财经 APP 内的和讯商业指数中获得的各类评分比较稳定。最后，公司产品在市场中有良好的知名度和美誉度。该项活动最终评选出三七互娱、迈瑞医疗、蓝思科技、蒙牛乳业、新奥股份等 ESG 卓越企业。中国财经风云榜自 2003 年由和讯网发起，一直以来秉持专业、公正的评选标准，已经成为金融行业最权威、最有影响力的年度评选之一，被誉为财经界的"奥斯卡"，2021 年第十九届榜单首次增设 ESG 卓越企业奖项。2022 年度 ESG 卓越企业上榜企业有北部湾港、东兴证券、金龙鱼、蒙牛乳业、唯品会、360 科技等企业。

（8）最佳 ESG 信披奖

2022年3月31日，第十八届新财富董秘&第五届新财富 IR[①] 港股公司榜单揭晓。其中，"ESG 信披奖"被首次纳入评选。该项活动是由《新财富》杂志发起，其榜单评选也是中国资本市场最具权威性的评选之一，并被资本市场及社会各界高度认可。《新财富》设置 2022 年"最佳 ESG 信披奖"，旨在挖掘在信息披露方面注重呈现上市公司践行绿色发展理念、履行社会责任、提升治理水平情况的优秀董秘。该奖项获奖者从 2021 年已发布 ESG 年度报告的上市公司中进行遴选，主客观结合，分两轮进行科学评价。主办方结合资本市场的变革方向，并听取评选专家委员的意见，加入客观评价指标，以客观和主观相结合的方式对榜单进行两轮评价。TCL 科技、广州发展、海尔智家、瀚海环境、华润三九等企业入选 2022 年"最佳 ESG 信披奖"榜单。

（9）《财富》中国 ESG 影响力榜

2022年8月23日，《财富》发布"2022年中国 ESG 影响力榜"。此份榜单是《财富》首次从企业社会责任与可持续发展能力角度对中国企业进行考量，主办方希望寻找那些在创造财富的同时更好地肩负起环境、社会和治理责任，致力于引领世界重返安全与繁荣的企业。其基于大量数据、案例、信息披露完整度和走访调研，最终遴选出 40 家具备引领作用的中国企业。上榜的 40 家中国企业在改善环境、保护员工、支持社区等方面做出了卓有成效的努力。此次榜单对上市及非上市公司都开放申报，邀请申报企业完成一份包含环境、社会和公司治理三个部分的问卷，其中每一部分都包含一些定性问题（例如"公司是否制定了与 ESG 目标相关的薪酬计划"）以及一些定量的问题（比如"公司去年的环境研发占营收之比"）。企业还可以为每个部分附加一个最佳实践案例。最终，阿里巴巴、顺丰、京东、中国远洋海运、联想集团、TCL、吉利控股集团、复星医药等企业入选。在这 40 家上榜企业中，有 32 家是《财富》世界 500 强或《财富》中国 500 强企业，这些上榜企业的行业地位意味着其 ESG 实践将对整个中国商业界产生引领作用。

---

① IR 是投资者关系 Investor Relations 的缩写。

3.4 ESG 评级现状

根据国际证券委员会的调查，[①] ESG 评级和数据产品服务商虽然都提供了 ESG 评级和数据产品服务，但其服务范围差别很大。主要表现在数据获取、数据处理、与被评对象的互动方式、评级流程和评级方法上存在较大差异。大部分机构未将其评级结果和其他机构进行比较，评级结果很大程度上仍然未受到监管。通过前述对国际国内主要评级机构及指标体系的介绍，我们从评级机构、评级指标体系、评级分歧和评级监管几方面对国内 ESG 评级现状进行总结。

3.4.1 ESG 评级机构

国内比较知名的 ESG 评级机构包括：专门的 ESG 评级机构如商道融绿、润灵环球等；社会与学术组织如中央财经大学绿色金融国际研究院、南开大学绿色治理指数、社会价值投资联盟等；数据提供商如Wind（万得）；指数公司如华证、中证等；金融机构如嘉实基金等。各评级机构评级范畴大致为：华证、中证、商道融绿、嘉实覆盖全部 A 股上市公司，其他机构则以中证 800、沪深 300 权重股为主。

ESG 评级机构在数据来源、法源、组织使命、法律身份、评级主旨、产品和服务等方面，都存在着巨大差异（邱慈观，2022）。绝大多数评级机构采集数据的来源多种多样，具体包括：问卷调查、年报和社会责任报告等公开信息、媒体报道、网络搜索，数据库、学术期刊、行业出版物、政府机构出版物、相关者调查以及私人研究等。其中，企业年报和社会责任报告是主要的信息来源。从法源来看，大陆法系的国家更关注利益相关者，英美法系的国家更倾向于关注投资者利益（如 MSCI）。以组织使命来看，有些机构拟通过 ESG 数据来改变世界（如社投盟），大部分则拟通过 ESG 数据来告知世界。从法律身份来看，从非营利性到营利性都有。至于评级主旨，有些只涉及单一

---

① 国际证券委员会 .ESG 评级与数据产品提供商［EB/OL］（2021-09-21）.https：//www.iosco.org/library/pubdocs/pdf/IOSCOPD690.pdf。

维度，大部分则涉及全科（如 Sustainalytics）。至于评级方法，多数评级机构认为评级方法属于商业机密，仅公布有限信息，采用的评级方法也各不相同。

3.4.2 ESG 评级指标体系

根据中金研究总结[①]，ESG 评级环节主要包括标准制定、披露要求、数据采集、评分评级，整个流程基本包括三个步骤：首先，评级机构参照国际组织/交易所等所公布的标准/指引事先制定评级体系。其次，通过截取企业社会责任报告的内容、通过公开渠道或者向企业发放问卷的方式采集相关信息和数据。最后，评级机构给出 ESG 评分和评级结果。

在评级参照标准方面，国际国内趋同性比较强，都倾向于参照全球行业分类标准（GICS），国内机构除了参照该标准体系外，还有国内的相关标准。在获取数据方面，国外机构多倾向于用发放问卷的方式采集被评级企业的信息和数据，国内机构则更倾向于采用公开渠道获得信息。至于评分和评级结果，无论是百分制还是 10 分制，抑或 AAA 至 CCC 的评级机制，其基本的呈现方式差别不大。

国际评级机构如 MSCI、Morningstar 等形成了相对成熟的 ESG 评级体系。与国外相比，我国虽尚未正式形成统一的 ESG 指标体系，但在 ESG 指标体系的构建上，基本遵循了参照国外指标体系构建基本框架，同时考虑了中国上市公司特色的原则。横向对比海外和国内主流的 ESG 评价体系，国内 ESG 评级在数据来源方面，基本覆盖了上市公司披露文件（如年度报告、可持续发展报告、社会责任报告）、政府和非政府组织信息、专业数据库、媒体资源等；在具体指标设置方面，各评价体系基本采用了自上而下构建、自下而上加总的方式，从环境、社会和公司治理三个层次出发，逐级拆解至底层的几十乃至上千个评估指标；在行业分类方面，各评价体系在指标设计和权重分配上基本考虑了行业的差异性。各评级机构评级指标体系主要差异在于：数据库考察范围覆盖

---

① ESG 评级"存异"但难"求同"［EB/OL］（2021-09-09）.https：//finance.sina.com.cn/esg/investment/2021-09-09/doc-iktzscyx3163563.shtml？tr=164.

面不同、底层指标权重各有侧重、对争议事件或负面报道等风险敞口的处理认定不同。

国内蓬勃兴起的各种 ESG 评选活动也各自提出了评选的不同标准。这些评选标准也大致遵循了和评级机构类似的指标和方法体系。2023年3月13日由中国企业社会责任报告评级专家委员会（以下简称"评级专家委员会"）牵头编制的《中国企业 ESG 报告评级标准（2023）》正式发布。①

无论是专业 ESG 评级机构还是各种形式的 ESG 评选，无论是对企业 ESG 报告进行评级还是对企业 ESG 表现进行评级，都表达了评价主体或主办方对 ESG 的理解和认知，也从侧面反映出 ESG 理念在国内市场的流行之广、影响之深。随着 ESG 的普及，ESG 评级也将越来越规范，越来越科学，越来越中国化。

3.4.3 ESG 评级分歧

各评级机构基于不同的理念和价值观、根据不同的数据源构建了各具特色的 ESG 评级指标体系，并根据不同的算法得出了不同的 ESG 评级结果。不同评级主体针对同一评级对象得出不同的 ESG 评级结果被称为 ESG 评级分歧。现有研究发现，不同的 ESG 评级机构对同一企业的评级一致性不高，存在明显的 ESG 评级分歧现象（Chatterji 等，2015；Berg 等，2022）。

根据 Billioetal（2021）的研究成果显示，截至 2021 年，晨星（Sustainalytics）、RobecoSAM、路孚特（Refinitiv）和 MSCI 四家 ESG 评级机构的 ESG 评价结果差异较大，相关性平均值仅为58%。其中，晨星（Sustainalytics）和 RobecoSAM、路孚特（Refinitiv）和 RobecoSAM 的 ESG 评价结果相关性最高，相关系数均达到69%。MSCI 和 RobecoSAM 的 ESG 评价结果相关性最低，相关系数仅为43%。ChristensenDM 等（2022）从 ESG 信息披露视角对 ESG 评级分歧进行的实证研究也显示 ESG 评级分歧会受 ESG 披露的影响。

---

① 启锐传播.中国企业 ESG 报告评级标准（2023）正式发布 [EB/OL].［2023-03-16］. https：//finance.sina.com.cn/wm/2023-03-17/doc-imymehce1334889.shtml。

国内研究机构（尤其是证券机构的研究所）出具的研究报告对ESG评级分歧也给予了足够的重视：中金研究通过比对来自万得资讯中公开的社投盟、商道融绿、华证指数和富时罗素评级数据，发现这几家ESG评级机构的两两相关系数平均仅有0.37，显著低于海外主流ESG评级机构的相关系数。① 证券时报、中国资本市场研究院选取了华证指数、Wind和富时罗素等5家ESG评级机构的数据，统计显示两两机构之间平均相关性仅为0.412。其中，商道融绿与富时罗素的相关性最高，为0.617。② 王凯、张志伟（2022）以2017年数据为基础，对国外包括MSCI、Sustainalytics在内的6家主要ESG评级机构评级结果的相关性统计发现，相关系数总体在0.38，-0.17，平均为0.54。在国内评级机构评级结果相关性的研究中，华证、商道融绿、社投盟三家的平均相关系数只有0.26，总体在0.13—0.40之间（2019年数据）。表3-14及表3-15列示了Wind系统中六家上市公司2020年—2022年每年12月31日华证ESG评级、富时罗素ESG评分、商道融绿ESG评级、盟浪ESG评级和WINDESG评级结果。

表3-14　　　　Wind不同评级机构2020年—2022年评级结果1

评级机构		华证 ESG 评级			富时罗素 ESG 评分		
证券代码	证券简称	2020	2021	2022	2020	2021	2022
000538	云南白药	CCC	BB	A	1.3000	1.9000	1.5000
000825	太钢不锈	BB	BB	B			1.1000
002067	景兴纸业	BB	BB	BB			
600809	山西汾酒	B	BB	B	1.2000	1.2000	0.9000
600895	张江高科	A	A	BB	0.8000	1.2000	1.6000
601088	中国神华	BBB	BBB	BBB	2.3000	2.4000	2.5000

　　① 译名.ESG评级"存异"但难"求同"[EB/OL].[2021-09-09].https://finance.sina.com.cn/esg/investment/2021-09-09/doc-iktzscyx3163563.shtml? tr=164。
　　② 周莎.ESG评级取得七大新进展，构建特色体系仍任重道远[EB/OL].[2023-01-12].https://finance.sina.com.cn/stock/zqgd/2023-01-12/doc-imxzwrwt8868054.shtml。

表3-15　　　　Wind不同评级机构2020—2022年评级结果2

评级机构		商道融绿 ESG 评级			盟浪 ESG 评级			WindESG 评级		
证券代码	证券简称	2020	2021	2022	2020	2021	2022	2020	2021	2022
000538	云南白药	B	B+	A-	A-	BBB+	BBB+	BBB	AA	BBB
000825	太钢不锈	B+	B+	B+	BB+	BBB	BBB	BBB	A	BBB
002067	景兴纸业			B+				AA	A	A
600809	山西汾酒	B-	B	B	BBB	A-	A-	BB	A	BBB
600895	张江高科	B+	B+	B-	B+	BB	BB	BB	BB	BBB
601088	中国神华	A-	B+	A-	AA	A	A	A	AA	AA

资料来源：Wind。

可以看出，不同评级机构对同一家上市公司同一时间的评级结果差别很大，即使是从上市公司评级结果的走势来看，也出现了很大的分歧。以云南白药为例，华证评级、商道融绿评级的结果显示2020—2022年其ESG表现呈逐年向好趋势，但富时罗素、盟浪、Wind的评级结果却完全不同，见表3-16。

表3-16　　　　新浪ESG评级中心不同评级机构评级结果

评级机构		路孚特	中财绿金院	商道融绿	盟浪	中诚信	秩鼎	晨星	华证指数
证券代码	证券简称	2023Q1	2022Q4	2022Q4	2022Q4	2023Q1	2023Q1	2022Q4	2023Q1
000538	云南白药	C+	C-	A-	AA-	A-	AA	38.19	BBB
000825	太钢不锈	C+	BB	B+	AA-	BBB+	A	46.03	B
002067	景兴纸业			B+	A+	A	A		BB
600809	山西汾酒	D	C	B	A	BBB+	AA	31.89	B
600895	张江高科	C+	A-	B-	BBB	BBB+	AA	27.41	BB
601088	中国神华	B+	A-	A-	AA+	AA-	AA	35.88	BBB

资料来源：新浪财经-ESG评级中心 https://finance.sina.com.cn/esg/grade.shtml。

由于新浪财经ESG评级中心数据资料的欠缺，各上市公司的评级结果为不同时间点的数据，导致评级结果的可比性欠佳。但同一公司同一时点的评估结果仍然反映了评级分歧的存在。以云南白药为例，2022年第4季度的评级结果中，中财绿金院对它的评级为C-级，商道融绿对它的评级则为A-级，差异非常大。同样是云南白药，2023年第1季度评级结果，路孚特为C+，华证指数为BBB，而秩鼎则为AA，差异更大。

关于ESG分歧的研究结果充分显示了ESG评级分歧存在普遍性。无论是国际还是国内，ESG评级机构均未对评估对象的ESG表现达成较为统一的意见。

ESG评级分歧给投资者决策带来了很多困惑，使投资者ESG投资决策变得无所适从。国外关于评级分歧的研究成果较多，Kotsantonis和Serafeim（2019）的研究表明，ESG评级分歧现象成为阻碍ESG投资最关键的因素之一。ESG评级分歧会削弱ESG信息的风险规避功能，当存在ESG评级分歧时，ESG评级不太可能准确预测未来消息（Serafeim&Yoon，2022a），ESG评级分歧还会大大增加投资者的信息搜寻成本（Abhayawansa和Tyagi，2021；Avramov等，2022）。

除了影响投资者决策之外，ESG分歧还会对企业收益、融资成本等产生重大影响。ESG评级分歧造成的信息不准确会使董事会产生困惑，进而导致董事会难以判定与ESG表现挂钩的管理者薪酬（何太明等，2023）。ESG评级分歧会加大管理者判断差异产生原因的难度，进而使管理者无法做出适当的管理决策来回应分歧（Chatterji等，2016），更大的ESG分歧还可能导致更少的外部融资（Christensen et al.，2021），

很多学者从不同视角解释了ESG评级分歧产生的原因。Chatterji等（2016）认为ESG评级产生分歧的原因是ESG评分者在环境、社会责任理解方面存在差异。Berg等（2019）研究发现ESG评级范围、指标度量差异和权重设置差异是产生ESG分歧的主要原因，而权重差异不太重要。Florian等（2022）也认为评级结果的分歧主要体现在评级范围、测量方法和权重的不同，其中评级范围的不同是主因。Christensen等（2021）的研究结果表明，ESG披露越多，ESG评级分歧越大。国内学者近年来开始关注评级分歧。袁蓉丽等（2022）认为ESG评级分歧产生的原因在于ESG测量方法和ESG具体内容的区别。王凯和张志伟

（2022）从社会原因、技术原因、其他原因等三方面总结了 ESG 评级结果分歧产生的可能。他们认为，ESG 数据不具备传统财务数据的价值中立性是导致分歧产生的社会原因，具体解释为 ESG 数据供应者或评级者的认知水平、社会背景与价值观的影响。评级对象选择差异、主题覆盖差异、指标度量差异、权重设置差异等都是导致评级结果分歧产生的技术原因。

综上所述，我们可以发现，评级分歧的存在无论是对投资者还是企业都会产生或多或少的负面影响。评级机构或评价者对 ESG 的认知、评级方法、评级范围、评级内容等的差异均会导致评级分歧，而评级范围和评级内容应该是导致 ESG 评级分歧的主要原因。

3.4.3　ESG 评级监管

随着 ESG 投资成为潮流，各主流指数公司纷纷推出了各种 ESG 评级体系和方法，投资者尤其是投资基金对 ESG 投资评级分歧产生了强烈的质疑，尤其是特斯拉 CEO 马斯克在其公司被剔出标普 500ESG 指数后频繁质疑 ESG 评价的有效性，加之媒体频繁报道"漂绿"现象，使 ESG 投资者面临很多潜在风险，ESG 监管正在成为越来越重要的全球议题。各国监管机构已经开始制定针对 ESG 基金的监管措施，以便维护市场秩序，保护投资者，同时推动企业更好地管理环境、社会和治理风险，更好地履行其社会责任。这些监管措施包括制定和加强相关的法律法规，推动透明度和报告要求，以及对违规行为进行处罚等措施，但针对 ESG 评级的监管却比较少见。

以国际证券委员会（IOSCO）为代表的国际组织及相关监管部门逐步关注到 ESG 评级与数据产品规范及监管的重要性，开始倡导推进全球 ESG 评级与数据产品供应商的监管。IOSCO 在 2021 年 11 月基于其在 7 月做的一项关于 ESG 评级与数据产品行业咨询报告基础上发布了《关于 ESG 评级和数据产品服务商的报告》，这份报告中对有关监管机构与供应商提出以下建议：（1）监管机构可以考虑更多地关注 ESG 评级和数据产品的使用，以及可能受其管辖的此类产品的供应商，包括检查对这些供应商是否有足够的监管，并鼓励制定和遵循共同的行业标准或行为准则；（2）ESG评级和数据产品供应商可以考虑围绕治理、利益冲突管理以及产品方法和数据源的透明度制定一套良好实践。[①]2022年11月，IOSCO发布了"行动呼吁"文件，列出了相关标准制定机构和行业协会在采用和实施过程中应努力实现的要点，同时推广IOSCO报告中推荐的良好做法。

此后，全球监管机构积极制定针对ESG评级和数据产品供应商的监管方法[②]，大致做法有两种：一是仿照欧盟、印度，扩大监管范围，将ESG服务商纳入强制监管体系。欧盟、印度等经济体的监管机构于2023年陆续发布了相关咨询文件，为ESG评级供应商提出监管框架/范围。其中欧盟制度是强制性的，仅适用于ESG评级。二是仿照日本金融厅、英国金融行为监管局、新加坡金融监管局等机构的做法，与行业参与者合作，为ESG评级和数据产品供应商实施自愿的行业行为准则，供ESG服务商在业务中遵守。

以欧盟为例，[③]目前欧盟没有成员国以立法来规范ESG评级者的运作，成员国不监管ESG评级者的活动或其进行ESG评级的条件。但欧盟委员会（European Commission，以下简称欧委会）于2023年6月13日发布了《环境、社会及管治（ESG）评级活动的透明度及诚信》提案，该提案关注到ESG评级市场存在的缺陷，如运作不正常、投资者和受评机构对ESG评级的需求没有得到满足、对评级的信心正在受到削弱等。欧委会认为市场中的ESG评级主要存在两个问题：（1）ESG评级的特征、方法和数据来源缺乏透明度；（2）ESG评级提供商的运作方式缺乏明确性。欧委会据此认为目前的ESG评级不足以使用户、投资者和受评主体就ESG相关风险、影响和机遇做出明智的决定。因此，该提案授权欧洲证券和市场管理局（ESMA）履行一项新功能，即授权和监督根据本法规提供服务的ESG评级提供商。该提案的第4章第26条至39条规定了ESMA在监督ESG评级提供商方面的权力。这些权利

---

① OICU-IOSCO.Environmental，Social and Governance（ESG）Ratings and Data Products Providers FinalReport［R］.Madrid：IOSCO.2021（9）.
② 参见TodayESG网站（https：//www.todayesg.com/esg-regulation）。
③ EUROPEAN COMMISSION.Regulation of the European parliament and of the council on the transparency and integrity of environmental，social and governance（ESG）rating activities ［EB/OL］（2023-03-14）.https：//eur-lex.europa.eu/legal-content/EN/TXT/? uri=CELEX：52023PC0314.

包括通过简单请求或决定要求 ESG 供应商提供资料的权力、进行一般调查的权力和进行现场视察的权力。该提案的第 4 章还规定了 ESMA 行使其监督权的条件，规定了 ESMA 可能实施的监管措施（罚款和定期处罚），规定了 ESMA 还可以收取授权和监督费用。此外，欧盟还对从事 ESG 评级工作的分析师提出了监管要求。

虽然欧盟有关 ESG 评级透明度和完整性的提案对欧盟市场 ESG 评级机构提出了监管要求，但正如该提案中提到的，欧盟并无意统一 ESG 评级的方法，而是着力于提高其透明度。ESG 评级提供商将继续使用其原有的方法，并将继续独立选择，以确保 ESG 评级市场有多种方法。

根据 TodayESG 官网信息，香港证监会（Hong Kong Securitiesand Futures Commission，简称 SFC）计划监管 ESG 评级和数据产品，以便响应 IOSCO 发出的倡议。①

TodayESG 官网②通过对各国 ESG 监管政策的跟踪和整理，对 ESG 监管政策特点总结为：（1）ESG 监管政策涉及的监管机构比较复杂。在现实中既有出台强制政策的立法部门，又有一些提供自愿指引的协会机构，同时一些新的 ESG 集体还在不断成立。（2）ESG 监管政策的内容框架逐渐增加。由于监管需要直接落实到企业、金融机构的日常经营活动中，监管政策也需要逐渐详细，涉及的具体内容不断增加。（3）ESG 监管政策虽然在各国间互有不同，但整体发展方向保持一致。各国监管机构在实施 ESG 监管时会考虑到自身发展情况，但整体仍遵守国际制定的一致准则。

相较于欧美发达国家，中国 ESG 监管政策建设起步较晚，监管责任也主要落脚在社会责任和环境方面，监管内容也主要是资本市场投资和上市公司信息披露两方面，与 ESG 评级有关的监管还没有出台。商道咨询和复旦绿色金融中心在 IOSCO 最终报告基础上，于 2022 年度开展了题为《评级的评级——ESG 评级在中国资本市场》的课题研究。③

---

① 网址 https://www.todayesg.com/hksfc-regulations-on-esg-rating-and-products/。
② 网址 https://www.todayesg.com/esg-regulation/。
③ 张韵.专访商道咨询合伙人刘涛：提升中国资本市场 ESG 评级质量的关键在于透明度［EB/OL］（2023-01-19）.https://new.qq.com/rain/a/20230119A0527500.html。

这项研究历时一年，旨在深入了解中国资本市场上ESG评级机构的情况及其对市场的影响。研究团队精心筛选了13家在中国资本市场影响力较大的ESG评级机构，从多个维度对其进行了全面评价。在评价的过程中，团队将关注点聚焦在4个重要维度上：评级结果的公开度、评级产品的覆盖范围、评级方法的透明度以及评级机构的独立性。这项研究全面评估了中国资本市场上的ESG评级机构，并制作了评价报告。这是国内对ESG评级较为全面的一次评价，但从监管当局的视角对国内市场ESG评级供应商及数据产品进行规范的文件还没有出台。

3.5 ESG评价体系本土化趋势

3.5.1 ESG与中国式现代化高度契合

中国式现代化是中国共产党领导的社会主义现代化，既有各国现代化的共同特征，更有基于自己国情的中国特色。党的二十大报告明确概括了中国式现代化5个方面的中国特色，深刻揭示了中国式现代化的科学内涵。由社投盟和华夏基金共同发布的《2022年中国ESG发展创新白皮书》中指出ESG无论是在发展理念、发展方式和方向目标上，均高度契合中国式现代化的内在要求。

首先，ESG与中国式现代化在发展理念和传统文化上是一致的。ESG倡导环境可持续、社会公平、经济繁荣，这与中国式现代化"创新、协调、绿色、开放、共享"的新发展理念以及"生态文明社会建设"和"碳达峰碳中和"国家方略，在价值内核上高度一致。中国传统文化的"天人合一"更是ESG的环境治理追求的最高境界，"义利并举"则是ESG公司治理最简洁的表达。

其次，ESG与中国式现代化在发展方式上是一致的。ESG要求公司关注环境、社会和公司治理责任与绩效的可持续发展。在量化评估中，ESG投资策略又与企业的ESG绩效实现有机联通，不是单一追求短期财务回报。这与中国式现代化要求的"人与自然和谐共生的现代化""物质文明与精神文明相协调的现代化"完全吻合。在企业发展方式上，二者均更加注重实现各方综合价值最大化。

最后，ESG 与中国式现代化在方向目标上是一致的。党的二十大报告在强调"新时代新征程中国共产党的使命任务"时特别提出："从现在起，中国共产党的中心任务就是团结带领全国各族人民全面建成社会主义现代化强国、实现第二个百年奋斗目标，以中国式现代化全面推进中华民族伟大复兴。"这就是中国式现代化的基本目标。①ESG 强调企业要践行社会责任，实现各利益相关者价值最大化，这与中国式现代化的"全体人民共同富裕的现代化"是一致的。

通过梳理党的二十大报告和 ESG 议题不难发现，党的二十大报告中提及的碳达峰碳中和、生物多样性、污染防治等多类议题，与 E（环境）密切相关，可推动实现"人与自然和谐共生"；报告中的乡村振兴、共同富裕、新型城镇化等议题又是 S（社会）的重要内容，可推动实现"全体人民共同富裕"；报告中的反腐败、坚持党的领导、公平、公正等议题则是 G（治理）要素的中国化特色议题，为有效推动实现中国式现代化目标提供体系化支撑。

综上所述，ESG 理念与中国式现代化在多个层面高度契合，不仅有助于推动中国经济社会的可持续发展，而且有助于提升全球治理效能和人类福祉。

3.5.2　中国企业在国内外 ESG 评级中的表现

每日经济新闻与中财绿金院 2023 年 8 月联合出品的《中国上市公司 ESG 行动报告（2022—2023）》②研究发现国际评级机构对中国 A 股 ESG 表现评级普遍偏低：截至 2022 年 10 月，获得 MSCIESG 评级的中国 A 股上市公司中，获得 AAA 评级的企业数为零；获得 AA 评级的企业仅有 5 家，占比仅为 0.80%；评级为 B 的企业数量最多，达 213 家，占比 33.92%；评级为 CCC 的企业为 160 家，占比 25.48%。在 FTSEESG 评分体系下，843 家中国 A 股上市公司的 ESG 得分均值约为 1.36（满分为

① 杨明伟 . 发展逻辑、核心要义、前进方向——全面深入理解中国式现代化［N］. 北京日报，2022-10-24.
② 中央财经大学绿色金融国际研究院 . 中国上市公司 ESG 行动报告（2022—2023）［EB/OL］.［2023-08-16］. https://iigf.cufe.edu.cn/info/1014/7437.htm.

5），其中得分在1.3以下的企业有436家（占比51.72%）。针对这种普遍偏低的评级结果，该报告认为国内评级机构对中国上市公司的ESG评级结果分布更加合理。

马文杰、余伯健（2023）研究发现，MSCI与华证对国有企业与非国有企业的ESG评分存在显著的非对称性：对于国有企业，华证的评分显著高于MSCI；而对于非国有企业，MSCI的评分明显高于华证。原因之一是国外ESG评级机构对国有企业普遍承担的"隐性"社会责任的认可度偏低，而国内评级机构的ESG评级体系中则纳入了这些中国化因素。陈宏辉、刘梦蝶等（2023）以2022年明晟（MSCI）ESG评级结果为例，分析了我国国有企业与美国企业、欧洲企业的评级差异，结果发现ESG评级结果为A级以上的我国国有企业数量远远低于美国企业和欧洲企业，AAA与AA级的企业数均为零，而美国企业和欧洲企业ESG评级结果处于BB级以下的非常少，如图3-1所示。进一步研究发现，国内外ESG评级机构对国有企业普遍承担的社会责任的认可程度存在显著差异。国有企业普遍承担了维持经济稳定、保障就业等"隐性"社会责任。对于这些社会责任，国内ESG评级机构更多地纳入了ESG评价体系，而国外ESG评级机构对这些"隐性"社会责任的认可度不高。

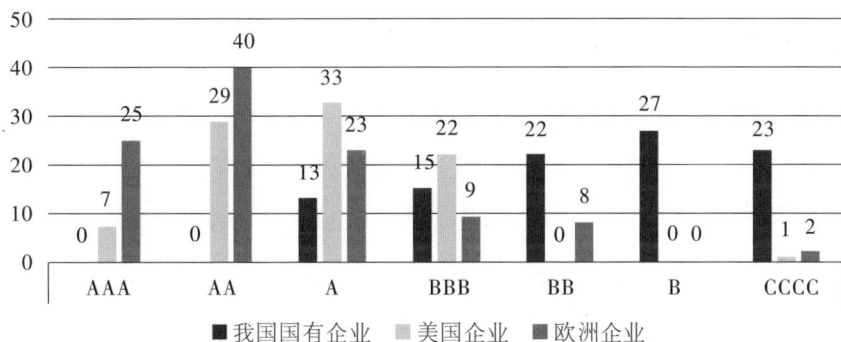

图3-1 2022年我国国有企业与欧美企业ESG评级结果对比

数据来源：转引自陈宏辉，刘梦蝶，杨硕.ESG本土化［J］.企业管理，2023（7）：13。

这一结果显示国外ESG评价体系在应用于我国国有企业时存在

"有意压低"的嫌疑。表 3-14、3-15 所列的部分上市公司的国内外 ESG 评级结果也显示了国内外 ESG 评级机构对国内上市公司评级结果的差异。

3.5.3　构建本土化 ESG 评级体系的探索

如前所述，国内 ESG 评级机构的评级体系已经包含了很多中国化元素。中证 ESG 评价结合我国国情，设置了"共同富裕、乡村振兴"等契合"中国式现代化建设"目标的议题，增加了绿色收入、环保科技研发等绿色机遇指标，公司治理维度则包含了监管处罚、权威媒体批评报道等信息。中证 ESG 评价结果显示，2022 年央企公司中高评级公司占比超过 32%，沪深 300 成份股中高评级公司占比超过 62.3%[①]，可以看出，加入中国化元素后的 ESG 评级体系对国内企业的 ESG 评级结果较为乐观。国证 ESG 评价体系也研发创新了中国特色 ESG 指标，聚焦"双碳"、创新驱动、乡村振兴、共同富裕等国家战略信息。[②] 华证 ESG 评级增加了扶贫、社会责任报告、证监会处罚等维度，基于我国上市公司特点，修改部分指标的定义及计算规则，并针对国有企业客观原因导致的公司治理问题，如关联交易等问题进行单独处理。[③] 社投盟的"义利 99"更是将中国传统文化中的"义利并举"与可持续发展价值相结合，虽然是评估企业可持续发展价值的一套评估体系，但其评估体系考察企业的经济、社会和环境的综合贡献，与 ESG 体系在基本方向上是相同的。盟浪 FIN-ESG 更是将"义利 99"与 ESG 结合，既体现了中国特色又兼具 ESG 要求。此外，各种 ESG 评选也都包含了国企特点、扶贫脱困、乡村振兴等国家战略、党建等中国特色信息。无论是国内专业 ESG 评级机构还是各种 ESG 评选机构都已经认识到构建中国特色 ESG 评级体系的重要性，在 ESG 中国化的道路上都在积极地贡献一己之力。

《中国上市公司 ESG 行动报告（2022—2023）》认为，中国 ESG 体

---

① 杨霞．破解 ESG 评价之惑：如何兼顾国际共识与中国特色［N］．证券时报，2023-04-28．
② 同上。
③ 《2022 中国 ESG 发展白皮书》，财新智库、ESG30 联合出品。

系建设具有鲜明的"自上而下"特色，与欧美等成熟市场相比，中国企业的ESG实践往往呈现出"政策重心引导+市场需求变化"的双向推动特征。中国已经基本形成"1+1"的ESG评价指标框架：第一个"1"是指一个普适性基础框架，即国际ESG共性指标框架；第二个"1"是中国特色，即同时考虑中国国情与战略布局特色。在环境议题方面，中国的ESG在指标设置上多考虑"生态文明建设"的宏观战略议题；社会维度方面，更多地体现在国家宏观战略的执行，包括乡村振兴、共同富裕等特色内容；在治理维度，本土指标体系融合了"党建"等内容。2022年4月16日中国企业改革与发展研究会发布的《企业ESG披露指南》在指标"S4.2.2国家战略响应"中提到乡村振兴、质量强国、高质量发展、科技强国、教育强国等指标。虽然这是一个有关ESG披露的指南，但从侧面也反映了研究机构对中国化ESG评级的思考。

盟浪可持续数字科技首席ESG官孙喜在接受证券时报责任编辑周莎采访时称，要辩证地看待A股公司在国际上评级偏低的现象。他认为我国A股公司ESG评级偏低的原因有两个：一是我国企业所处产业链价值链较低，二是西方评级体系未考虑中国国情。孙喜认为发达国家ESG理念和实践存在"三大割裂"：一是割裂了财务与ESG；二是割裂了机构和个人投资者；三是割裂了金融机构和实体企业。构建中国特色的ESG评价体系应该消除这三大割裂，考虑中国发展实际。[①]盟浪研究院院长李文提出了构建中国特色ESG体系的五大原则，包括实质性、客观性、包容性、国际性、本土性。在本土性方面要充分考量我国的国情、企情、民情，密切关注绿色低碳、共同富裕与可持续金融的发展需求和各市场主体的关切，像生态文明、共同富裕、人类命运共同体等在国内具有普世性的理念可能会成为国际ESG的"通用议题"。[②]

相较于各种评级机构及媒体报道中有关中国特色ESG的热烈探讨，

① 周莎.ESG评级取得七大新进展 构建特色体系仍任重道远［EB/OL］.［2023-01-12］. https://finance.sina.cn/2023-01-12/detail-imxzwrwt8868054.d.html? from=wap.
② 匡继雄.七大问题求解 业界建言构建中国特色ESG评价体系［EB/OL］.［2023-04-19］. https://finance.sina.com.cn/roll/2023-04-19/doc-imyqwiys8440200.shtml.

学术领域对中国化 ESG 的成果却相对较少。陈宏辉、刘梦蝶等（2023）认为我国与欧美国家在国家治理结构、社会经济发展阶段、历史文化背景等方面具有显著差异，因此导致欧美国家的 ESG 体系难以充分反映中国独特的政治制度与国情背景。基于此，他们提出本土化 ESG 体系应该在借鉴国外主流 ESG 体系的基础上充分反映国企独特性、彰显国企社会价值与责任担当的建议。例如，反映国企在节能减排、防治污染方面巨大投入的指标、与"生态文明"相关的中国本土概念、国有企业参与"精准扶贫""乡村振兴""扶弱济困""反腐败""共同富裕"等具有中国特色举措的相关指标、党建相关指标等。邱慈观（2023）[①]认为 ESG 本土化的历程才启动不久，相关的讨论仍流于表面，忽略了很多重要议题。在借鉴国际评级机构成熟经验基础上，建立我国自主创新的具有中国特色且与国际主要评价体系广泛趋同的 ESG 评价体系势在必行，任重道远。[②]

---

① 邱慈观 . ESG 投资本土化［EB/OL］.［2023-06-15］. https：//finance.sina.com.cn/esg/2023-06-15/doc-imyxiwah9590847.shtml.
② 刘云波 . ESG 的披露和评价［EB/OL］.［2022-01-21］. https：//finance.sina.com.cn/wm/2022-01-21/doc-ikyakumy1610659.shtml.

第4章 ESG 与盈余持续性的文献综述

4.1 ESG 经济后果的文献综述

现有关于企业 ESG 的经济后果的研究主要集中在财务绩效、风险承担水平、融资约束、企业融资等方面。

4.1.1 ESG 对财务绩效的影响

国内外学者对 ESG 与企业财务绩效之间的关系进行了大量的研究，但由于研究所采用的样本范围、模型构建、计量方法和市场环境等的差异，得出的结果不尽相同。关于 ESG 与企业财务绩效之间关系的主要研究结论包括正向、负向、没有显著影响这三种。

（1）ESG 对企业财务绩效具有正向影响

国外有关 ESG 的研究多数认为其对于企业的财务业绩有正面影响。Friede 等（2015）对 2 200 余份文献进行了梳理，发现近 90% 的研究都认为 ESG 对公司的财务绩效有正向影响。这个研究结论与近十多年来

ESG 在全球的快速发展相印证。ESG 与企业财务绩效之间的正向关系又可以进一步分为企业参与 ESG 的行为、ESG 信息披露程度、企业的 ESG 评级与财务绩效的关系。

企业参与 ESG 的行为可以改善企业的财务绩效。ESG 行为可以降低企业风险（Sassen et al.，2016），提高客户的信任和满意度（Amel-Zadeh and Serafeim，2018），降低股东与代理人的代理冲突（Nekhili et al.，2021），进而提高企业的财务业绩。另外，Yoon 等（2018）通过对韩国上市公司的实证研究发现 ESG 对于企业的财务绩效具有显著的正向作用。Ionescu 等（2019）通过对世界范围内 73 家旅游上市公司的调研，对企业的价值增长理论进行了验证，认为环境、社会和治理要素都能改善公司的财务绩效。

企业开展 ESG 信息披露可以提高公司的财务绩效。Mohammad 等（2021）的研究显示，ESG 披露程度越高，公司的价值就越高。Yu（2018）的实证研究表明，ESG 披露信息越多，透明度越高，公司价值越高。Li Yiwei 等（2018）指出，高质量的 ESG 披露可提升公司价值。Qureshi 等（2020）通过研究发现，ESG 披露以及董事会性别多元化对公司价值具有正向作用，其中，女性董事更能够提升公司的价值，而且女性董事所占比例越大，其环境、社会与治理绩效越好。

企业 ESG 评级与财务绩效。Aboud 等（2019）考察了埃及政治变革对企业业绩的影响，指出高 ESG 评级的企业具有更好的融资业绩和市场业绩，且 ESG 评级对企业财务绩效的改善作用在"革命"之后更加显著。Negar 等（2021）通过对新兴市场国家企业进行的实证分析发现，ESG 评级得分越高的公司收益越高。

关于企业 ESG 表现与财务绩效的研究结果大致包括：企业 ESG 表现可以通过降低融资成本、提高融资能力（邱牧远、殷红，2019）、降低公司财务风险（谭劲松等，2022）、提升公司信息透明度、提升公司信誉（孙慧等，2023）、提升企业创新水平（王治、彭百川，2022），改善企业经营效率（王琳璘等，2022）等方式，来促进企业财务绩效的提升，最终实现企业价值。在监管机构的制度压力下，公司会主动提高自己的 ESG 表现，以规避巨大的违法成本，从而提高公司的财务业绩，并获取正当性（张慧、黄群慧，2022）。

（2）ESG对企业财务绩效具有负向影响

基于股东的视角，AMYJ等（2001）提出，把公司的资源投入到社会事务中并不能给股东带来更多的利益，而参与社会事务则会导致股东的价值下降。Brammer等（2006）的研究表明，ESG参与程度越高的企业获得的股东价值越小，其业绩越差，主要是由于其在环保以及在社区中获得了良好的绩效表现。由于环境与社会责任具有很强的外部性，在这些行为中投入不仅不会给公司带来直接的利益，而且会让外界以为经理们出于一己之私进行了过度投资，将原本应该用于创造利润的资源转移和占用了，这会造成消极的后果（史敏等，2017）。Di等（2020）的研究发现，ESG的投入会导致欧洲银行业的绩效表现较差，这是由于其对企业社会责任的投入造成的。Duque（2021）对拉丁美洲跨国企业进行了实证分析，结果显示企业参与ESG活动与企业财务业绩之间存在显著的负相关关系。

（3）ESG对企业财务绩效没有显著影响

ESG表现和公司利润方面不存在明显的相关性（Nor，2020；Atan et al.，2016）。Ruhaya Atanetal等（2018）对马来西亚企业的研究中发现，ESG中的环境、社会责任和治理，每个单独的因子和组合因子与公司价值不存在明显的相关性。Torre（2020）对意大利企业的研究中也发现ESG表现与企业的市场价值之间没有关系。此外，Zhang Fen等（2020）提出，ESG并非全部维度均可影响财务业绩，且公司治理与财务业绩无直接关系，披露也不会提高或降低企业的财务业绩。

4.1.2　ESG对企业风险承担水平的影响

近年来，越来越多的学者就ESG整体表现与公司各层次的风险承担水平之间的关联性进行研究，其中大部分研究认为ESG整体表现对公司风险承担水平有正向影响，能够有效地减少公司的法律风险、违约风险和股价崩盘风险（Atifm，2021；王琳璘等，2022；席龙胜、王岩，2022），提升公司的风险承受能力，从而推动公司的融资行为（Shakil，2021；李月娥，2022）。还有相当一部分学者从ESG单一因素考察其对公司风险承担水平的影响。

（1）环境与企业风险承担水平

一些学者认为高质量履行环境责任的企业具有较低的风险承受能力（朱炜等，2019；李维安等，2019），另一些学者则认为，企业环境责任的履行会增加公司的风险承受能力（Guomin，2019）。同时，外部环境管制的加强也会增加企业的风险承受能力（李俊成、王文蔚，2022）。

（2）社会责任与企业风险承担水平

目前，学术界对企业社会责任如何影响公司的风险承受程度还没有达成共识。陆静和徐传（2019）认为企业承担社会责任可以促进企业接近最优的风险承受水平，从而在一定程度上抑制过度的风险承受和过度的风险厌恶（Harjoto and Laksmana，2018）。一些学者认为，企业主动承担社会责任可以加强其品牌影响力，增加顾客黏性，增加公司的信誉资本（Liu et al.，2020），使公司的财务收入进入良性循环状态（王建玲等，2019），以此来提高公司的风险规避与抵御冲击的能力（Chakraborty et al.，2019）。还有学者提出，履行社会责任可能掩盖负面信息，使企业的问题得不到及时补救，使企业出现金融风险的可能性增大（权小锋等，2015）。另外，Dunbar等（2020）的研究发现，主动履行社会责任可以增强公司的风险承受能力，但负面的态度会削弱公司的风险承受能力。在我国的经济大背景下，公司履行社会责任可以使公司获得必要的资源（王建玲等，2019），为各利益相关者创造综合价值（刘传俊、杨希，2016），进而提高企业的风险承受能力。与此相反，Li等（2022）的研究表明，公司的社会责任履行和风险承担之间存在着 U 型关系，在某种程度上，企业的社会责任行为会增加代理冲突，降低企业的风险承受能力，而当企业的社会责任履行到一定程度时，公司的风险承受能力才会得到提升。

（3）公司治理与风险承担水平

已有文献从公司治理角度对公司风险承担水平进行分析，但目前还没有得出一致的结论。总体来看，公司治理对公司的风险承担水平具有正向作用，并且其作用可以维持 4~5 年（石大林和路文静，2014）。具体来看，学者们对公司治理与企业风险承担两者关系的研究主要集中于股东治理、董事会治理与管理层治理三个方面。

①股东治理与企业风险承担。

产权结构在一定程度上影响企业的风险承担水平。解维敏和唐清泉（2013）的实证研究发现，大股东持股与公司风险承担之间存在 U 型关系。股权集中度（王振山、石大林，2014）、第一大股东持股比例（高磊等，2020）、存在控股股东（Mishra，2011）、大股东股权质押（何威风等，2018）均与企业风险承担显著负相关。机构投资者持股水平对企业的风险承担水平具有明显的作用，并且这种作用在非独立企业中更加明显（朱玉杰、倪骁然，2012），非国有股东治理与国有企业的风险承担水平也呈显著正相关关系（洪金明等，2023）。

②董事会治理与企业风险承担。

董事会在公司的决策和实施中起到了至关重要的作用，董事会的大小和董事会成员性别的多元化都会对公司的风险承担水平产生负面的影响，而另外一些人则认为董事会治理不会对公司的风险承担水平产生明显的影响（郑晓倩，2015）。另外，独立董事所占比例（王欣、阳镇，2019）和董事会独立性（解维敏、唐清泉，2013）对公司的风险承受具有显著的正向影响。

③管理层治理与企业风险承担。

关于管理层权力对公司风险承担水平的影响，国内外学者对此还没有达成共识。宋建波等（2018）的研究发现，管理层职权会导致公司的融资水平下降，风险偏好下降，进而导致公司的风险承受水平下降。然而，另一些学者则认为，管理层的权力愈大，公司的风险承受程度愈高（李海霞、王振山，2015）。

关于管理层激励对公司风险承担水平的影响，有学者认为高管持股对公司的风险承担水平有显著的提升（解维敏、唐清泉，2013），也有些学者认为其对公司的风险承受水平没有显著的影响（Hayes et al.，2012）。高管报酬对公司的风险承受也具有明显的负向作用，而且该作用不仅局限于当前，还会对未来的风险承受产生消极的影响（石大林，2015），此外薪酬差距也会影响企业风险承担水平，研究发现薪酬差距与企业风险承担水平是显著正相关的（夏冲，2020）。

4.1.3　ESG对企业融资的影响

国内外学者对ESG表现与融资约束展开了充分研究，但由于研究样本所处国家、区域不同，其法律制度、经济发展、文化氛围均存在差异，研究结论有所区别。（Richard et al.，2012；Maria et al.，2018）。

（1）ESG表现与融资约束

①ESG表现缓解融资约束。

大部分学者认为，长期来看，ESG表现可以使融资成本降低。ESG信息披露可以帮助企业赢得银行、政府信任，通过提升自身合法性与外部投资者形成资源交换，扩宽自身的融资渠道，缓解融资压力（钱明等，2016；顾雷雷等，2020）。一方面，主动的信息披露能够有效缓解企业面临的信息不对称问题，其主要是通过将企业的财务与非财务信息充分转化为信息优势以得到分析师的关注，进而提高企业私有信息的传播效率，促进信息的有效共通，从而缓解企业面临的融资约束（张纯，2007）。另一方面，企业内部普遍存在的代理问题使得投资者要求更高的风险溢价补偿，从而产生了外源融资困难问题（Ben and Gertler，1990；连玉君、程建，2007）。李维安等（2019）还探索性地构建了绿色治理水平评价体系，直观地反映了企业绿色治理架构、绿色治理机制、绿色治理效能、绿色治理责任等多维度绿色责任信息，并发现企业绿色治理水平的提升契合了国家社会经济的绿色发展目标，给企业带来了更为宽松的融资约束环境。

②ESG表现加剧融资约束。

还有部分学者认为，ESG表现会加剧企业融资约束。一方面，新古典经济学认为，企业在承担环境责任和社会责任时会增加企业成本，耗费大量人力、物力、财力，可能会有损自身利益，同时也会分散管理层精力，使企业在竞争中处于劣势地位，进而对企业的盈利能力、财务绩效等产生负面影响（Derwall et al.，2005），拉大内源融资与外源融资成本的差距。特别地，我国ESG信息披露仍处于自愿披露阶段，ESG报告的编制成本、信息披露成本均较高，若可持续发展信息不能引起投资者关注，则企业履行相关责任的负外部性将更加明显。另一方面，在监管不严的地区，ESG 信息披露可能沦为管理层印象管理的工具。企业可能投机性地选择披露对企业有利的信息，这将导致资本市场产生信息噪声，混淆投资者决策（黄溶冰等，2020；吴秋生、任晓姝，2023），最终增加融资约束成本。

（2）ESG 表现对融资成本的影响

也有学者直接研究 ESG 表现对企业融资的影响。认为企业的 ESG 表现有利于企业外部投资者评估目标企业风险（Fama，1972），进而影响到企业的债务融资能力和债务融资成本。环境、公司治理表现较好企业的融资成本会显著降低，信息披露质量对上述关系有不可忽视的作用（邱牧远，2019）。ESG 表现可以通过促进企业财务自律和提振投资者信心来降低企业债务融资成本（范云朋，2023）。企业 ESG 表现直接影响商业信用融资。李增福（2022）的研究认为：企业的 ESG 表现能够通过强化产品市场竞争优势、加强外部监督、提高企业声誉和抗风险能力促进企业获得更多的商业信用融资。同时，企业 ESG 表现还有助于促进企业债务融资成本降低，且在 ESG 表现的各分项中，社会表现和治理表现对债务融资成本的影响更为显著，而环境表现的影响则相对较弱。银行倾向于向 ESG 表现良好的企业发放数额更大、期限更长、利率更低和贷款担保要求更为宽松的信贷（王翌秋，2023）。

4.1.4 关于企业 ESG 表现的经济后果的文献述评

经过对国内外文献的整理，作者发现关于企业 ESG 表现的经济后果的研究主要涉及财务绩效、风险承担水平、融资约束、企业融资等方面。其中，国外关于企业 ESG 表现的相关文献较为丰富，而国内关于 ESG 表现的研究尚处于起步阶段，尤其是关于企业践行 ESG 具体议题的经济后果及其作用机制的文献非常少，相关结论成果较为欠缺，仍需进一步探讨 ESG 的其他经济后果，从而为企业各利益相关者提供更有价值的参考信息。

4.2　ESG 影响因素的文献综述

关于企业 ESG 表现的文献侧重于研究其经济后果，探究其影响因素的较少。在对现有文献进行梳理的基础上可以发现，影响公司 ESG 表现的因素既有外在因素（具体包括国家政策、行业属性和机构投资者关注等方面），也有内在因素（具体包括所有权特征、企业规模、高管特征、数字化转型等方面）。

4.2.1　外部因素对 ESG 的影响

通过梳理和归纳相关文献可以看出，现有研究主要讨论了国家政策、行业属性以及机构投资者关注三个方面对企业 ESG 表现的影响。

（1）国家政策

国家政策是经济发展的关键，能够促进社会经济可持续发展，会对企业 ESG 表现产生影响，主要体现在经济政策、法律法规和政府补贴等方面。

宏观经济政策不确定性会影响企业的 ESG 表现。宏观经济政策是任何企业无法回避的系统风险（王闻、侯晓红，2015），但其对企业影响效果并没有统一结论。Bar 和 Strange（1999）持中立态度，认为经济政策的不确定性作为衡量未来政策变化的变量，有好的一面也有坏的一面：良好的不确定性可以增加企业盈利的机会，帮助企业发展，而不良的不确定性可能导致投资损失，阻碍企业发展。

法律法规对公司 ESG 表现也有一定的影响。合法性理论指出，企业通过积极改进自身 ESG 表现来保证自己的合法地位，提高竞争优势。相关的法律和制度也可以引导企业建立和完善 ESG 表现管理制度，将 ESG 表现纳入业绩评价中（王禹等，2022），以促进公司 ESG 表现的持续提高。

政府补助也是影响公司 ESG 表现的重要因素。政府补助作为公司的直接现金流，既能促进公司的 ESG 表现，又能通过减少公司的成本投入提升公司的 ESG 表现。为获取更多的政府补助，企业可以利用自身良好的 ESG 表现来降低政治成本。前期研究发现，政府补助可以激励公司自觉地提高 ESG 表现（Lee et al.，2017）。

（2）行业属性

行业属性对公司战略选择有着重要影响，其 ESG 表现必然会受行业环境与行业特征的影响（Chiasson and Davidson，2005）。一方面，不同的行业存在不同的市场以及不同的政府监管强度（Cho and Patten，2006），相对于受环境冲击不大的服务业，化工、能源等环境敏感产业的公司，可能会承受更多来自利益相关者的监管压力，从而促使公司提高其 ESG 表现。另一方面，行业竞争属性也会影响企业 ESG 表现。Kannenberg 和 Schreck（2019）研究发现，垄断性行业企业的 ESG 表现好于竞争性行业企业。

（3）机构投资者关注

机构投资者是一类重要的社会责任主体，其持有的股权比例、行业的专业化、成熟度等因素都会促使公司提高 ESG 表现（Dhaliwal et al.，2011）。共同机构投资者是一类具有更强烈的治理动机与能力的机构投资者，能够充分发挥自身独特的信息网络优势，通过发挥公司治理与协同作用，提高公司的 ESG 表现（何青、庄朋涛，2023）。同时，作为公司外部治理机制之一的机构投资者，可以通过有效监督高管减少公司的道德风险，进而对公司的 ESG 表现产生一定的影响（Kordsachia et al.，2022）。

4.2.2 内部因素对 ESG 的影响

企业 ESG 表现同样会受到企业自身特征的影响。影响企业 ESG 表现的内部因素主要来自四个方面，即产权特征、企业规模、高管特征和数字化转型。

（1）产权特征

在公司的产权特征方面，Crifo 等（2015）的研究表明，国企的社会属性导致其具有一系列的政治、社会、文化等非经济性目的，其 ESG 表现是内生的，同时也具备更充裕的物质、财力和人力资源。非国企上市公司的 ESG 表现则更多地是基于经济效益的驱动，因此公司的 ESG

表现存在外生性。Yu 和 Luu（2021）的研究表明，交叉上市公司必须有针对性地对境内外的政策需求作出反应，以获得海外投资者的信任，从而提高自身的 ESG 表现。

（2）企业规模

一方面，企业规模越大，拥有的资源越多，知名度越高，所披露的信息也就越多，这会提升企业的 ESG 表现（Drempetic et al.，2019）。另一方面，规模较大的企业产品一般更加多元化，声誉更高，拥有更大的利益相关者群体，更易受到监督，企业更可能提升自身 ESG 表现（Thorne et al.，2014）。同样，管理者和股东之间的信息不对称会导致大企业通常具有较高的代理成本，因此更可能披露可持续相关信息，以表明其行为的合法性，从而提高企业的 ESG 表现（Hörisch et al.，2015）。

（3）高管特征

高管性别、高管任期、高管学历都会影响企业的 ESG 表现。高管性别在提升 ESG 表现的战略决策方面发挥着至关重要的作用（Barako et al.，2006）。实证研究表明，与男高管相比，女高管对公司的 ESG 表现更敏感，更注重公司的 ESG 表现（周信君、张蓝澜，2022）。任期可以反映出公司高管对公司的熟悉程度、任职经历和公司治理结构的稳定性等因素，对公司的 ESG 表现有重要的影响。合法性与利益相关者理论指出，资深高管更能认识到 ESG 表现的长期效应和对企业的长远影响（Huang et al.，2020）。此外，高管学历也会影响企业的 ESG 表现。一方面，高学历的高管对复杂的信息有较好的应对能力，同时也有较高的创造力，更容易作出提升公司 ESG 表现的决策。同时，高学历的高层管理人员也能更早地认识到利益相关者对于公司的重要作用，从而督促公司提高自己的 ESG 表现（高杨、黄明东，2023）。

（4）数字化转型

数字化转型是一种新的科技革命，它是指企业运用数字化和信息化的方法，对其业务流程、组织结构、产品和服务进行再设计与优化，从而提升企业的效率、创新能力和竞争能力（王慧等，2021；张国胜等，2021）。

一些学者基于资源基础理论，将数字化转型视为企业的异质资源，并指出随着企业获得更多异质资源，企业的 ESG 表现也会随之提高（胡洁等，2022；郝毓婷、张永红，2022；王海军等，2022）。在数字经济的大环境下，把数字技术应用到企业的转型升级中，不但能给企业带来经济效益，而且能给企业的环境、社会和公司治理等非经济效益带来明显的提高和改善（李小荣、徐腾冲，2022）。

4.2.3 对 ESG 表现影响因素的文献述评

企业 ESG 表现的影响因素包括外部因素和内部因素，外部影响因素包括国家政策、行业属性、机构投资者关注等；内部影响因素包括产权特征、企业规模、高管特征、数字化转型等。

现有关于 ESG 影响因素的研究虽然取得了一定的成果，但更为详细的企业 ESG 实践议题如何影响企业 ESG 表现？尤其是企业特色 ESG 实践议题如何影响其 ESG 表现及其作用机理？这些问题仍需进一步深入探讨。

4.3 盈余持续性的文献综述

盈余持续性是会计盈余的重要特征，指当期盈余与下一年度盈余的联系程度，当期导致盈余发生变动的交易或事项能够对未来盈余所造成影响的时间长短以及稳定程度在一定程度上反映了企业的经营状况（吴秋生、江雅婧，2020）。

4.3.1 盈余持续性影响因素

盈余持续性是会计盈余的重要特性，受到多种因素的影响。在对现有文献进行梳理的基础上可以发现，影响公司盈余持续性的因素包括企业战略、内部控制、治理机制、现金股利支付、会税差异、金融化、技术并购、融资约束、通过环境管理体系认证等方面。

（1）企业战略对盈余持续性的影响

伴随着发达国家的经济发展模式从以工业为基础向以服务业和信息技术为基础的不断转型，企业战略信息作为非会计信息对盈余持续性的影响越来越引起学术界的关注。Barth 等（2023）、Keating 和 Zimmerman（1999）认为，成功的企业战略会导致较少的盈余管理行为和较高的会计信息质量。Dichev et al.（2013）研究发现，企业的商业模式是会计盈余特征的首要影响因素。企业战略差异对盈余持续性会产生明显影响：Tang et al.（2011）指出，企业战略差异度能够显著提升企业财务业绩的波动性，战略差异化程度越高，其盈余持续性越低；相对于成本领先战略而言，实施差异化战略企业的盈余持续性更低，且这种关系在低成长性、非国企中间更加显著（周兵等，2018）；采用防御型战略的公司比采用进攻型战略的公司的盈利能力更强，但盈余持续性更弱（王百强等 2018）；经营主导型公司的盈余持续性要显著强于投资主导型公司；进一步区分具体的盈余构成后发现，经营主导型公司核心利润的持续性显著强于投资主导型公司，但其投资收益的持续性显著弱于投资主导型公司（彭爱武、张新民，2020）。

（2）治理机制对盈余持续性的影响

公司治理机制类型是影响盈余持续性的重要因素，相对于竞争性国有企业，监督型治理机制更能促进垄断性国有企业的盈余持续性；相对于垄断性国有企业，咨询型和激励型这两类治理机制更能促进竞争性国有企业的盈余持续性（雷倩华等，2020；马忠等，2011）。

代理问题是公司治理的核心，代理问题影响公司可持续盈余。有研究发现，代理问题越严重的企业中高管和大股东越有能力使用控制权占用上市公司资金，从而影响上市公司的正常投资，降低其盈余可持续性（窦欢、陆正飞，2017），而大股东减持行为会抑制上市公司的盈余持续性水平（杨孝安等，2022）。债权治理在提升企业盈余持续性中也发挥了重要作用：长期债权治理能显著提升企业盈余持续性，即长期债权治理与盈余持续性显著正相关；长期债权治理能显著降低大股东代理问题对企业盈余持续性的抑制作用程度（孙颖，2021），发现高息委托贷款对上市公司短期盈利能力的提升较为有益，但也会制约企业开展创新活动和加剧企业未来盈余的不确定性，最终导致企业盈余持续性水平下降（余琰、李怡宗，2016）。

关联交易和薪酬激励制度也会影响企业盈余持续性。汪健和曲晓辉

（2015）研究发现，关联交易容易成为上市公司操控利润、进行利益输送的手段，从而降低盈余持续性水平。高管股权激励对经营性现金流与利润持续性的影响更加显著（张原、丁文娟，2020）。薪酬管制对企业盈余持续性及其组成部分的持续性皆具有显著的负面影响，且存在产权性质的异质性影响（申毅、阮青松，2022）。

（3）内部控制对盈余持续性的影响

学者们研究发现，企业内部控制水平会显著影响企业的盈余持续性。Chan和Farrell（2008）的研究表明，披露内部控制存在重大弱点的公司，项目持续性会受到负面影响。肖华和张国清（2013）通过对盈余持续性的动因进行研究，发现高质量内部控制有利于公司创造高持续性的盈余。方红星和张志平（2013）研究发现内部控制质量越高，盈余持续性及其组成部分都越强。李姝等（2017）认为内部控制质量的提高与盈余持续性的提高存在显著的正相关关系；并通过国有控股和民营控股公司的对比，发现在国有控股公司中，内部控制质量越高，盈余持续性也越高，但当内部控制质量提高时，盈余持续性并没有显著改善；在民营控股公司中，内部控制质量与盈余持续性的相关性有所减弱，但当内部控制质量提高时，盈余持续性明显提高。当内部控制缺陷整改后，盈余持续性提高（宫义飞、谢元芳，2018）。李荣梅等（2020）进一步考虑高管权力配置结构在内部控制质量与盈余持续性关系中发挥的作用，发现高管权力集中会抑制内部控制对盈余持续性的促进作用。

（4）金融化对盈余持续性的影响

学者们对金融化与企业盈余持续性之间的关系进行了深入研究。研究结果表明，市场套利动机下的企业金融化行为因挤占实业投资对盈余持续性产生了明显的抑制作用。与此同时，出于资金储备动机的金融化行为为企业提供了内源现金流，但这并没有对盈余持续性产生积极影响，甚至在某些情况下证实了"以钱生钱"的投资现象的存在（和丽芬等，2021）。此外，总体金融资产配置规模与实体企业的盈余持续性呈负相关关系，而长期股权投资的比例增加则有助于增强实体企业的盈余持续性（杨瑞平等，2020）。非金融企业从事影子银行活动和企业的产融结合也对盈余持续性产生了影响。黄贤环和王翠（2021）的研究显示，非金融企业从事影子银行活动通过抑制主业投资和增加企业财务风险，显著降低了企业的盈余持续性水平。吴秋生和江雅婧（2020）的研究则发现，产融结合与盈余持续性之间存在显著的负相关关系，即产融结合程度的提高削弱了当年盈余与下一年盈余之间的关系，表明企业的盈余持续性有所降低。

（5）其他能对盈余持续性产生影响的因素

能够对盈余持续性产生影响的其他因素还包括：会计信息的可靠性（彭韶兵等，2008；张国清，2008；Richardson and Sloan，2005）、现金股利分配（Dechow et al.，2008；Skinnerd and Soltes，2011；李卓和宋玉，2007）、会税差异（Ali and Zarowin，1992；张静，2006；郭会丹和梁诗佳，2022；梁小甜，2022）、股价崩盘风险（杨棉之等，2017）、技术并购的抑制作用（杨青、周绍妮，2021）、融资约束的抑制作用（刘静、刘娟，2021）、环境管理体系认证及其成熟度（李香花等，2021）。

实现盈余可持续性是企业经营的重要目标。盈余持续性，作为会计盈余的核心特性，其影响因素的广泛性和复杂性一直是学术界的研究焦点。从企业战略、治理机制、内部控制、金融化，到技术并购、融资约束等多个层面，现有文献为我们提供了丰富的资料。

4.3.2　对盈余持续性的衡量

（1）企业盈余持续性的度量方法

企业盈余持续性的度量方法主要有时间序列模型、财务报表数据推断及线性一阶自回归模型。

早期学者通过时间序列模型研究会计盈余的时间序列特征。然而，实证方法的影响和数据限制促使学者转向通过财务报表信息进行推断。目前学术界尚未形成盈余持续性统一的评价体系，但 Freeman（1983）提出的线性一阶自回归模型后来成为了主流的度量方法。Sloan（1998）运用一阶自回归模型研究盈余持续性的影响因素。近年来，多数学者利用线性一阶自回归模型衡量盈余持续性，并关注当年盈余对未来预期盈余的影响。回归系数的大小直接影响盈余持续性的评估。回归系数为正，则说明盈余持续性较强，下一年盈余与当年盈余呈同方向变动，可以根据当年盈余对下一年的盈余进行预测，回归系数越大，盈余持续性越好，引起当年盈余变动的事项能够持续到未来一期并能对未来一期盈余造成一定影响（申毅、阮青松，2022；刘静、刘娟，2021；霍远、王维，2021；吴秋生、江雅婧，2020；杨瑞平等，2020；李荣梅等，2020；窦欢、陆正飞，2017；谢盛纹、刘杨晖，2015；肖华、张国清，2013）。

（2）盈余持续性衡量指标

在盈余衡量指标方面，已有研究对会计盈余的衡量指标主要有三种：主营业务资产收益率、营业利润率和资产收益率。

主营业务资产收益率因其有效性和简洁性而被多数研究者选用，以反映企业的真实盈余状况（肖华、张国清，2013；彭爱武和张新民，2020；杨瑞平等，2020；杨孝安等，2022；席龙胜、赵辉，2022）。营业利润率和资产收益率由于包含主营业务以外的项目，在评价盈余持续性时可能产生"噪声"。也有少数学者使用其他指标来衡量会计盈余，比如有学者将主营业务利润率作为盈余持续性的评价指标，认为其值越高，企业的盈余持续性越好（孙颖，2021；汪健和曲晓辉，2015）。彭爱武和张新民（2020）在研究中采用了总资产报酬率、主营业务资产报酬率、投资收益报酬率和核心利润获现率4个指标来度量盈余持续性。而郭会丹和梁诗佳（2022）则关注非经常性损益实现的盈利质量，通过"非经常性损益/净利润"这一比值反映盈余的可持续性，比值越大，盈利质量越差。

综上所述，盈余持续性的衡量方法与评价指标在学术界尚未统一。然而，随着研究的深入，线性一阶自回归模型成为了衡量盈余持续性的主流方法。

4.3.3 盈余持续性文献述评

盈余持续性是会计盈余的重要特性，是评估企业财务健康和未来盈利能力的重要指标，也是衡量企业可持续发展能力最重要的财务指标。作者对盈余持续性影响因素和衡量方法的文献进行了回顾，发现：

关于盈余持续性的影响因素的研究结论表明，企业战略、内部控制、治理机制、金融化、技术并购、融资约束、现金股利支付、会税差异、环境管理体系认证等都可以影响盈余持续性。

目前学术界主要采用线性一阶自回归模型来衡量盈余持续性。该模型通过分析盈余的时间序列特征，评估当期盈余在未来持续或增长的可能性。该方法在实证研究中得到了广泛应用，并被认为是衡量盈余持续性的主流方法。衡量盈余持续性的指标主要有主营业务资产收益率、营业利润率和资产收益率等。这些指标各有优缺点，但多数研究者倾向于选用主营业务资产收益率，因为它能够更准确地反映企业的真实盈余状况。

4.4 ESG 与盈余持续性的文献综述

4.4.1 ESG 与盈余持续性文献回顾

目前关于 ESG 责任履行与盈余持续性之间关系的研究较少，人们还没有得出一致结论。大部分学者主要从盈余质量真实性入手进行探索，研究 ESG 责任履行与盈余管理的关系，得出了两种截然不同的观点。

（1）ESG 正向影响企业盈余持续性

一种观点认为 ESG 表现对盈余持续性具有显著的正向影响。具有良好社会责任意识的企业进行盈余管理的程度较低，存在较少的盈余管理行为（钟向东、樊行健，2011），即以社会责任为导向的企业进行盈余管理的可能性更小。我国企业社会责任披露方式是强制和自愿相结合，发布企业社会责任报告可以减少公司盈余管理行为（王建玲、常钰苑，2021），披露企业的社会责任活动可以帮助投资者了解公司的活动是否真正有益，并相应地对其进行价值评估（Prior et al.，2008）。而应规披露与自愿披露对盈余管理的影响存在显著差异，当自愿披露企业社会责任报告的企业是出于道德动机履行社会责任时（陈国辉等，

2018），企业会在经营过程中遵循更高的伦理规范，因此会减少盈余管理（Chih et al.，2008），企业的盈余质量预计将优于同质企业的盈余质量（Hong et al.，2011；Kim et al.，2012），更有利于促进企业的盈余持续性。

席龙胜和赵辉（2022）的研究揭示了ESG表现对盈余持续性影响的机理：良好的ESG表现可以通过缓解融资约束、降低企业风险以及促进绿色创新等路径，为企业的盈余持续性提供有力支撑。喻骓和金颖（2023）的研究进一步细化了ESG表现对盈余持续性的影响，他们将ESG表现分解为环境表现、社会责任表现和公司治理三个方面，并发现其中环境表现和公司治理对盈余持续性的影响更为显著。武鹏等（2023）的研究进一步证实了ESG表现对盈余价值相关性的提升作用。他们发现，ESG表现能够显著提高可持续盈余和非可持续盈余的价值相关性，且对可持续盈余的提升作用更为显著。这一发现表明，ESG表现不仅有助于增强盈余持续性，而且能提升盈余的市场价值认可度。

从保险机制的角度来看，ESG表现良好的企业往往具备更强的环境风险管理能力、社会责任承担意识和内部治理能力（傅超、吉利，2017）。这些企业通过更高的环境投资和更多的社会责任履行提升了自身的声誉和社会影响力，从而实现了一种保险作用，有助于降低盈余波动程度并增强盈余持续性。资源获取角度也为ESG表现与盈余持续性的关系提供了有力解释。邱牧远和殷红（2019）指出，更高的ESG表现能够强化企业的资源获取能力，使企业的发展获得更强的资源支持，从而保障了盈余的持续性。公司治理角度的研究表明，ESG表现反映了企业的公司治理水平。ESG表现良好的企业往往拥有更低的管理者代理问题、更高的会计信息质量，这使得企业的盈余质量更加真实可靠，从而确保了盈余的持续性。

（2）ESG负向影响企业盈余持续性

另一种观点认为ESG表现对盈余持续性具有显著的负向影响。ESG披露掩盖了企业的盈余管理行为，降低了企业的会计信息可信度。一些企业出于投机心理，在履行企业社会责任的同时，也存在着为自身利益而有意"妆扮"自身的现象（陈国辉等，2018）。企业在履行了自己的社会责任之后，通常都能得到外界的认可和信任。但是，有些公司为了追求自己的利益，往往会采用"利润操纵"的方式，以掩饰自己的不良业绩。该行为违背了企业应尽社会责任的初衷，即通过履行社会责任来掩饰自己的不当盈余管理（Hemingway et al.，2004），不利于公司盈利能力的提升。

一些学者通过对跨国企业进行实证研究发现在规制较为严格的情况下，跨国企业往往通过履行企业社会责任来减少相关部门对盈余管理的关注，并从中获取更多的利益（Prior et al.，2008）。从产权属性上看，私营企业在履行社会责任时表现出了更多的"掩盖"，即更倾向于将企业社会责任作为一种获得经济效益或消除不良后果的手段（李姝等，2019）。Gargouri 等（2010）以加拿大为样本，检验了社会责任履行和盈余管理的正向关联（Chahine et al.，2019）。企业管理层往往利用信息不对称的优势，用盈余管理的方式来隐藏公司的真实利润，以追求短期绩效和个人利益为目的（Anderson，2003），影响企业的盈余持续性。

4.4.2 ESG 与盈余持续性文献述评

现有研究企业盈余持续性的文献对企业 ESG 表现关注较少。尽管现有关于盈余持续性的文献涉及企业战略、治理机制、内部控制等多个方面，但这些研究大多局限于传统的财务指标和单一管理因素，忽略了 ESG 表现这一表示企业非财务信息的重要因素。企业的 ESG 表现不仅反映了企业来自环境、社会、治理方面的非财务信息，更是企业可持续发展的最好指标之一。研究 ESG 表现与企业盈余持续性之间的关系有助于将 ESG 与可持续发展统一到企业发展的同一层面，从而促进企业 ESG 实践更好地发展。

ESG 表现对盈余持续性影响的研究文献较少，且结论尚不统一。一些学者认为 ESG 表现对盈余持续性具有显著的正向影响。学者们主要集中于探讨 ESG 与盈余管理之间的关系，主张具有良好社会责任意识的企业较少进行盈余管理。这些企业通过多种方式，如缓解融资约束、降低风险和促进绿色创新，为盈余持续性提供支持。ESG 表现也被认为是可以提高盈余的市场价值认可度的。还有一些学者认为 ESG 表现对盈余持续性具有显著的负向影响。从保险机制的角度来看，ESG 表现与盈余持续性的直接关系尚不明确，往往从声誉影响力、资源获取能力的角度影响盈余持续性，需要更多的实证研究来深入探讨。

文献综述的结果发现：现有关于 ESG 的研究大多数都以评估机构的 ESG 评分或从企业 E、S、G 三个维度分别探讨其经济后果，从可持续的视角来研究企业经济后果的文献相对较少。从 ESG 实践议题来探讨企业践行 ESG 的具体经济后果，尤其是以企业特色 ESG 议题作为解释变量，探讨其对企业可持续发展尤其是盈余持续性的影响的文献几乎没有。实体企业是否要积极响应号召和倡议践行特色 ESG 议题？评级机构如何看待实体企业践行特色 ESG 议题的行为，是否要对践行特色 ESG 的企业在 ESG 评级方面给予倾斜，进而使这些实体企业获得 ESG 投资机构的青睐？这些都是 ESG 发展过程中面临的现实问题。

第5章 上市公司特色ESG实践议题

5.1 上市公司的ESG实践披露情况

上市公司的ESG实践主要通过上市公司公开发布的ESG报告和社会责任报告进行披露。中央财经大学绿色金融国际研究院与《每日经济新闻》合作发布的《中国上市公司ESG行动报告2022—2023》①披露了2020—2022年A股上市公司ESG社会责任报告的披露情况。从中可以看出A股上市公司的ESG实践概括。

该报告在中国上市公司ESG整体表现部分分三个维度展现了上市公司的ESG实践。第一个维度是从上市地点进行的统计。报告对上交所、深交所2007年至2022年独立披露ESG社会责任报告的公司数量进行统计之后发现，A股上市公司发布独立ESG社会责任报告的比例均值基本维持在20%~25%，即仅有约1/4的上市公司能够主动披露ESG相关信息。第二个维度是从行业角度进行的统计，见表5-1。报告显示，截

---

① 资料来源：中央财经大学绿色金融国际研究院官方网站 http://ligf.cufe.edu.cn/info/1014/7437.htm。

至2023年6月底，依据证监会行业分类标准，各行业A股上市公司披露独立ESG社会责任报告的行业分布情况呈现普遍上升态势，采矿业是除金融业（披露率为91.34%）、卫生和社会工作（披露率为68.75%）外披露率最高的行业，披露率为61.73%。第三个维度是从企业属性层面进行的统计，见表5-2。报告数据显示，国有企业的ESG社会责任信息披露率明显领先，其中中央国有企业的ESG社会责任报告披露率高达73.50%、地方国有企业（50.32%）、公众企业（41.95%）、外资企业、其他企业和民营企业的社会责任报告披露率相对较低。

表5-1　各行业A股上市公司2023年ESG社会责任报告披露情况

（截至2023年6月）

所属证监会门类行业	披露数量	披露率	同比增长率
采矿业	50	61.73%	21.95%
电力、热力、燃气及水生产和供应业	77	57.89%	10.00%
房地产业	59	54.13%	11.32%
建筑业	41	36.94%	36.67%
交通运输、仓储和邮政业	64	56.64%	14.29%
金融业	116	91.34%	4.50%
科学研究和技术服务业	28	24.56%	86.67%
农、林、牧、渔业	17	35.42%	13.33%
批发和零售业	67	35.08%	21.82%
水利、环境和公共设施管理业	26	26.00%	8.33%
卫生和社会工作	11	68.75%	37.50%
文化、体育和娱乐业	37	58.73%	5.71%
信息传输、软件和信息技术服务业	115	26.50%	21.05%
制造业	1005	28.86%	26.73%
综合	3	21.43%	50.00%
租赁和商务服务业	18	27.27%	20.00%

数据来源：根据Wind、中央财经大学绿色金融国际研究院相关数据整理得到。

表5-2　各类型A股上市公司新一年ESG/社会责任报告披露情况

（截至2023年6月）

企业属性	披露数量	披露率	同比增长率
中央国有企业	330	73.50%	24.06%
地方国有企业	467	50.32%	24.87%
公众企业	125	41.95%	6.84%
其他企业	9	33.33%	50.00%
集体企业	7	30.43%	0.00%
外资企业	53	29.28%	3.92%
民营企业	747	22.52%	24.09%

数据来源：根据Wind、中央财经大学绿色金融国际研究院相关数据整理得到。

5.2　我国上市公司ESG实践特色议题筛选

5.2.1　环境维度特色议题

作者梳理证监会、生态环境部有关上市公司在环境信息披露方面的政策要求后发现，披露主题基本集中在以下11个方面：

（1）环境管理信息（包括制度建设与执行、生态环境行政许可、环境保护税、环境污染责任保险、环保信用评价等方面的信息）。

（2）环境相关应急措施。

（3）环境自行监测方案。

（4）强制性清洁生产审核情况。

（5）排污防污减污。

（6）碳排放信息。

（7）减碳措施及效果。

（8）生态保护。

（9）生态环境损害赔偿及协议信息。

（10）融资募投项目气候变化、生态环境保护信息。

（11）环境违法信息。

深交所和上交所在环境方面披露的议题与证监会生态环境部的议题基本相差不大。上交所细化了很多议题，如生态保护细化为能源保护、水资源保护、生物多样性保护、区域居住环境保护等。无论是证监会和生态环境部的信息披露要求还是深交所、上交所都针对特定企业做了强制披露的要求。

联合国责任投资原则组织（UNPRI）主导发布的《中国的ESG数据披露——关键ESG指标建议》中比较了环境与社会方面ESG议题主要指标的国际披露率和沪深300披露率的差异（表5-3），其中大气污染物属于沪深300独有的环境议题指标。

表5-3　　　　　　环境方面的常见量化指标与披露频率[①]

ESG 议题	主要指标	国际披露率	沪深300披露率
温室气体排放	以吨计的温室气体排放（直接排放、基于电热或热能使用的间接排放、其他间接排放）总量	92%	26.1%
大气污染物	以千克计的氮氧化物、硫氧化物、续性有机物、挥发性有机化合物、颗粒物的大气污染物排放量	不适用	38.9%
水	用水总量（立方米）循环利用水量占比	92%	31.6%
能源	能源消耗总量（十亿瓦特）可再生能源使用比例	85%	39.4%
废弃物	生产过程中产生的废弃物总量（吨）危险废物占比循环利用废弃物占比	77%	36.3%~46.4%

当然，除以上大气污染物包括氮氧化物、硫氧化物、持续性有机物、挥发性有机化合物、有害物、颗粒物的大气污染物排放量之外。从

① UNPRI. 中国的 ESG 数据披露-关键 ESG 指标建议 ［EB/OL］. （2019-06-12）. https://www.amac.org.cn/hyyj/esgtz/esgyj/202007/t20200715_22992.html.

ESG 评价体系的对比也可以看出，欧美国家的环境议题主要关注气候变化，在指标设置上更关注企业的气候责任行为，中国的 ESG 议题发展则源于早期国家粗放式经济增长带来的环境问题，因而在指标设置上多从"生态文明建设"的宏观战略议题出发。国际主流 ESG 评级体系的绿色收入认定多以"欧盟可持续分类法案"等为依据，而中国的本土化绿色识别和认定主要基于政策引导（参照了国家发改委《绿色产业指导目录（2019）》《绿色债券支持项目目录（2021）》等文件），与其他国家标准存在一定差异。重点关注节能、污染防治、资源节约与循环利用、清洁交通、清洁能源、生态保护和适应气候变化等领域。

5.2.2　社会维度特色议题

在社会维度，由于各国经济发展阶段不同，国际 ESG 指标体系无法准确衡量中国的社会需求和本土企业社会责任行为的主动性、执行路径和绩效等信息。相较于欧美企业浓厚的社区文化、人权关注，中国的社会维度指标更多地体现在国家宏观战略的执行，包括扶贫、乡村振兴、共同富裕、农业发展、灾害救助、公共卫生等具有中国特色的内容。

通过梳理证监会、深交所和上交所有关社会维度的相关披露要求，本书确定了中国特色社会维度的议题。在社会维度之下，证监会建议披露的议题包括：

（1）履行社会责任理念。

（2）员工情况。

（3）职工权益保护。

（4）股东和债权人权益保护。

（5）供应商。

（6）客户和消费者权益保护。

（7）公共关系。

（8）社会公益事业。

（9）脱贫攻坚成果。

（10）乡村振兴工作。

上交所的建议披露议题也包括乡村振兴工作、扶贫工作等具有强烈本土特色的议题，深交所建议披露议题包括了扶贫工作。其中，扶贫工作是强制要求所有上市公司披露的本土化议题。

5.2.3 治理维度特色议题

2018 年 9 月 30 日，中国证监会发布了《上市公司治理准则》（证监会公告〔2018〕29 号）。该《上市公司治理准则》借鉴了经济合作与发展组织（OECD）公司治理的国际先进经验，其中第五条要求在上市公司中设立党组织，国有控股公司则要把党建工作要求写入公司章程，这是中国特色公司治理的新要求。

5.3 上市公司 ESG 实践特色议题量化方法

5.3.1 文本分析法

（1）文本分析法简介

文本分析是指对文本的表示及其特征项的选取，它是一个将计算机无法处理的文字信息转化为数据进行处理与分析，从大量非结构化文本中提取可用、可理解、潜在有价值信息的过程。文本分析法采用定性和定量研究相结合的研究方法，通过对文本内容的深入剖析来揭示其内在的含义和规律。

文本分析常用方法主要有词频分析法、内容分析法、主题建模法和情感分析法，这些方法近年来被大量用于管理学研究（姚加权等，2020；袁鲲、曾德涛，2020；王韧、刘于萍，2021；李诗、黄世忠，2022；刘建秋等，2022；王百强等，2023；李沁洋等，2023）。

词频分析法主要通过对文本中词语出现的频率进行统计和分析，揭示文本的主题、情感倾向等。词频分析法简单而直观，适用于大规模文本数据的初步分析。

内容分析法通过预先设定的编码系统对文本内容进行分类和量化，以揭示文本中的特定模式或趋势。内容分析法适用于结构化和标准化的文本数据。该方法实操性强，经常被用于大样本研究。内容分析法一般有两种做法，一种是根据这些披露报告的字数、句数甚至页数来度量某企业的社会责任披露质量。一般认为，披露的字、句、页数量越多，质量越高（Abbott and Monsen，1979）。

主题建模法（如潜在狄利克雷分布（LDA）等）主要通过统计文本中词汇之间的共现关系发现文本的潜在主题。主题建模法适用于探索性分析和大规模文本数据的主题提取。

情感分析法通过对文本中的情感词汇、句式等进行分析，判断文本的情感倾向。情感分析法适用于情感分析、舆论监测等领域。情感分析法是一个利用技术手段挖掘和分析非结构化文本情绪的过程，很多文章会用积极或消极词汇占比来衡量情感因素。情感分析常通过词典法、有监督的机器学习方法（朴素贝叶斯法、支持向量机等）来实现。

（2）文本分析法在 ESG 研究中的运用

王翌秋与谢萌（2022 年）深入探讨了企业 ESG（环境、社会和治理）信息披露对其融资成本所产生的具体影响。为确保研究结论的稳健性和准确性，二人创新性地运用文本分析法对解释变量进行了重新衡量。在这一过程中，他们精心筛选了公司年报和社会责任报告中与 ESG 相关的关键词，并通过计算这些关键词词频数占整体词频数的比例，来精确量化企业的 ESG 信息披露水平。潘玉坤和郭萌萌（2023 年）也采用了文本分析法，专注于从企业年报中萃取与绿色可持续发展紧密相关的词汇，诸如"节能减排""环保战略""可持续"以及"环保和环境治理"等。他们的研究揭示了空气污染通过推动企业实现可持续转型和增加绿色投资，进而显著提升了企业的 ESG 评级表现。这些研究不仅丰富了 ESG 领域的理论体系，而且为文本分析法在 ESG 研究中的应用提供了可行性。

（3）文本分析法在特色 ESG 实践议题量化中的适用性分析

文本分析法能够较为清晰地挖掘企业 ESG 实践。在现有关于 ESG 的研究文献中，通常使用各种具体的指标（如 ESG 评级得分）来衡量环境、社会和治理方面的表现，这些指标往往是定量的，如碳排放量、员工满意度调查得分等。虽然这些指标提供了具体的数据，但它们可能只能反映某一方面的表现，而且可能存在一定的局限性。相比之下，文本分析法能够提供更全面、深入的信息。它不仅可以分析定量的数据，而且可以分析定性的文本信息，如公司年报、社会责任报告/ESG报告、可持续发展报告等之中的文字描述。这些文本信息往往包含了公司对ESG实践的理念、战略、举措和成果等方面的详细描述，能够揭示出公司在ESG方面的整体情况和未来发展方向。文本分析法可以弥补单一指标衡量的不足，为投资者和其他利益相关者提供更全面、更准确的公司信息。

文本分析法更适合分析我国企业的特色ESG实践。

首先，我国的ESG实践具有明显的政策导向性。"3060"碳达峰、碳中和目标提出之后，ESG在我国得到了快速发展。生态环境部、国资委、证监会等各政府部门及金融监管机构都发布了多项ESG相关政策，极大地推动了企业ESG实践。通过分析公司发布的文本信息，可以更深入地了解上市公司如何响应国家政策，以及这些政策如何影响公司的ESG实践。

其次，文本分析法更适合我国的文化背景和ESG信息披露现状。我国特殊的文化背景尤其是在上市公司的对外报告中表现为披露的定性信息较多，以年报为例，文本信息占比高达80%（Kin等，2017）。自愿披露的社会责任报告/ESG目前还没有统一的规范格式。单纯依靠定量信息无法全面量化企业在ESG实践方面的努力和成果。中国文化强调人文精神和文化底蕴，这与文本分析法的理念相契合。在中国文化的背景下，人们的思维方式和表达方式比较含蓄，需要通过对文本的深入解读才能理解其真实意图。因此，运用文本分析法可以更好地解读上市公司公告中的言外之意，从而更准确地评估公司的真实状况。在中国，社会关系的复杂性、监管政策的灵活性等因素都可能对公司的运营产生影响。通过文本分析法，人们可以从公司公告中发现这些隐含信息，从而更全面地了解公司的真实状况。

第三，文本分析法更适合特色ESG实践议题的量化。如前所述，我国上市公司的社会责任报告（或ESG报告）中与国际普遍做法存在最大的区别就是特色ESG议题。基于对我国上市公司年报中社会责任板块、独立社会责任报告、ESG报告和可持续发展报告的分析，我们发现，即使是这些特色 ESG 实践议题，各上市公司由于所处行业、地区、规模、产权属性等的差异，其在对外公告中披露的位置不同、表述方式差异很大。即使是相同的脱贫攻坚工作在不同年份也会用不同的语句进行披露。这些差异造成了单纯依靠定量化处理方式或者 0、1 变量来量化特色 ESG 实践议题的粗糙且传统的衡量方式会较多地受到外界因素或模型设定的影响（阮睿等，2021）。基于文本分析法，构建不同表述方式的关键词词典，抓取能够表达企业特色 ESG 实践的关键词来量化企业的 ESG 实践，进而度量上市公司的信息披露质量（阮睿等，2021），成为分析我国情境下企业 ESG 实践的较好方法。

5.3.2　中国特色 ESG 指标量化

（1）碳信息

企业自愿披露碳信息，传递企业关于碳排放的关注度和重视度，能够为财务报告使用者提供增量信息，间接向资本市场传递战略动向和绿色发展的信号。借鉴已有文献（黄炳艺等，2022；马微、盖逸馨，2019；宋晓华等，2019）的碳信息披露指标选取，根据低碳战略、低碳措施和低碳成果三个维度总结碳信息披露关键词频，创建检索主词典，见表 5-4。学者用 Java 技术，抓取 2006—2020 年公司年报中的社会责任板块、企业社会责任报告/ESG 报告、企业可持续发展报告中关于碳信息的词频数，并对最终关键词词频总和数进行对数处理，用以衡量企业的碳信息披露程度。企业披露的相关关键词词频数越高，代表企业对环境保护的重视程度越高，对企业低碳转型的重视程度越高（假设企业表里如一，不存在言行不一的情况）。企业碳信息披露水平文本检索词典见表 5-4。

（2）扶贫与乡村振兴

反映上市公司扶贫与乡村振兴的信息主要有两大类：第一类是可计量或可验证的财务信息，如企业在扶贫和乡村振兴中的投入金额；第二类是不确定性程度比较高或不能可靠计量的非财务信息。由于数据的欠缺或披露程度的影响，单纯使用投入金额（包括其自然对数及投入资金与营业收入之比）（杜世风等，2019；甄红线、王三法，2021；高志辉

表5-4 　　　　　　　　　**企业碳信息披露水平文本检索词典**

内容类别	类别明细	关键词频
低碳战略	a.态度与制度 b.规划战略 c.机遇与风险	低碳发展战略、低碳发展理念、绿色发展理念、双碳发展规划、碳排放管理计划、减排战略、减排规章制度、环保规章、低碳发展计划、低碳发展、低碳意识、节能降耗意识、碳信息披露制度、排放标准声明、低碳发展目标规划、减排风险、减排的机遇、绿色发展机遇、气候变化风险、气候变化机遇、环保目标责任书、环保责任、环保制度、环境保护制度、碳减排规划
低碳措施	a.设备技术与投资治理 b.碳排放交易 c.宣传教育与公益 d.政府补助支持	
低碳成果	a.节能减排量 b.环保奖励与赔罚 c.达标荣誉或认证鉴定	绿色工厂、绿色生态工厂、绿色办公、碳排放、碳排放量、年度碳排放量、排放总量、碳排放总量、碳排放赔款、碳排放罚款、购买配额、排污费、行政处罚、排放标准、达标排放、遵守排放标准、绿色生产、绿色工艺、绿色产品、低碳产品、新能源产业、绿色公益、低碳经济、低碳效益、低碳收益、低碳发展收益、降低污染排放的收益、碳交易收益、碳市场收益、碳配额盈余、出售碳配额、碳汇收益、低碳绩效考核、碳减排获政府认可、完成履约、碳减排收益、碳减排社会荣誉、碳减排目标的实现、废物利用收入、环境管理认证、温室气体排放量、温室气体排放总量、硫酸尾气、二氧化硫、氮氧化物、环境污染事故数、一氧化碳、氟化物、颗粒物、在线检测、化学需氧量、污染排放信息、排放浓度、违规排放、排放处罚、超标排放、环保奖励收入、环保荣誉奖励、环境绩效

等，2022；李世刚等，2023）衡量企业参与扶贫和乡村振兴的水平不足以全面反映上市公司在乡村振兴尤其是产业发展中的投入。针对第二类信息，大体的处理方法是采用 0、1 变量来衡量，即如果上市公司公告中有扶贫和乡村振兴项目或有投入时，则变量取值为 1，反之则取值为 0（潘健平等，2021；易志高等，2021；岳佳彬等，2021），这种方法无法全面反映非财务信息。

之前的研究大多采用文本分析方法对企业公告中有关扶贫和乡村振兴关键词词频进行统计以衡量企业参与产业扶贫和乡村振兴的水平。但我们发现 2020 年以前，更多有关乡村振兴的文献和公告中都是以脱贫攻坚、精准扶贫、产业扶贫等形式存在的。作为解决农村贫困和发展的重大战略，乡村振兴与脱贫攻坚在本质目标上具有一致性（刘明月、汪三贵，2020；陈书涵等，2023），脱贫攻坚是乡村振兴的前提和基础，乡村振兴为巩固脱贫攻坚提供重要保障（庄天慧等，2018）。产业衔接是脱贫攻坚与乡村振兴有效衔接的前提基础（王凤臣等，2022）。产业扶贫与产业兴旺分别作为脱贫攻坚和乡村振兴两大战略的重要举措，也具有内在一致性，产业扶贫为产业兴旺奠定基础（刘明月、汪三贵，2020；高志辉等，2022）。也有研究表明，除产业扶贫外，上市公司的其他扶贫行为都是纯粹的利他行为（杜世风等，2019；刘学敏，2020）。产业扶贫在众多扶贫方式中被认为是最稳定的脱贫方式（高志辉等，2022），在乡村振兴中应用扶贫产业成果延链补链，对冲市场风险，实现产业兴旺（向琳，2022），被称为"造血型"扶贫（许旭红，2019；汪晓文、李济民，2021；张京心等，2022）。

从脱贫攻坚的"产业扶贫"到乡村振兴的"产业兴旺"，反映了产业发展对于脱贫攻坚与乡村振兴有效衔接的根本性作用（朱海波、聂凤英，2020）。因此，在梳理脱贫攻坚与乡村振兴的关系以及相关文献之后，将产业扶贫信息作为乡村振兴水平进行文本分析。借鉴李哲（2018）、李哲和王文翰（2021）、黄大禹等（2021）关于上市公司环境信息和数字化信息文本分析时的分类方式，将企业披露的产业扶贫信息分为三类：产业扶贫战略信息、产业扶贫行为信息和产业扶贫效果信息。产业扶贫战略信息，传递企业社会责任的履行意愿，可以直接为财务报告使用者提供企业参与产业扶贫的增量信息，间接向资本市场传递战略动向和资金实力的信号；产业扶贫行为信息，是公司在产业扶贫方面所做的努力，影响企业现金流量和资本成本构成，进而影响企业价值；产业扶贫效果信息，是公司在产业扶贫项目上的实际绩效、结果。

本书以《乡村振兴战略规划（2018—2022年）》为基础，系统整理了《中共中央 国务院关于全面推进乡村振兴加快农业现代化的意见》《中共中央 国务院关于做好2022年全面推进乡村振兴重点工作的意见》《关于开展2022年"百县千乡万村"乡村振兴示范创建的通知》等政策文件中关于乡村振兴、产业振兴、产业扶贫的表述，同时参考上市公司在各类报告中的提法，从中提取企业产业扶贫战略信息、行动信息和效果信息词源，创建了文本检索的关键词典，表5-5。

表5-5　　　　　　　　产业扶贫信息的文本检索词典

企业产业扶贫战略信息	企业产业扶贫行动信息	企业产业扶贫效果信息
脱贫攻坚、乡村振兴、精准扶贫、村企共建、一村一策、一村一品、一司一县、一司一策、农业产业化扶贫模式、产业扶贫、产业帮扶、产业振兴、产业融合发展、造血、脱贫长效机制等	统一采收、雇用贫困户、转包经营、农民专业合作社、公司+合作社+基地+农户、订单农业、订单扶持、活价收购、采购帮扶、采购扶贫、集中采购、消费扶贫、以购代销、促销代销、扶贫产品展销会、扶贫产品专场推介会、扶贫专柜、电商扶贫、助农扶贫网络直播、扶贫助农购物、技术帮扶指导、农业种植养殖培训、扶贫专项资金、财政专项扶贫资金等	租金、卖出、分红、种植面积、规模、每亩、亩产、亩收益、总产、年产、千克、吨、产量、生产能力、产能、产值、价值、丰产、丰收、增收、收益、收入、年户、户、人、提高、带动、突破、实现、成功等

用Java技术，抓取2006—2020年公司年报中的社会责任板块、企业社会责任报告/ESG报告、企业可持续发展报告中关于产业扶贫的词

频，衡量企业产业扶贫信息。指标值越大，表示企业对乡村振兴的重视程度越大，投入也越大（假设企业表里如一，不存在言行不一的情况）。

（3）党组织参与治理

企业自愿披露的党组织活动信息，能够展示企业党组织活动的活跃程度。本书借鉴了杨艳琳和王远洋（2021）对党组织活动文本信息的选取方法，构建衡量党组织治理的文本检索词典，见表5-6。用Java技术，对2006—2020年样本公司年报中的社会责任板块、企业社会责任报告/ESG报告、企业可持续发展报告进行关键词扫描，用最终关键词词频总数衡量企业党组织参与公司治理的程度。指标值越大，表示企业内党组织参与公司治理的程度越大（假设企业表里如一，不存在言行不一的情况）。

表5-6　　　　　　　党组织参与治理的文本检索词典

政治思想建设	作风纪律建设	组织制度建设
党中央、入党、党媒、党政、党建、党课、红色教育、党史、党报	党风、廉政、廉洁、反腐败、党规党纪、党管干部	党组织、党委、党组、党支部、党员、党群组织、团委、团支部、团员、团组织、党工团、党日、党员大会

5.4　上市公司ESG实践特色议题量化结果

5.4.1　环境维度中国特色议题量化结果统计

2006—2020年，A股上市公司碳信息关键词披露数量呈现稳步上升态势。显示了上市公司对环境保护和低碳转型的重视程度越来越高（如图5-1所示）。由于页面限制，我们展示了A股上市公司2016—2020年按证监会行业分类标准划分的各行业碳信息关键词词频数量的分布情况，如图5-2所示。连续5年，A股各行业上市公司碳信息披露情况呈现普遍上升态势，其中制造业关于碳信息的关键词披露最多，其次是电力、热力、燃气及水生产和供应业、采矿业。披露情况比较差的是其他服务业、教育、卫生和社会工作，显示了非常明显的行业特征。A股上市公司2016—2020年碳信息分产权属性披露情况表明，非国有企业关于碳信息的关键词数量多于国有企业。

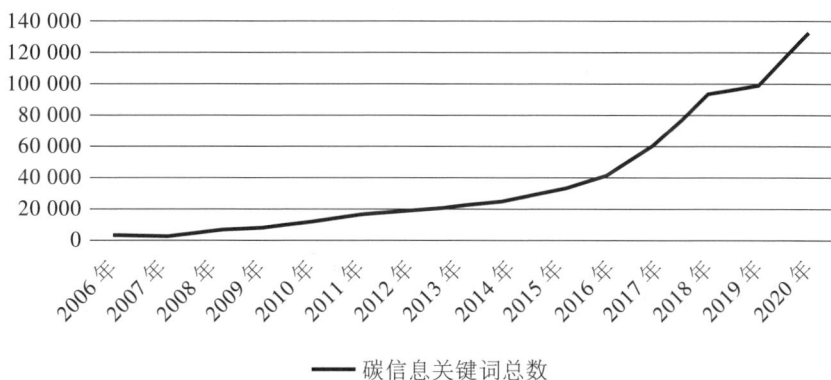

图5-1　2006—2020年A股上市公司碳信息披露情况

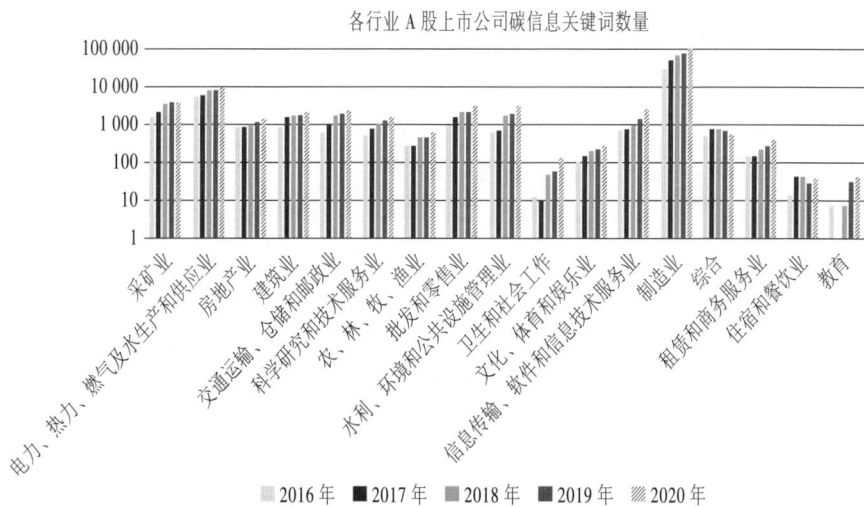

图5-2　A股上市公司2016—2020年碳信息分行业披露情况

5.4.2　社会维度中国特色议题量化结果统计

A股上市公司2016—2020年碳信息分产权属性披露情况如图5-3所示。A股上市公司2006—2020年扶贫和乡村振兴披露情况如图5-4所示。2006—2020年，A股上市公司披露的扶贫和乡村振兴关键词数量呈现稳步上升态势，2019年有明显下滑，可能与新冠疫情的影响有关。表明上市公司对扶贫和乡村振兴的关注度和投入程度越来越高。由于页面限制，此处仅展示A股上市公司2016—2020年按证监会行业分类标准划分的各行业扶贫和乡村振兴关键词词频数量的分布情况，如图5-5所示。连续5年，A股各行业上市公司披露的扶贫和乡村振兴情况各年变化并不大，但大部分行业呈现普遍上升态势，部分行业5年内出现明显差别，如信息传输、软件和信息技术服务业，综合类行业则在5年内呈下降趋势。制造业仍然是披露最多的行业，采矿业、电力、热力、燃气及水生产和供应业、房地产业、建筑业、交通运输、仓储和邮政业、科学研究和技术服务、批发零售业、租赁和商务服务业基本持平。按企业产权属性的统计情况表明，非国有企业关于碳信息的关键词数量多于国有企业，如图5-6所示。

A股上市公司碳信息关键词数量（分产权属性）

图5-3　A股上市公司2016—2020年碳信息分产权属性披露情况

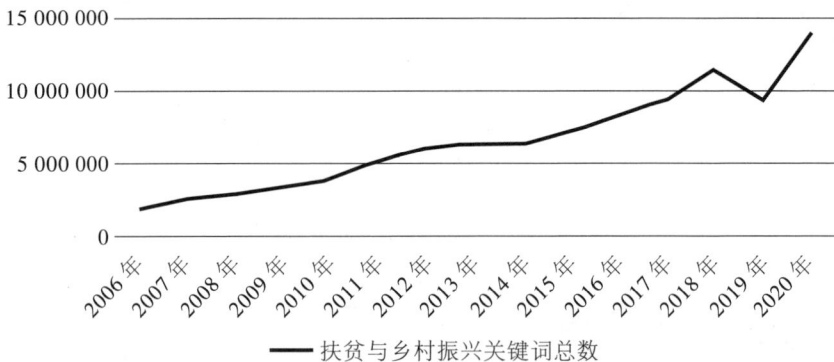

图5-4　A股上市公司2006—2020年扶贫和乡村振兴披露情况

各行业 A 股上市公司扶贫和乡村振兴关键词数量

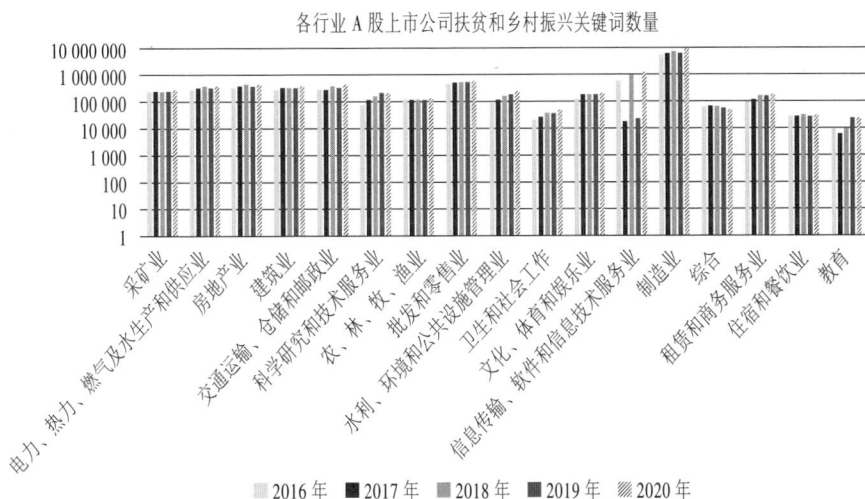

图 5-5　A股上市公司 2016—2020 年扶贫和乡村振兴分行业披露情况

各类型 A 股上市公司扶贫与乡村振兴关键词数量

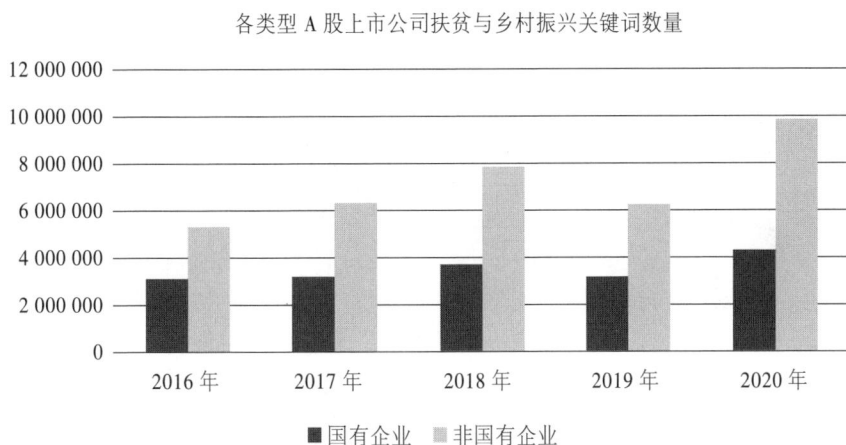

图 5-6　A股上市公司 2016—2020 年扶贫和乡村振兴分产权属性披露情况

5.4.3　公司治理维度特色议题量化结果统计

2006—2020 年，A 股上市公司披露的党组织参与治理关键词数量呈现稳步上升态势，表明上市公司党组织参与治理的程度越来越高（如图 5-7 所示）。由于页面限制，此处仅展示 A 股上市公司 2016—2020 年按证监会行业分类标准划分的各行业党组织参与治理的关键词词频分布情况，如图 5-8 所示。可以看出，A 股上市公司大部分行业披露的党组织参与治理情况在 5 年内呈逐年上升趋势，仅有综合类行业除外，教育行业 5 年内上升幅度最大。制造业仍然是披露最多的行业，居民服务、修理和其他服务业披露情况不乐观。按企业产权属性的统计情况表明，国有企业党组织参与治理的程度远高于非国有企业，与预期相同，如图 5-9 所示。

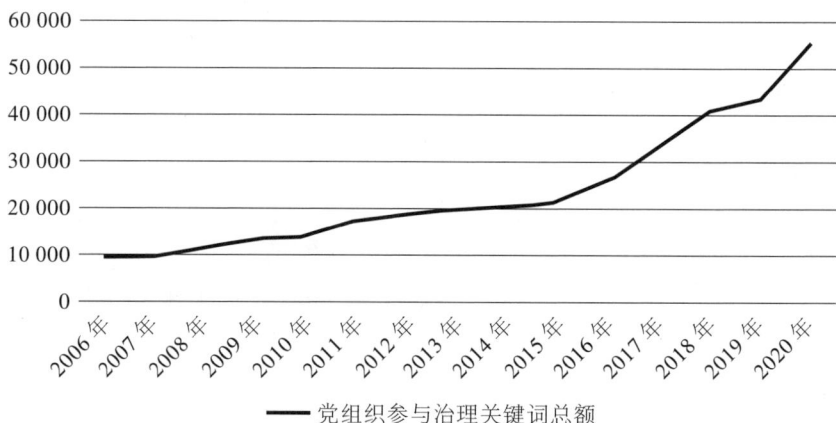

图 5-7 A 股上市公司 2006—2020 年党组织参与治理披露情况

各行业 A 股上市公司党组织参与治理关键词数量

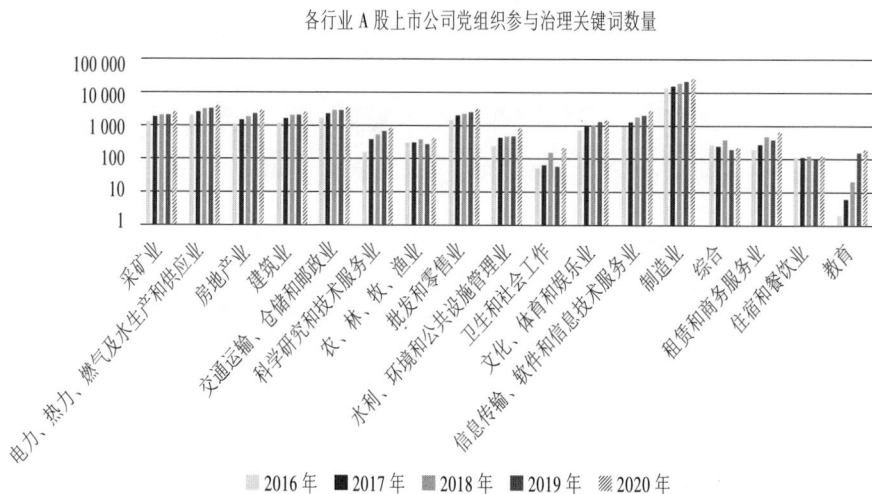

■ 2016 年 ■ 2017 年 ■ 2018 年 ■ 2019 年 ▨ 2020 年

图 5-8 A 股上市公司 2016—2020 年党组织参与治理分行业披露情况

ESG 实践三个维度的特色指标量化结果基本符合预期。分产权属性的统计结果在碳信息（E）、扶贫和乡村振兴（S）两个议题出现了非国有企业披露词频数高于国有企业的情况。除了非国有企业数量占比较大

各类型 A 股上市公司党组织参与治理关键词数量（分产权属性）

图 5-9　A股上市公司2016—2020年党组织参与治理分产权属性披露

（样本企业中，国有企业占比42%，非国有企业占比58%）之外，还有可能是非国有企业通常更加市场化，受到来自监管部门、投资者和市场的压力更大，因此为了取得投资者的信任和支持，非国有企业更倾向于主动公开其在E和S方面的表现。

　　具有中国特色的企业ESG实践议题与企业盈余持续性之间关系如何？上市公司履行这些特色议题是否会促进企业盈余持续增长？其影响机制如何？不同行业企业践行特色ESG议题对促进企业盈余持续性是否存在差异？国有企业与非国有企业践行特色ESG议题对企业盈余持续性的影响是否存在明显区别？本书6—8章将通过实证检验企业践行ESG特色议题与企业盈余持续性之间的关系和作用机制，并进行异质性分析，同时，在每一章的实证分析后，会选择两个具有代表性的上市公司进行案例分析，剖析其ESG特色实践以及社会影响为我国企业践行特色ESG议题的经济后果提供实证支持，更为我国上市公司在国际市场获得更为公平公正的ESG评级结果提供证据支持。

第6章 E：碳信息披露与盈余持续性
——中国A股上市公司环境表现

6.1 研究背景及意义

6.1.1 研究背景

2021年9月，中共中央、国务院发布《关于完整准确全面贯彻新发展理念做好碳达峰碳中和工作的意见》，强调把碳达峰、碳中和纳入经济社会发展全局，以绿色转型为引领，以绿色低碳发展为关键，走绿色低碳的高质量发展道路。企业是实现"双碳"目标的主力军，在实现绿色低碳转型的过程中，企业的碳信息披露至关重要。披露碳信息是企业向利益相关者展示企业贯彻低碳理念、履行低碳责任，公开碳管理绩效的重要桥梁，也是利益相关者借以知悉企业碳减排政策、碳交易情况、识别碳风险、甄别优质项目，进行科学投融资决策的重要工具（陈华等，2013）。目前围绕碳信息披露的影响因素、框架构建、标准制定与经济后果等方面的研究均是学术界关注的重点领域。

盈余持续性作为企业在投资决策过程中的一个重要环节，对企业创新起着重要的推进作用，能积极促进社会资本积累、提高社会生产率。碳信息披露属于自愿披露项目，管理者往往会因为某些因素不愿主动披露碳信息，如企业不愿受到法律法规的约束或者由于一些敏感因素的限制，使企业无法进行披露。研究碳信息披露与盈余持续性之间的关系，能够更好地促进企业进行碳信息的披露，提高碳信息披露透明度，也能够使我国节能减排工作的进程被社会公众所熟知。国内外学者已对碳信息披露的经济后果做了一定的研究并得出相应的具有借鉴意义的结论，但是关于碳信息披露与企业盈余持续性之间关系的结论仍不明确。因此，本章选取2006—2020年沪深两市非金融企业的数据，实证分析了企业碳信息披露对其盈余持续性的影响。

6.1.2 研究意义

（1）理论意义

随着越来越多的企业开始披露（或有意愿披露）碳信息，我国相对于世界其他国家而言，虽然在绿色科技水平上与发达国家差异不大，但由于我国建立碳排放交易体系相对较晚，近些年才涌现出碳信息披露相关研究，碳信息理论还相对薄弱，碳信息理论的相对欠缺使得其无法对企业践行绿色低碳发展起到充分的指导作用，更无法满足社会、企业日益增长的碳信息披露要求。此外，国内许多有关碳信息披露的研究是基于国外上市公司开展的，以国内上市公司为对象研究其碳信息披露与盈余持续性的文献相对较少，现有研究结果对国内企业虽有一些指导意义，但不同国家国情不同，碳信息披露与公司盈余持续性之间的直接关系也可能不同。因此，本部分的研究不仅对碳信息披露理论进行了丰富，而且进一步拓展了碳信息与盈余持续性的相关研究，对企业践行绿色低碳发展具有一定的借鉴意义。

（2）实践意义

碳信息披露与盈余持续性的研究可以为国家有关碳排放政策制定提供科学依据。通过规范和促进企业碳信息披露，国家可以更好地了解企业的碳排放状况和环保表现，从而制定更加科学合理的减碳降碳政策，制定和完善有关碳排放权交易的政策和制度，助力"双碳"目标实现，促进生态文明建设，推动经济社会的可持续发展。

碳信息披露与盈余持续性的研究还可以为企业积极应对"双碳"目标，主动承担环境保护和治理责任提供证据和思路。首先，基于信号传递理论，研究碳信息披露与企业盈余持续性的关系有助于增强企业披露碳信息的主动性。企业积极披露碳信息，有利于向利益相关者传递企业守法经营、努力进行低碳发展和低碳转型的积极信号，缓解企业面临的政府监管和社会压力，进而减少市场对企业经营状况不确定性的担忧，稳定投资者情绪，增加投资者信心。其次，碳信息披露不仅展示了企业对环保的承诺，而且反映了其管理和控制碳排放的策略及行动，向市场传递"绿色经济"的信号，凸显企业的社会责任感。这有助于塑造良好的企业形象，积累口碑，赢得消费者的信任，扩大产品销售，提高企业竞争力，实现企业的可持续发展。

对于 ESG 评级机构而言，碳信息披露的质量是评估企业 ESG 表现的重要依据。随着投资者对 ESG 因素的重视，具备良好碳信息披露的企业更有可能获得 ESG 评级机构的认可，进而在资本市场中获得更好的融资条件并得到投资者更多的支持。

对于投资者而言，研究碳信息披露与盈余持续性的关系有助于做出更明智的投资决策。随着越来越多的投资者将 ESG 因素纳入投资决策过程，碳信息披露的质量和透明度成为评估企业可持续发展能力和长期投资价值的关键因素。通过深入了解企业的碳信息披露情况，投资者可以更好地评估企业的未来发展前景和潜在风险，从而做出更加理性和有远见的投资决策。

6.2　文献综述

6.2.1　碳信息披露经济后果的相关研究

碳信息披露是企业向各利益相关者公开其温室气体排放情况、减排措施和目标等信息的过程。这种披露行为不仅可以促进企业履行环境责任，而且可以带来经济效益。关于碳信息披露经济后果的研究，主要集中在碳信息披露与资本成本、碳信息披露与企业价值、碳信息披露的财务绩效等方面。

碳信息披露质量对资本成本的影响有哪些？一些学者的研究结果表明碳信息披露与资本成本正相关，如 Richardson 和 Welker（2001）在研究环境信息披露的经济后果时发现，环境信息披露能对权益资本成本产生正向影响；Li 等（2014）在研究澳大利亚上市公司2006—2010年的数据后发现碳排放强度与债务资本成本显著正相关，而与权益资本成本的相关性较弱。另一些学者的研究结果发现碳信息披露与资本成本负相关，何玉和唐清亮（2014）在对2009—2010年参与CDP项目的标准普尔500企业的研究中发现碳业绩差的企业碳信息披露质量与资本成本显著负相关，这意味着相对于碳信息披露质量差的上市公司，碳信息披露质量高的上市公司资本成本更低。

关于碳信息披露对企业价值的影响，现有文献仍没有得出一个相对统一的结论，有学者认为碳信息披露质量与企业价值正相关，如 Saka 和 Oshika（2014）在研究了2006—2008年日本1 000家公司的相关数据后发现碳排放量与企业价值负相关，碳信息披露质量与企业价值正相关。杜湘红（2016）从碳信息披露角度出发，针对我国上市公司碳信息披露情况，构建碳信息披露评价体系，考察了碳信息披露、投资者决策与企业价值三者间的内在关系，并以上证碳效率指数股为研究样本，利用联立结构方程模型对其进行实证检验。其研究结果发现，在控制了其他变量后，碳信息披露对企业价值存在显著的正向驱动效应，且这一驱动效应是通过投资者决策这一中介变量部分传导的，即碳信息披露一部分直接对企业价值产生正向驱动作用，另一部分是通过先作用于投资者决策，然后再对企业价值产生正向驱动作用。白世秀（2019）以2010—2014年世界500强连续向CDP进行回复的117家企业为研究样本，运用面板数据回归分析法，对企业碳排放量、碳信息披露与公司价值之间的关系进行实证研究，得出碳排放量对公司价值具有显著的负面影响，但信息披露对公司价值具有显著的正面影响，并且在碳排放量和公司价值之间，碳信息披露的调节效应的确存在。李雪婷（2017）通过实证研究证明中国企业碳信息披露对企业价值有提升作用，碳排放量越高的企业这种提升作用越明显，但是也有学者研究发现碳信息披露质量与企业价值负相关，张巧良和宋文博（2013）研究发现，碳排放量与企业价值显著负相关，而碳信息披露质量与企业价值的正相关性并不明显，这主要是CDP受关注度较小引起的。王仲兵和靳晓超（2013）对2009年和2010年上证社会责任指数成分股的公司的研究发现碳信息披露质量与公司价值（托宾Q）正相关。学者们从不同生命周期的角度分析碳信息披露对企业价值的影响，比如杜湘红（2021）从企业生命周期的视角出发，实证检验了碳信息披露对企业价值的动态影响。结果发现企业处于不同生命周期阶段时，碳信息披露对企业价值的影响存在差异，处于成长期时，碳信息披露对企业价值具有负面影响，处于成熟期和衰退期时，碳信息披露对企业价值具有显著的正面影响，并且碳信息披露对企业价值的正面影响在成熟期阶段最强，在衰退期阶段减弱。

关于碳信息披露对财务绩效的影响，有学者认为碳信息披露与财务绩效呈正相关关系。如蒋琰和周雯雯（2015）发现碳信息披露质量能提高企业绩效。于波（2022）从理论和实践两个角度对企业碳信息披露、女性高管与财务绩效之间的关系进行探讨，得出碳信息披露和女性高管对企业财务绩效都具有显著的正向影响，同时，碳信息披露质量在女性高管占比与财务绩效之间存在部分中介效应。盛春光（2021）研究发现，企业碳信息披露质量将会给企业的绩效带来积极影响，机构投资者对碳信息披露与企业的财务绩效的关系具有调节作用，即机构投资者长期持有公司股票，企业的碳信息披露和财务绩效之间的正比关系会更加明显。刘家萍（2022）基于碳信息披露质量与企业绩效的关系以及政府政策对碳信息披露质量与财务绩效关系的影响提出了假设，发现碳信息披露质量对企业绩效呈显著正向影响关系，政府政策对企业碳信息披露质量对财务绩效关系有促进作用。钟凤英（2021）基于低碳农业视角，选取从理论和实践两个层面对碳信息披露和企业财务绩效之间的影响进行分析得出碳信息披露对企业财务绩效也具有正向影响。

6.2.2　碳信息披露质量评价方法的相关研究

关于碳信息披露质量评价方法的研究，目前学术界和理论界尚未形成统一的碳信息披露质量评价标准。国外研究相对较早，CDP①与普华永道（PWC）联合构建了对企业CDP调查问卷回复的评价体系——气候领袖指数（Climate Leadership Index，简称CLI）。国内的学者也试图建立一个可全面反映企业碳信息披露质量的指标评价体系，以辨别我国企业的碳信息披露质量。专门从事碳信息披露质量评价的学者多采用层次分析法试图建立一套碳信息披露质量评价体系。李慧云等（2015）构建了一个以可靠性、及时性、可比性、可理解性和完整性五个指标为一级指标，共14个二级指标的碳信息披露评价指标体系。赵选民和孙武峰（2015）则从显著性、量化性和时间性三个方面构建了低碳化战略、碳减排风险管理、碳减排核算等碳信息披露评价指标，以此获取碳信息披露质量指数。他们在运用该指标对我国重污染企业碳信息披露质量研究时发现，我国重污染行业企业的碳信息披露质量在逐年上升。层次分析法的优点是将各因素按重要性水平进行排序和评分，评价结果相对客观，其缺点就是比较耗时耗力，操作比较复杂，因此没有被广泛采用。也有学者采用内容分析法对碳信息披露质量进行评价，如Bo等（2013）对澳大利亚上市公司的碳信息披露质量进行评价时采用五维度的内容分析法，其内容包括气候变化的机会和风险，温室气体（GHG）排放量，能源耗用量，GHG减排和成本，碳排放计量5个维度。王仲兵和靳晓超（2013）同样运用内容分析法将企业的碳排放信息分为5个维度，进而研究碳排放信息对企业价值的影响。黄帅（2014）在研究行业性质对碳信息披露质量影响时，将碳信息披露指数（CDI）分解为报告主题（BGZT）和披露程度（PLCD）两个维度，通过主成分分析法设定两个维度的权重，计算得出的结果作为评价社会责任报告中披露的碳信息质量的依据。黄帅的研究发现重污染行业的碳信息披露质量并没有得到显著提升。何玉和唐清亮（2014）在研究碳信息披露质量与资本成本之间

---

① 其前身为碳排放披露项目，英文名Carbon Disclosure Project，后注册为一家机构，简写名称CDP沿用至今，是一家总部位于伦敦的非政府国际组织，为公司与城市提供全球唯一的测量、披露、管理和分享重要环境信息的系统。

的关系时也采用了 CLI 作为企业碳信息披露质量的替代指标。碳信息披露指数作为碳信息披露质量评价指标的缺点在于：一是对评价机构的要求比较高，需要评价机构对样本公司的碳排放方法进行评估，摆脱不了人为干扰的嫌疑，甚至会因专家的个人主观因素导致对同一公司完全不同的评分；二是该方法只有 CDP 项目具有该体系，而中国的 CDP 项目调查问卷的回复率虽在逐年升高，但数据仍不能满足研究要求（CDP 项目中国 100 强企业的 2014 年回复率仅为 45%。近年来，该回复率明显提高。2019 年参与 CDP 环境信息披露的中国企业为 1 100 家，2020 年则有 1 300 家中国企业参与了 CDP 环境信息披露。2021 年，1 564 家中国大陆企业受邀填报 CDP 气候变化问卷，其中 899 家企业参与问卷填报，有 665 家企业由于未回应问卷获得 "F" 等级）。因此，这种方法在处理以中国企业为样本的碳信息披露质量评价中仍不能大规模使用。刘宇芬（2020）从碳减排战略、风险、机遇、核算、鉴证、绩效 6 个方面设计碳信息披露质量评价指标，发现我国碳信息披露处于起步阶段、披露内容不够完整、缺乏规范性。

综上所述，从碳排放交易机制建立以来，国内外学者已经对碳信息披露进行了一些实证研究，还缺乏对碳信息披露与企业盈余可持续性方面的相关研究。本研究的理论价值主要体现在如下两个方面。第一，将碳信息披露经济后果的研究拓展至企业风险承担层面。第二，从环境信息披露视角丰富了企业盈余持续性影响因素的相关研究，扩展了企业盈余持续性变动的理论解释。本研究不仅可以丰富现有碳信息披露的研究成果，更能促使企业管理当局充分认识碳信息披露的重要性，加快推进企业节能减排转型行动及其碳信息披露的进程。

6.3　理论分析与研究假设

6.3.1 企业碳信息披露与盈余持续性

根据传统财务理论观点，企业只有具备一定的盈余持续性才能在激烈的市场竞争中存活下来。积极的碳信息披露有助于利益相关者了解企业碳管理现状并做出科学决策。碳信息披露能够优化企业内部的资源配置效率，打破了企业内部各部门之间的信息壁垒，减少股东与管理层之间的信息不对称，降低了代理成本，提高了投资效率，优化了内部控制质量，增强了财务稳定性，从而提高了企业盈余持续性。碳信息披露对企业盈余持续性的影响可分为外部和内部两个方面：

首先，基于外部市场的角度，碳信息透明化和公开化降低了信息获取的不确定性，企业通过披露完整、有效的碳信息向外界传递承担环保责任的积极信号。按照社会资本理论，具有良好社会责任的企业能够获得利益相关者的信任，信任的程度能影响企业的规模，也能降低企业的交易费用，提高企业的经济效益和社会效益。不同企业间也以彼此的信任作为契机来增进双方的合作，增加自己获得资源的机会。企业在获取资源之后，就会有优化内部结构和管理的动力，进行转型升级，加快创新步伐，吸引更多投资者进行投资，增强企业价值，提升企业盈余可持续性。

其次，基于内部管理的角度，企业为达到低碳、环保的要求，可能通过生产资源的重新整合和管理能力配置升级，或者采取新技术和新工具来降低污染物排放，减少温室气体排放，一方面可以使企业避免环境处罚，降低损失。另一方面，由于生产技术提高或管理能力提升会使企业获得新的市场机会和竞争优势，提高产品和企业的市场竞争力，实现企业可持续发展战略。此外，随着我国碳排放权交易市场的蓬勃发展，企业可以通过出售碳排放权获得收益，提升企业价值。因此，从短期来看，企业需要把碳排放管理和碳信息披露纳入日常经营管理之中，通过社会责任报告或年报的形式，将非财务信息传递给客户和投资者，明确对碳排放管理的态度，加强公众信心，提高企业的融资能力和治理水平，提高企业的财务稳定性。从长期来看，高质量的碳信息披露有助于企业将碳减排工作作为长期战略规划的一部分，通过积极参与碳减排、碳交易等活动，履行社会责任，披露质量较高的碳信息，向外界传达企业参与环境治理的积极信号，提升企业声誉。

综上所述，企业进行碳信息披露通过提升企业形象和优化内部管理者行为，对企业盈余持续性具有显著的正向影响。据此，作者提出以下研究假设：

H1：企业碳信息披露质量能够提升盈余持续性。

6.3.2 企业碳信息披露、内部控制质量与盈余持续性

碳信息披露是企业公开其环境治理、碳排放情况和可持续发展战略的过程。这种披露不仅满足了法律法规的要求，更是一种承担社会责任和增强企业透明度的表现。披露内容涵盖企业的碳排放数据、环保政策、能源消耗情况以及可持续发展目标等信息。这些信息向利益相关者传递了企业的环境治理情况和发展战略，对于投资者、消费者、政府监管机构以及其他利益相关者都具有重要意义。内部控制是企业在组织机构设计和内部运作方面所采取的各种相互配合的措施和方法。其目的在于保护企业资产、确保会计信息准确无误、提高经营效率，并支持已确定的管理政策。良好的内部控制质量可以有效管理企业运营风险，保障财务报告的准确性和可靠性，防范潜在的欺诈和错误。在这个过程中，碳信息披露可以作为一个驱动因素，促使企业加强内部控制系统，更好地管理环境相关风险和碳排放情况。

具体来看，企业为了进行碳信息披露，需要收集、整理并披露大量数据。这促使企业加强其内部数据管理系统，确保数据的可靠性和准确性。因此，为了能够提供可信赖的信息，企业往往会强化其数据管理和内部控制机制，从而提高内控质量。另外，进行碳信息披露还需要企业识别和管理与碳排放相关的风险。这要求企业建立更强大的内部风险管理体系，以应对可能的环境风险。这种风险管理体系的建立有助于企业更好地识别、评估和管理风险，从而提高了内部控制的质量。

有效的内部控制至关重要，它有利于保护利益相关者的权益，同时也是企业发展中至关重要的管理制度之一，对企业价值有着重要影响（杨清香，2017）。通常情况下，随着企业内部控制水平的提升，股价也会相应上升。因此，内部控制水平是塑造企业竞争优势的重要组成部分（李虹等，2015）。李姝等（2016）的研究表明，随着企业整体内部控制质量的提升，其会计盈余的持续性、应计项目的持续性以及现金流的持续性逐步改善。宣杰和苏翌（2020）针对 2012—2017 年 A 股主板上市

公司展开研究，发现内部控制质量与会计盈余持续性之间存在显著正相关关系。此外，良好的内部控制有助于企业更好地管理碳排放和环境风险，降低了可能发生的环境事故或违规行为所带来的损失。有效的环境治理和资源利用也可能带来成本的降低和效率的提升，例如节能减排所带来的成本节约、新技术应用所产生的效益等。这些因素共同促进企业的盈余增长，进而增强企业的长期竞争力和可持续性。据此，作者提出以下研究假设：

H2：企业进行碳信息披露通过提高内部控制质量进而提高盈余持续性。

6.3.3 企业碳信息披露、绿色技术创新与盈余持续性

21 世纪以来，随着现代信息技术的发展，工业生产方式朝着智能、绿色、低碳的方向发展（史丹，2018），以技术进步支撑绿色发展成为经济社会发展的必然趋势之一。以资源保护、降低污染、提高能效以及实现可持续发展为主题，以技术进步为支撑的绿色技术创新成为推动经济从传统生产模式向绿色发展模式转型的重要手段（顾海峰、高水文，2022）。然而，由于资金短缺和高风险带来的挑战，企业绿色技术创新动力受到制约。因此，企业积极采取策略来应对这些挑战，通过碳信息披露缓解企业融资约束，为绿色技术创新提供资金支持，进而提升企业绿色技术创新水平。第一，企业碳信息披露有助于投资者更好地了解企业为降低碳排放所做的努力，提升信息透明度，从而增加外部投资者的信心，拓展企业外源融资渠道、降低融资成本，为企业的绿色技术创新提供了资金支持（黄炳艺等，2023）。第二，高质量的碳信息披露能够传达企业对可持续发展的承诺，根据信号传递理论，这种信号能够吸引利益相关者，使其更愿意给予企业价值回报。这有助于弥补企业为达到政府环境管制标准所承担的成本，减轻企业负担，从而为企业的绿色创新提供资金支持，缓解资源短缺的压力（Xie，2016）。具体而言：首先，高质量的环境和碳信息披露能够反映企业对政府环境管制措施的遵循，有助于获得政府的认可，从而获得税收优惠和财政支持。其次，碳信息披露质量高的企业更注重社会责任形象，通过改善生产过程、优化

生产工艺等举措，提升客户满意度和企业声誉，进而扩大市场份额，增强盈利能力。最后，碳信息披露质量高的企业能够让投资者更准确地了解企业内部管理和外部经营环境，减少信息不对称（Yu，2017），吸引更多优质投资者，缓解融资约束，从而形成企业与投资者之间良性的利益循环，为企业的绿色技术创新提供长期资金支持。

企业绿色技术创新可在多个方面对盈余持续性产生积极影响。首先，绿色技术创新有助于优化资源利用效率，减少能源和原材料的浪费，降低生产成本。通过引入更高效、更环保的技术，企业能够降低运营成本，增加利润空间，并在长期内更好地实现盈余。其次，绿色技术创新也减少了企业的环境风险。遵循环保法规和采用可持续方法有助于降低企业面临的环境诉讼和罚款风险，维护企业声誉，避免不必要的损失。此外，绿色技术创新有助于提升品牌价值，赢得消费者的认可和忠诚。基于消费者偏好理论，随着环境问题在消费者心中的重要性增加，企业积极承担社会责任有助于提升企业声誉，增进消费者对品牌的好感度，进而提高品牌忠诚度（张长江等，2023）。越来越多的消费者开始青睐环保、可持续发展的企业，通过展示自己实施的环保行动，企业不仅能够树立良好的形象，而且能够拓展市场份额，直接影响企业的财务表现。

最后，政府补贴、激励措施以及消费者对环保产品的需求都为企业提供了进行绿色技术创新的动力和市场保障，为实现盈余的持续性奠定了坚实的基础。因此，企业通过绿色技术创新，不仅在经济效益上获得了优势，同时也在社会、环境和市场层面获得了可持续的优势，为未来的盈余增长提供了可靠的保障。本书作者据此提出以下假设：

H3：企业进行碳信息披露通过提高绿色技术创新能力进而提高企业的盈余持续性。

6.4 指标衡量

6.4.1 解释变量

解释变量为碳信息披露水平（Carbon）。用本书"5.3.2 文本分析法"（1）项中确定的企业披露的碳信息关键词词频加总取对数衡量。

6.4.2 被解释变量

被解释变量为企业盈余持续性，运用在观测时段内的 ROA 波动水平（Froa）表示。其中 ROA 使用息税前利润除以年末总资产衡量，并用公司 ROA 减去年度行业均值缓解行业及周期的影响。

6.4.3 控制变量

本部分的控制变量选取三大类变量：第一类为企业基础特征变量，包括企业规模（用企业当期资产总额取自然对数表示）、财务杠杆（用资产负债率表示）；第二类为企业财务特征变量，包括企业成长能力（用营业收入增长率表示现金流状况）、现金流状况（用经营性现金流量与当期资产总额的比值表示）；第三类为企业治理变量，包括股权集中度（用第一大股东持有上市公司股权的比例表示）、两职合一（董事长与总经理兼任取 1，否则取 0）、独立董事规模（用独立董事人数占董事会总人数的比例表示）。

6.4.4 中介变量

内部控制质量（ICI）：李志斌等（2020）选用迪博公司设计的内部控制指数（迪博内控指数）进行企业内部控制质量度量，该指数是国内首个专业、权威的内部控制信息数据库，在设置时涵盖了 COSO 五要素的主要内容，更具真实性和准确性。为了使回归系数更合理，本书将内部控制指数进行对数处理。

绿色技术创新（Envrpat）：本书借鉴徐佳（2020）、王馨（2021）

的研究，采用企业绿色发明专利申请数以及绿色实用新型专利申请数之和加 1 后取自然对数的方法来衡量企业的绿色技术创新能力。

6.5 研究设计

6.5.1 样本选择与数据来源

本书选取我国 2006—2020 年 A 股上市公司作为对象进行研究。财务数据和公司治理等数据来源于 CSMAR 数据库，本书数据来源于深圳证券交易所（深交所）和上海证券交易所（上交所）2006—2020 年 A 股上市公司年报、社会责任报告、可持续发展报告、环境报告等。本书剔除关键变量缺失的样本，为排除极端值的影响，对连续变量在前后 1% 的水平上进行缩尾处理，作者使用 Stata15 进行数据处理。

6.5.2 模型设计

参照已有文献，为检验所提假设 H1，构建如下模型：

$$\text{Froa}_{i,t} = \partial_1 \text{Carbon}_{i,t} + \sum_{i=0}^{n} \text{Ctrl}_{i,t} + \varepsilon_{i,t}$$

其中，被解释变量 $\text{Froa}_{i,t}$ 为企业 i 在第 t 期的盈余持续性；解释变量 $\text{Carbon}_{i,t}$ 为企业 i 在第 t 期碳信息披露水平；$\sum_{i=0}^{n} \text{Ctrl}_{i,t}$ 代表控制变量集合，ε 为模型随机扰动项。

参照已有文献，构建以下模型检验中介机制，验证假设 H2、H3：

$$\text{ICI}_{i,t}/\text{Envrpat}_{i,t} = \partial_0 + \partial_1 \text{Carbon}_{i,t} + \sum_{i=0}^{n} \text{Ctrl}_{i,t} + \varepsilon_{i,t}$$

其中，ICI 代表企业的内部控制质量，Envrpat 代表企业的绿色技术创新能力。根据理论预测，若模型中的 Carbon 变量的系数显著为正，则表明企业进行碳信息披露可能主要通过提高内部控制质量、绿色技术创新能力进而提高企业盈余持续性，假设 H2、H3 成立。

6.6 描述性统计

6.6.1 主要变量描述性统计

表 6-1 报告了主要变量的描述性统计结果。其中，样本企业盈余持续性水平 Froa 的均值为 34.34，标准差为 42.41，这说明样本企业盈余持续性水平差距较大。碳信息披露水平 LnCarbon 的均值为 2.038，中位数为 1.792，可见样本企业碳信息披露水平整体不高。其余控制变量的统计数据与现有文献基本一致。

表6-1 　　　　　　　　　　　　主要变量的描述性统计

Variable	N	Mean	25%分位	Median	75%分位	SD
Froa	31 529	34.340	11.050	20.520	39.680	42.410
LnCarbon	31 529	2.038	1.099	1.792	2.996	1.303
Size	31 529	22.090	21.150	21.910	22.830	1.310
Lev	31 529	0.447	0.280	0.441	0.602	0.213
Growth	31 529	0.186	−0.026	0.108	0.272	0.495
First	31 529	34.920	23.150	32.870	45.240	14.940
Cf	31 529	0.048	0.008	0.047	0.090	0.072
Indire	31 529	0.373	0.333	0.333	0.429	0.053
Comb	31 529	0.241	0	0	0	0.428

6.6.2 碳信息披露水平年度分布

表 6-2 显示的是 2006—2020 年样本企业碳信息披露水平年度分布的描述性统计结果。碳信息披露水平的均值由 2006 年的 0.887 增加到了 2020 年的 2.885，说明企业碳信息披露水平有一定程度的提高。随着我国开始倡导低碳发展，公众愈发重视环境信息，尤其是 2013 年我国首次启动碳信息披露项目后，企业逐渐认识到碳信息披露的重要性，虽然每年提升幅度较小甚至会有所回落，但整体向好的趋势并未改变。这与

本书第 3 章 ESG 信息披露的状况完全吻合，也间接证明了采用文本分析来衡量碳信息披露水平是可行的。但不可否认的是，2020 年样本企业的碳信息披露平均水平为 2.885，这说明我国企业碳信息披露水平仍普遍较低，披露质量差距较大，未来仍需提升企业参与碳活动和碳信息披露的积极性，提高我国企业碳信息披露水平。

表6-3 碳信息披露水平年度分布

年度	N	Mean	25%分位	Median	75%分位	SD
2006 年	1 110	0.887	0.693	0.693	1.099	0.624
2007 年	1 187	1.042	0.693	0.693	1.386	0.684
2008 年	1 295	1.324	0.693	1.099	1.792	0.863
2009 年	1 350	1.448	0.693	1.386	1.946	0.936
2010 年	1 348	1.661	1.099	1.609	2.197	0.921
2011 年	1 807	1.737	1.099	1.609	2.303	0.926
2012 年	2 022	1.662	1.099	1.609	2.303	1.038
2013 年	2 145	1.837	1.099	1.609	2.485	0.990
2014 年	2 190	1.899	1.099	1.792	2.565	1.054
2015 年	2 301	1.842	0.693	1.792	2.773	1.276
2016 年	2 490	2.001	1.099	1.946	2.996	1.335
2017 年	2 761	2.284	1.099	2.303	3.296	1.380
2018 年	3 140	2.564	1.386	2.773	3.638	1.424
2019 年	2 953	2.723	1.609	2.890	3.738	1.376
2020 年	3 430	2.885	1.792	3.045	3.850	1.333

6.6.3 不同企业生命周期的碳信息披露水平差异

表 6-3 显示的是不同生命周期的样本企业碳信息披露水平 LnCarbon 的描述性统计结果。由表 6-3 可知，位于成长期和成熟期的样本企业碳信息披露平均水平高于位于衰退期的样本企业碳信息披露水平。对于成长期和成熟期的企业，其产品和技术逐渐被市场认可，产品扩张迅速，此时企业会更加需要维持现金流以保障其不断扩张，为获取社会资源，企业会注重与外部利益相关者的信息对称，以期通过碳信息披露增强企

业的透明度，建立良好的企业形象，增强企业的融资能力。企业的碳信息披露越规范，其在市场中赢得的美誉度就越高，就越有利于其抢占市场份额，稳固行业地位。而对于衰退期企业，其产品市场开始萎缩，企业盈利能力大幅下降，利益相关者的关注重点是企业的生存能力和债务清偿能力，而无暇顾及企业的碳信息披露情况，此时企业若选择过度进行碳信息披露，则不但无法使其摆脱经营困境，而且会造成企业不必要的人力投入和财务负担，因此企业会降低对碳信息的披露。

表6-3　　　　　　不同企业生命周期的碳信息披露水平差异

企业生命周期	N	Mean	25%分位	Median	75%分位	SD
成长期	4 862	2.085	1.099	1.946	3.045	1.314
成熟期	15 188	2.067	1.099	1.946	3.045	1.314
衰退期	11 479	1.979	1.099	1.792	2.890	1.282

6.6.4　是否为重污染企业的碳信息披露水平差异

表 6-4 显示的是重污染企业和非重污染企业碳信息披露水平 LnCarbon 的描述性统计结果。

表6-4　　　　　　是否为重污染企业的碳信息披露水平差异

是否为重污染企业	N	Mean	25%分位	Median	75%分位	SD
是	9 124	2.459	1.386	2.398	3.401	1.270
否	22 405	1.866	0.693	1.609	2.773	1.277

由表6-5可知，重污染企业碳信息披露平均水平高于非重污染企业碳信息披露水平。重污染企业从某种意义上来说是资源密集型企业，生产工艺流程长，需要耗费大量的资源，排污量也会更大。污染严重的企业会面临更多的环境政策规制，理性的重污染企业会进行大量的环境管理实践，贯彻绿色经济发展理念，积极承担环境责任。这在一定程度上也是企业对外释放价值信号的过程，从而获得投资者认可，拓宽企业价值的增长空间。因此，与非重污染企业相比，重污染企业比非重污染企业更有动机通过提升碳信息披露水平获得良好的社会声誉和公众评价。

重污染企业通过更多的碳信息披露，宣传企业在绿色生产和环境治理方面的努力，从而吸引更多消费者购买企业的绿色产品。这在一定程度上可以缓解来自政府管制、公众监督及消费者信息丧失等外部压力，提高外部利益相关者对企业发展的预期，推动企业和政府的良性互动，政府也会对重污染企业环境治理行为或绿色投入进行扶持或予以税收补助。

6.6.5 是否为重点排污企业的碳信息披露水平差异

表6-5显示的是是否为重点排污企业的碳信息披露水平LnCarbon的描述性统计结果。

表6-5　　**是否为重点排污企业的碳信息披露水平差异**

是否为重点排污企业	N	Mean	25%分位	Median	75%分位	SD
是	2 529	3.406	2.890	3.401	4.007	0.911
否	29 000	1.918	1.099	1.792	2.773	1.263

由表6-5可知，重点排污企业碳信息披露平均水平高于非重点排污企业碳信息披露水平。对于重点排污单位，我国有明确的政策规定，必须披露污染物排放种类、排放方式及排放量等信息。①尽管二氧化碳不属于大气污染物，但重点排污单位受到政府、环保组织等的密切关注和监管，主动披露环境保护相关信息的意愿更为强烈。近年来日趋成熟的碳交易体系使得碳信息成为重点排污单位披露的不二选择。在环境政策导向性的监督以及重点排污企业自身特点的共同作用下，重点排污单位在披露既定污染物之余，还会公布相关碳信息来表现企业环境治理和环境保护的决心。因此，重点排污单位披露水平比非重点排污单位更高。

---

① 《中华人民共和国环境保护法》规定：重点排污单位应当如实向社会公开其主要污染物的名称、排放方式、排放浓度和总量、超标排放情况，以及防治污染设施的建设和运行情况，接受社会监督；第六十二条规定：重点排污单位不公开或者不如实公开环境信息的，由县级以上地方人民政府环境保护主管部门责令公开，处以罚款，并予以公告。

6.7 实证结果

6.7.1 基准回归

表6-6列示了碳信息披露水平对企业盈余持续性的回归结果。其中列（1）没有控制行业、年度固定效应，列（2）进一步加入了行业、年度固定效应。回归结果显示在这两列中 LnCarbon 的估计系数分别为 1.408和0.592，分别在1%和5%的水平上显著。表6-6的结果表明，企业进行碳信息披露显著提升了企业的盈余持续性，且这种显著关系不会受到固定效应选择的影响。表6-6的回归结果支持了研究假设 H1。

表6-6　　　　　碳信息披露水平与企业盈余持续性基准回归

变量	（1）	（2）
	Froa	Froa
LnCarbon	1.408***	0.592**
	(7.24)	(2.57)
Size	−10.155***	−10.365***
	(−35.34)	(−33.74)
Lev	33.655***	40.215***
	(17.07)	(19.08)
Growth	1.456*	1.830**
	(1.93)	(2.45)
First	−0.149***	−0.139***
	(−9.38)	(−8.89)
Cf	−3.988	−15.757***
	(−0.94)	(−3.57)
Indire	27.059***	24.732***
	(6.01)	(5.57)

续表

变量	（1）	（2）
	Froa	Froa
Comb	1.110*	0.997*
	（1.89）	（1.72）
_cons	235.466***	241.490***
	（41.96）	（38.47）
Year	No	Yes
Ind	No	Yes
N	31 529	31 529
adj.R²	0.090	0.138

注：***、**、*分别表示数据在1%、5%、10%的水平上显著。

6.7.2　机制检验

表6-7汇报了机制检验模型的估计结果。第（1）列的结果显示，LnCarbon变量的系数为3.571，并且在1%的水平上显著，即企业碳信息披露水平越高，其内部控制质量越高。该发现表明，提高内部控制质量可能是企业的碳信息披露促进企业盈余持续性的潜在机制之一。第（2）列的结果显示，LnCarbon变量的系数为10.666，并且在1%的水平上显著，即企业碳信息披露水平越高，其绿色技术创新能力越高。表明企业进行碳信息披露能够显著提升企业的绿色技术创新能力，成为影响企业盈余持续性的可能路径。总之，企业进行碳信息披露可能主要通过提高内部控制质量、提升绿色技术创新能力的途径提高企业的盈余持续性，假设H2、H3成立。

6.7.3　异质性分析

（1）基于企业产权性质的异质性回归

基于企业产权性质的异质性回归见表6-8。由表6-8可知，非国有

表6-7　　　　　碳信息披露水平与企业盈余持续性的机制检验

变量	（1）	（2）
	ICI	Envrpat
LnCarbon	3.571***	10.666***
	(5.10)	(3.03)
Size	−8.593***	0.039***
	(−24.87)	(7.23)
Lev	−0.075***	0.039*
	(−22.09)	(1.80)
Growth	0.030***	−0.017***
	(30.52)	(−3.47)
First	0.001**	−0.002***
	(14.49)	(−4.95)
Cf	0.134	−0.009***
	(17.21)	(−0.22)
Indire	−0.014	−0.000
	(−1.21)	(−0.01)
Comb	−0.001	−0.008
	(−0.98)	(−0.92)
_cons	6.481***	−0.632***
	(748.81)	(−4.90)
Year	Yes	Yes
Ind	Yes	Yes
N	31 529	31 529
adj.R^2	0.110	0.039

注：***、**、*分别表示数据在1%、5%、10%水平上显著。

企业碳信息披露水平对企业盈余持续性水平的回归系数在 1% 的水平上显著为正；国有企业碳信息披露水平对企业盈余持续性水平的回归系数虽然也为正，但仅通过显著性水平为 10% 的检验。表明碳信息披露对企业盈余持续性水平的提升作用存在企业产权性质的异质性。相比于非国有企业，国有企业凭借政府支持，享受政策红利，在资源获取（包括融资能力）、社会认可以及市场占有等方面拥有天然优势。但是由于国有企业面临的市场竞争压力较小，企业进行产业转型的意愿不强烈，低碳发展的动力不足，并且国有企业低碳转型在资本市场中难以形成有效的正向反馈。非国有企业面临着激烈的市场竞争，进行碳信息披露对其而言是获取竞争优势并占领市场份额的重要手段。因此，非国有企业具有较强的碳信息披露意愿，对外释放绿色发展信号，从而获得投资者认可，拓宽了企业价值的增长空间，提升了企业盈余持续性水平与企业价值。因此相较于国有企业，竞争压力和发展需求导致碳信息披露意愿在非国有企业中更为强烈，为碳信息披露提升企业盈余持续性提供了更为广阔的发展空间，即企业进行碳信息披露对企业盈余持续性水平的促进作用在非国有企业中更强。

表6-8　　　　　　　　　　**基于企业产权性质的异质性回归**

变量	国有企业	非国有企业
	Froa	Froa
LnCarbon	0.523*	0.827***
	(1.72)	(2.59)
Size	−8.519***	−11.904***
	(−24.52)	(−23.77)
Lev	33.292***	45.622***
	(12.83)	(14.38)
Growth	2.741**	1.018
	(2.53)	(0.99)

变量	国有企业	非国有企业
	Froa	Froa
First	−0.069***	−0.150***
	(−3.40)	(−6.32)
Cf	−11.642*	−18.147***
	(−1.89)	(−2.93)
Indire	35.619***	9.696
	(6.43)	(1.45)
Comb	2.342**	−0.394
	(2.03)	(−0.57)
_cons	192.713***	285.053***
	(28.25)	(26.19)
Year	Yes	Yes
Ind	Yes	Yes
N	13 732	17 797
adj.R²	0.164	0.141

注：***、**、*分别表示数据在1%、5%、10%水平上显著。

（2）基于企业所处区域的异质性回归

由表6-9可知，东部地区企业实行碳信息披露明显提升了企业的盈余持续性水平，且通过了水平为5%的显著性检验。中西部地区的回归系数虽然为正，但并不显著。这说明碳信息披露对企业盈余持续性水平的提升作用存在区域异质性。与中西部地区相比，地处东部地区的企业可以更好地发挥碳信息公开披露带来的激励和监督约束效果。原因可能是东部地区经济发展水平较高并且现代信息化基础设施较为完备，企业对政策的敏感度较高；东部地区的企业与国际接轨的步伐更快，国际化程度更高；东部地区社会公众（包括投资者）的环境保护意识更强，对碳信息披露也更为敏感。企业积极进行环境信息披露有利于提升企业形象和声誉，也有利于企业融资能力和治理水平的提高，促进企业盈余持续性水平的提升。但是对于大多数西部城市来说，受经济基础、交通条件、信息获取便捷度、企业国际化程度和资源禀赋等限制，无论政府还是企业的信息化建设均处于发展阶段，不能充分发挥出环境信息披露对提升企业盈余持续性水平的潜力。因此，碳信息披露对企业盈余持续性的提升效果不显著，未来应加大对西部地区企业环境保护和环境治理的资金支持和政策扶持，进一步提升西部地区企业对于碳信息的披露意愿和披露水平。

表6-9   企业所处区域的异质性回归

变量	东部地区	中西部地区
	Froa	Froa
LnCarbon	0.677**	0.554
	(2.56)	(1.16)
Size	−9.400***	−13.281***
	(−25.99)	(−21.99)
Lev	35.377***	53.248***
	(13.93)	(13.91)
Growth	1.323	3.407**
	(1.49)	(2.46)
First	−0.169***	−0.075**
	(−9.16)	(−2.57)
Cf	−14.501***	−17.771**
	(−2.82)	(−2.03)
Indire	26.129***	24.419***
	(4.82)	(3.21)

续表

变量	东部地区	中西部地区
	Froa	Froa
Comb	0.124	3.323***
	（0.19）	（2.59）
_cons	230.048***	285.241***
	（30.00）	（24.36）
Year	Yes	Yes
Ind	Yes	Yes
N	22 511	9 018
adj.R²	0.131	0.177

注：***、**、*分别表示数据在1%、5%、10%水平上显著。

（3）基于企业所受环境规制的异质性回归

基于企业所受环境规制的异质性回归见表6-10。本书将企业受到的环境规制程度按照中位数分为环境规制强组和环境规制弱组。由表6-10的回归结果可知，当企业面临较强的环境规制时，实行碳信息披露明显提升了企业的盈余持续性水平，且通过了水平为1%的显著性检验。环境规制弱的企业碳信息披露对企业盈余持续性水平的回归系数虽然为正，但并不显著。这说明碳信息披露对企业盈余持续性水平的提升作用存在环境规制异质性。政府会通过政策规制的出台对企业的市场行为进行调控。现有研究表明制度环境会影响企业行为，政府环境规制对企业碳信息披露的影响较大（张巧良等，2013），完善的监管环境能提升企业绩效，有效推进经济增长（韩美妮等，2016）。实证结果表明相比于政府监管宽松的地区，处于受到政府严格管制地区的企业更有可能受到利益相关者青睐，企业碳信息披露也因此获得更多的市场反馈与价值变化，因此对企业盈余持续性水平的提升作用更强。

表6-10 企业所受环境规制的异质性回归

变量	环境规制强	环境规制弱
	Froa	Froa
LnCarbon	0.795***	0.473
	(2.62)	(1.34)
Size	−10.137***	−10.726***
	(−24.26)	(−23.50)
Lev	39.049***	41.611***
	(13.20)	(13.88)
Growth	1.439	2.283**
	(1.39)	(2.10)
First	−0.158***	−0.112***
	(−7.31)	(−4.97)
Cf	−17.423***	−14.039**
	(−2.85)	(−2.19)
Indire	27.339***	20.912***
	(4.49)	(3.21)
Comb	1.582**	0.232
	(1.98)	(0.28)
_cons	236.687***	248.409***
	(28.23)	(26.27)
Year	Yes	Yes
Ind	Yes	Yes
N	16 755	14 774
adj.R²	0.143	0.135

注：***、**、*分别表示数据在1%、5%、10%水平上显著。

6.8　结论与启示

6.8.1　研究结论

本章选取 2006—2020 年沪深两市非金融企业的数据，实证分析了企业碳信息披露对其盈余持续性的影响，主要结论如下：（1）企业碳信息披露能够显著提升盈余的持续性 。其中，成长期和成熟期企业相较于衰退期企业披露了更多的碳信息；重污染企业相较于非重污染企业披露了更多的碳信息；重点排污企业相较于非重点排污企业披露了更多的碳信息。（2）企业进行碳信息披露主要通过提高内部控制质量、提升绿色技术创新能力的途径提升企业盈余持续性。（3）企业碳信息披露对盈余持续性的促进作用在非国有企业、东部地区以及较为严格的政府环境管制地区作用更明显。

6.8.2　启示

为提升我国上市公司盈余持续性，作者从碳排放信息披露视角提出如下政策建议：

首先，监管部门需要完善碳排放信息披露制度。通过相关制度鼓励企业通过加强碳排放管理和相关环境信息披露，向外部投资者传递利好信息，促进企业可持续发展。碳信息披露越完整、越透明，将会给利益相关者传递越多利好信息，并且能够给市场内其他企业做好榜样，塑造企业积极承担社会责任的良好形象，进而对企业盈余可持续性的提升起到一种正向的驱动作用。

其次，相关组织应构建完善的碳信息披露评级制度，对碳信息披露水平予以科学的评价。合理的信息披露体系有助于促进企业积极披露碳信息，也有利于第三方作出评估，还可以对企业碳减排活动的发展提供一定的制度保障。

第7章 S：乡村振兴与盈余持续性——中国A股上市公司社会表现

7.1 研究背景及意义

7.1.1 研究背景

乡村振兴战略是习近平总书记在中国共产党第十九次全国代表大会（简称党的十九大）上提出的重大决策部署。《乡村振兴战略规划（2018—2022年）》中指出：实施乡村振兴战略，是解决新时代我国社会的主要矛盾、实现"两个一百年"奋斗目标和中华民族伟大复兴中国梦的必然要求，具有重大现实意义和深远历史意义。[①]

2021年3月，中共中央、国务院发布《关于实现巩固拓展脱贫攻坚成果同乡村振兴有效衔接的意见》[②]，指出打赢脱贫攻坚战、全面建成

① 中共中央国务院.中共中央 国务院印发《乡村振兴战略规划（2018—2022年）》[EB/OL]（2018-09-26）. https://www. gov. cn/zhengce/2018-09/26/content_5325534. htm?tdsourcetag=s_pcqq_aiomsg&wd=&eqid=bff3ab7a000c0b120000000664968904.
② 中共中央 国务院.中共中央 国务院关于实现巩固拓展脱贫攻坚成果同乡村振兴有效衔接的意见 [EB/OL]（2021-03-22）.https://www.gov.cn/xinwen/2021-03/22/content_5594969. htm.

小康社会后，要进一步巩固拓展脱贫攻坚成果，接续推动脱贫地区发展和乡村全面振兴。脱贫攻坚战消除了绝对贫困问题，乡村振兴战略解决的是相对贫困问题。与解决绝对贫困问题相比，对于相对贫困的治理更为复杂，是一个更为长期的过程。为此，必须构建解决相对贫困的制度和长效机制。2022 年中央一号文件（《中共中央 国务院关于做好 2022年全面推进乡村振兴重点工作的意见》）进一步提出要广泛动员社会力量全面推进乡村振兴，企业参与乡村振兴，是构建解决相对贫困制度和长效机制的重要社会力量。

中国上市公司协会 2022 年 12 月 22 日发布《中国上市公司巩固脱贫攻坚和助力乡村振兴白皮书》（简称《白皮书》），指出 2020 年共有1 514 家上市公司披露参与了脱贫攻坚和助力乡村振兴系列工作，其中有资金投入的共 1 244 家，扶贫投入共 889.98 亿元。上市公司在产业扶持、解决就业和金融支持等各方面都取得了显著的成效，但在行业、地区和产权性质等维度还是呈现出差异化特征。[①]《人类减贫的中国实践》白皮书[②]指出，发展产业是脱贫致富最直接、最有效的办法，也是增强贫困地区造血功能、帮助贫困群众就地就业的长远之计。

2022 年 12 月 23 日，习近平总书记在中央农村工作会议上的讲话中指出，"产业振兴是乡村振兴的重中之重，也是实际工作的切入点"。2023 年 1 月 2 日《中共中央 国务院关于做好 2023 年全面推进乡村振兴重点工作的意见》进一步强调了乡村产业发展的重要性，包括做大农产品加工流通业、加快现代乡村服务业、培育乡村新产业新业态等。作为国民经济的主力军，上市公司在巩固脱贫攻坚成果和助力乡村振兴的过程中，发挥着不可替代的作用。[③] 2022 年新华网上的一篇文章根据上一年 A 股上市公司年报统计结果得出了"上市公司是推动中国经济增长的重要力量"的结论[④]；2023 年《证券日报》上的文章也得出了"A 股上市公司是推动中国经济增长的最大贡献者"的分析结论①。上市公司不仅代表了中国经济未来发展方向，更为中国经济发展注入了更多的动能。以 2022 年年报数据分析结果为例，上市公司为 GDP 排名前十的省份贡献了 36.86% 的税收收入，为区域经济发展作出了突出贡献。如何在新时期将上市公司的自身发展与乡村振兴战略结合，为区域发展贡献更多产业力量，推进乡村振兴和农业农村现代化，是继上市公司助力脱贫攻坚之后继续承担乡村振兴社会责任的重要思考。

从 2013 年提出精准扶贫到 2020 年全面脱贫，上市公司在精准扶贫中投入巨大，促进了当地经济社会的快速发展。上市公司参与精准扶贫和乡村振兴对上市公司而言其经济后果如何？上市公司参与精准扶贫和乡村振兴是否保障了上市公司自身盈余的持续性？这种影响是否存在行业、地区、产权性质等的异质性？未来，投资者应该如何客观看待上市公司参与乡村振兴的行为？针对上市公司不同的参与方式，ESG 评级机构应该如何优化评级体系，客观评价中国企业 ESG 表现，并指导投资者的投资行为？

基于以上背景，本章采用文本分析法抓取上市公司参与精准扶贫和乡村振兴的关键词来衡量上市公司承担这一独具中国特色的社会责任议题，并研究其与上市公司盈余持续性之间的关系，为上市公司参与乡村振兴承担社会责任的行为寻找理论证据，也为 ESG 评级体系本土化提供了思路。

7.1.2 研究意义

习近平总书记在全国脱贫攻坚总结表彰大会上指出，脱贫摘帽不是终点，而是新生活、新奋斗的起点。接下来要做好乡村振兴这篇大文章，推动乡村产业、人才、文化、生态、组织等全面振兴。全面推进乡村振兴，加快农业农村现代化，是需要全党高度重视的一个关系大局的重大问题。乡村振兴与农业农村现代化不仅需要经济上的提质，更需要产业、人才、文化、生态、组织等全方位的发展。上市公司的参与就是

---

① 黄运成，苏梅，陈俊森 .A 股上市公司是推动中国经济增长的最大贡献者——2022 年 A 股上市公司年报分析 [EB/OL]. (2023-06-26). https://new.qq.com/rain/a/20230626A09GBM00.

乡村振兴和农业现代化全方位发展的重要突破。

上市公司参与乡村振兴建设，不仅在经济上为乡村带来了巨大变化，更利用其自身优势带来了乡村产业品牌知名度提升、管理规范、投资机会增加、全球市场拓展等等全方位的变化和提升。但目前上市公司参与乡村振兴行为的披露，无论是在上市公司的年报还是专门的社会责任报告中往往是通过定性描述呈现的。公众了解上市公司参与乡村振兴的水平及成效，除了上市公司投入乡村振兴的资金之外，更多的是从媒体上片段式的报道中获得的。

本章在对国内外企业社会责任以及企业社会责任如何影响上市公司盈余持续性的相关文献与理论进行梳理和总结的基础上，借鉴已有理论和研究成果，实证研究了企业参与乡村振兴对上市公司盈余持续性的影响，同时通过研究上市公司参与乡村振兴的案例，完整描述了上市公司参与乡村振兴的途径和方式，以及对当地产业、经济、人文的综合影响，较为全面地反映了上市公司在参与乡村振兴过程中发挥的综合作用，本章内容具有如下理论和现实意义。

（1）理论意义

第一，丰富了企业参与乡村振兴经济后果研究。企业承担社会责任的必要性一直是理论研究的热点。现有研究主要从合法性机制和效率机制进行解释。一方面，基于组织社会学、新制度主义理论，企业履行社会责任可以帮助其获得道义上的合法性；另一方面，短期来看企业履行社会责任会消耗企业资源，但是从长期来看履行社会责任带来的声誉效应可以提高企业价值。乡村振兴作为中国企业承担社会责任的一种形式，是企业在社会发展中需要承担的道德义务。企业承担社会责任是否有助于提升上市公司盈余持续性，相关理论和实证研究并没有给出一致的答案。基于此，本章将微观企业行为嵌入乡村振兴研究框架，在将企业视作以盈利为目的组织的前提下，深入分析企业参与精准扶贫或乡村振兴的可能回报及其回馈效应，进而研究企业盈余持续性，从理论上颠覆了上市公司参与乡村振兴仅仅是单项捐赠的错误认知，使企业参与乡村振兴有了理论指导，拓展了企业参与国家乡村振兴战略经济后果方面的研究。

第二，拓展了乡村振兴影响微观企业盈余持续性相关研究。学者们对于企业社会责任与盈余持续性的研究结论呈现出多元化的现状。首先，企业社会责任是个多维度的概念，对企业社会责任的测量方法不同，得出的结论也可能不同。其次，有学者指出，受多种因素的影响，企业社会责任与上市公司盈余持续性之间不是简单的线性关系，而企业社会责任影响上市公司盈余持续性的机制较为复杂，特别是企业参与乡村振兴对盈余持续性的影响更为复杂。明确企业参与精准扶贫能否提升自身盈余持续性对企业继续参与乡村振兴具有重要意义。因此，本章通过实证研究，证实了上市公司参与精准扶贫有利于提升自身盈余持续性的观点，为上市公司长期有规划地参与乡村振兴事业提供了有力的理论支撑，进一步拓展了企业参与乡村振兴提升盈余持续性的研究。

（2）现实意义

第一，从微观主体视角来看，本章研究了上市公司参与乡村振兴对上市公司盈余持续性的影响，用实证数据证实了上市公司参与乡村振兴不仅是响应国家政策的被动行为，而且是一项保障自身盈余持续性的有"利"可图、名利双收的明智之举。这一研究结论可以增强上市公司主动参与乡村振兴的积极性，鼓励上市公司发挥其综合影响力，在加快实现农业农村现代化进程中更好地发挥其骨干作用。

第二，对地方政府而言，如何将上市公司（尤其是涉农或与农村产业发展相关联的上市公司）发展与区域经济、社会发展相结合，将上市公司产业发展与地方特色产业集群建设相结合，从制度、政策、金融支持等多方面同步发力推动区域经济全面持续发展，是实现乡村振兴和农业现代化需要解决的重要问题。本章的研究将为政府出台政策鼓励上市公司更好地履行乡村振兴社会责任提供更多的思路和途径。

第三，从ESG评级机构视角来看，本章研究结论为国内外ESG评级机构正确评价我国上市公司社会责任提供证据支持。参与乡村振兴是我国上市公司社会责任报告中的重要内容，但由于制度背景、文化背景等的不同，国外评级机构对中国企业的社会责任认同程度并不高。国内ESG评级机构虽然也在评级体系中考虑了中国化元素，但目前为止，没有明确证据支持评级机构在评级体系中的社会责任维度增加乡村振兴指标。本章的研究为ESG评级机构本土化ESG评级体系提供了理论支持，将有利于推动企业将社会责任理念融入日常经营，实现可持续发展。

第四，对投资者而言，分析乡村振兴与企业盈余持续性的关系，可以帮助其了解企业在乡村振兴中承担的社会责任和创造的社会价值，识别企业参与乡村振兴的动机，筛选出那些为了获取资源或赢得声誉而参与乡村振兴的存在短期投机动机的企业，从而更全面地评估企业的投资价值和长期发展潜力。

7.2 文献综述

7.2.1 关于乡村振兴与发展问题的相关研究

现有的关于乡村振兴与发展问题的研究主要围绕乡村振兴的内涵与乡村振兴的实现路径展开。

（1）乡村振兴的内涵

廖彩荣和陈美球（2017）提出乡村振兴的三个维度，分别为时间维度、空间维度和理念维度。时间维度是指实施乡村振兴战略站在了新时代历史起点上，这是新的时代背景；空间维度是指实施乡村振兴战略是党中央在充分统筹考虑农业、农村、农民之间新空间结构，充分统筹考虑乡村与城市、农业农村现代化与其他"三化"（即中国特色新型工业化、信息化、城镇化）协调发展，充分统筹国内国际两个大局的基础上提出的新型发展战略；理念维度是指乡村振兴战略是贯彻"创新、协调、绿色、开放、共享"新发展理念的集中表现。黄祖辉（2018）指出乡村的发展和振兴需要"五个激活""五位一体"以及处理好"五对关系"。"五个激活"是指乡村振兴的实现路径即激活市场、激活主体、激活要素、激活政策、激活组织；"五位一体"指乡村振兴的协同路径，即农民主体、政府主导、企业引领、科技支撑、社会参与；"五对关系"是指乡村振兴的把控路径，即乡村与城市的关系、政府与市场的关系、人口与流动的关系、表象与内涵的关系、短期与长期的关系。朱启臻（2018）从产业与农民关系、产业与乡村关系的视角审视产业兴旺的内在构成、内容和特点。产业兴旺既要满足人们对经济效益的追求，更要满足农民自身对美好生活的需要。产业兴旺只有限定在乡村范围内且以农民为主体才具有实际意义，产业兴旺只有建立在乡村整体价值基础上并与乡村价值体系相结合才具有可能性。

黄承伟（2021）分析了脱贫攻坚与乡村振兴之间的关系，认为脱贫攻坚与乡村振兴在实现共同富裕中具有不同的战略定位——脱贫攻坚是实现共同富裕的底线任务，乡村振兴是实现共同富裕的必然选择。脱贫攻坚与乡村振兴是实现共同富裕的不同发展阶段，脱贫攻坚与乡村振兴是战役和战略的关系，前者是为了实现第一个百年奋斗目标打基础，后者是为实现第二个百年奋斗目标打基础。脱贫攻坚、乡村振兴同属于迈向共同富裕的两大关键步骤，二者具有内在的逻辑一致性。实现脱贫攻坚同乡村振兴的有效衔接是促进共同富裕的客观要求。张琦等（2022）指出乡村振兴应遵循坚持以人民为中心，坚持促进高质量振兴，坚持物质精神两手抓，坚持因地制宜突出重点，坚持分阶段有序推进的原则；把握促进农民持续稳定增收、提升共有共建共享水平、强化乡村振兴保障支撑的战略要点。

（2）乡村振兴的实现路径

徐琳和樊友凯（2017）指出精准扶贫具有促进乡村善治的巨大潜能和作用，但精准扶贫政策如果把握不当、实施不力，也可能对乡村治理产生一些消极影响，包括因政策把握偏差带来的扶贫资源"分配不公"可能诱发的乡村冲突，因扶贫资源的靶向偏离而引发民众对基层政府的某些不信任，因扶贫中的过度行政干预挤压乡村社会的自主性等。并因此得出必须进一步优化扶贫资源的分配机制，健全扶贫监督考核机制，完善扶贫立法等实现精准脱贫与乡村善治双重目标的结论。慕良泽（2018）认为中国农村精准扶贫具有道义承诺、均衡发展和制度保障的政治诉求，具有行政发包、技术保障、选择性实施和复杂事务的简约治理等行政表现，也具有追求平等和公正的社会目标。他强调要保证精准扶贫战略的持续实施与精准脱贫目标的按期实现，就需要找准对精准扶贫内在逻辑张力进行调适的"标准"和"共通点"，使上下联系变得畅通，培养内生性动力，在调适中达到最大程度的耦合，以此获得精准扶贫的最大合力并实现扶贫成效的最大化。刘彦随（2018）依据人地关系地域系统学说，提出城乡融合系统、乡村地域系统是重新认知城乡关系的理论依据这一论断，该学者还分析了城乡融合对乡村振兴的影响，深入探究了通过实施精准扶贫战略推进乡村建设发展的问题。管前程（2018）通过对河南、黑龙江、贵州等地展开调研，发现在乡村振兴背景下精准扶贫仍存在一些问题，主要包括扶贫的整个流程还不够精准、扶贫队伍和贫困群体的能力有待提升、精准扶贫的信息化程度不高、扶贫的主体过于单一等，并提出完善精准扶贫全流程、提升扶贫队伍工作能力，激发贫困群体内生动力、用好"互联网＋扶贫"、利用大数据技术助推精准扶贫、构建政府主导多主体参与的扶贫模式等措施。叶兴庆（2018）指出在城乡二元结构仍较为明显的背景下，要促进农业农村现代化，跟上国家现代化步伐，必须牢牢把握农业农村优先发展和城乡融合发展两大原则。要抓好"人、地、钱"三个关键因素，促进乡村人口和农业从业人员占比下降、结构优化，加快建立乡村振兴的用地保障机制，建立健全有利于各类资金向农业农村流动的体制机制，要特别关注边远村落和贫困群体。唐任伍（2018）提出了深化农村体制机制创新和改革、运用现代科学技术加快推进农业现代化、注入先进文化以活化乡村精气神、建设现代乡村文明以打破城乡经济社会二元体制、构建城乡命运共同体、建立现代乡村治理体系等实现乡村振兴的方法。

7.2.2 关于乡村振兴经济后果的相关研究

企业在乡村振兴过程中具有不可替代的作用，乡村振兴也为企业带来了政策机遇和市场机遇。企业参与乡村振兴会影响乡村振兴的成果，同时也会影响企业自身的可持续发展。目前，关于企业参与乡村振兴经济后果的研究主要集中在企业财务绩效、企业创新能力和上市公司股票市场表现等方面。

（1）对企业财务绩效的影响

企业参与精准扶贫有利于提高企业财务绩效。企业积极参与社会公益事业的行为能够提升企业的社会声誉，增强利益相关者对企业的信任和认可，从而为企业带来更多的发展机遇和经济效益（胡浩志、张秀萍，2020）。同时，政府为了鼓励企业参与精准扶贫，也会给予企业一定的政策支持和资金补贴，这些都会对企业的财务绩效产生积极的影响。

首先，企业参与精准扶贫可以通过提高企业的社会声誉来提升其品牌形象和市场竞争力。这种积极的社会形象可以增强消费者和投资者对企业的信任和认可度（孙俊芳、杨婷婷，2022），帮助扶贫企业获得更多优质的财务资源、政府资助和税收优惠等稀缺资源来提升市场竞争力（潘健平等，2021），从而为企业带来更多的商业机会和经济效益。同时，这种关注也会促使企业更加注重产品质量和服务水平，不断提高自身的竞争力和创新力，从而获得更多的商业机会和经济效益（谢懿等，2022）。此外，企业参与精准扶贫也可以促进企业与政府之间的合作与交流，为企业创造更多的发展机遇和政策支持。

其次，企业参与精准扶贫可以缓解企业的融资约束。企业参与精准扶贫可以通过财政补贴、税收优惠、银行贷款和股权融资4种渠道来缓解融资约束。财政补贴是企业参与精准扶贫获得效益最主要的方式（易志高等，2021），企业通过参与精准扶贫可以获得更多的政府补贴和资金支持，从而降低企业的融资成本和债务负担。同时，企业参与精准扶贫也可以提高企业的信用评级和财务状况，从而更容易获得银行贷款和股权融资。这种缓解融资约束的效应对于以银企合作的形式参与产业发展脱贫的企业（邓博夫等，2020）、非国有企业（陈岱川，2019）、资产负债率高的企业和发达地区的企业（印重等，2021）而言尤为突出。

企业参与精准扶贫也有利于获得投资机会。像产业扶贫这样的嵌入型扶贫方式，实际上为企业提供了难得的投资机会，将扶贫活动与企业自身的生产经营过程相结合，可以提升企业投资效率（钱爱民、吴春天，2023）。考虑到积极延续之前的扶贫产业能够降低乡村产业的甄别成本，更好地推动乡村振兴（王文彬，2021），民营企业也将乡村产业纳入自身价值链体系中，进行更为广泛的跨界创新，以获取持续性经济收益（唐欣等，2023）。

最后，企业参与精准扶贫对其获得政府补助有显著的正向影响。企业参与精准扶贫，可以树立良好的企业形象，提高政府对企业的认同感和信任度，从而提高政府对关键资源的分配，可以获得更高的政府补助和免税比例（张曾莲、董志愿，2020）。在亏损企业、民营企业中，参与精准扶贫对其获得政府补助的促进作用更大：①亏损企业参与精准扶贫可以获得更多的政府补助；②与国有企业相比，民营企业参与精准扶贫对其获得政府补助的促进作用更大（何康等，2022）。

企业参与精准扶贫对财务绩效的促进作用存在产权属性的差异。由于民营企业更有动力通过扶贫行为获取政治资源，民营企业精准扶贫对企业财务绩效的正向溢出效应与国有企业相比更显著（孙俊芳、杨婷婷，2022；谢懿等，2022；张曾莲、董志愿，2020；胡浩志、张秀萍，2020）。

总之，企业参与精准扶贫对财务绩效具有积极的影响作用。通过提高企业的社会声誉、缓解企业的融资约束、获得投资机会和政府补助等多种途径，企业可以提升自身的竞争力和创新力，获得更多的商业机会和经济效益，进一步促进企业的发展和财务绩效的提升。

（2）对企业创新能力的影响

企业参与精准扶贫有助于提高企业创新能力。一方面，企业参与精准扶贫被视为良好的社会责任行为。企业履行社会责任会对企业创新产生影响，对社会责任的投入与披露会促使企业创新绩效提升（杨金坤，2021；柯迪等，2020）。另一方面，企业通过产业扶贫、教育扶贫、生态保护扶贫、社会扶贫、转移就业扶贫、兜底保障扶贫等精准扶贫方式能显著提高企业创新绩效。进一步针对企业扶贫方式对企业创新绩效的研究发现，企业产业扶贫对企业创新绩效的促进作用最强（易志高等，2021）。关于企业参与精准扶贫提高创新能力的路径研究结果尚未统一。有的研究指出企业参与精准扶贫能增加自身的研发投入强度，进而促进企业创新（王伦，2020）。也有学者认为，企业精准扶贫能够显著提升其创新产出，但未能增加研发端企业的创新投入，可能是通过获得专利审批端的便利来促进企业创新（刘春等，2020）。此外，企业参与精准扶贫通过缓解融资约束进而提升了创新绩效，且精准扶贫对企业创新的正向影响主要存在于地方扶贫压力较大、资本市场信息环境较差的企业以及非国有企业（董竹、张欣，2021）。

（3）对企业（上市公司）股票市场的影响

企业参与精准扶贫能够降低企业股票市场风险，民营企业参与精准扶贫活动可以降低其在资本市场的崩盘风险。研究发现，民营企业参与扶贫活动能够通过增加媒体正向报道带来"声誉效应"，并提升企业的会计信息质量，形成"信息效应"，进而对股价崩盘风险具有间接的抑制作用（杨国成、王智敏，2021）。参与精准扶贫这一行为提高了企业声誉、资源获取能力和生产效率，降低了信息不对称性，从而提高了投资者对企业未来收益的预期值（甄红线、王三法，2021）。

综上所述，从国家将乡村振兴战略作为重大决策部署以来，众多学者对企业参与乡村振兴的经济后果进行了一系列实证研究，研究结果集中在企业参与精准扶贫对财务绩效、创新能力和股票市场影响等方面，所用财务绩效指标也基本为单一静态指标。本章从可持续盈余视角探究企业参与乡村振兴的财务绩效，并挖掘其中介机制和调节因素。本章的研究可以丰富乡村振兴这一宏观政策与企业自身微观发展之间关系的认识，为激励企业参与乡村振兴提供理论支持。同时，本章研究能够证实乡村振兴这一具有中国特色议题的社会责任承担更能促进企业可持续发展的结论，为 ESG 中国议题贡献更多的研究成果。

7.3　理论分析与研究假设

既往研究表明，企业通过参与贫困治理、履行社会责任，能够帮助企业提升利益相关者的满意度，获得发展所需要的外部资源，并向市场传递有利信号从而提升企业的财务绩效。

7.3.1　企业参与乡村振兴与盈余持续性

企业参与乡村振兴战略实践是对社会责任的履行，根据信号传递理论，企业承担社会责任有助于提升企业声誉，建立良好的企业形象（Fombrun，2005；Cahan et al.，2015）。一方面，企业积极贯彻落实乡村振兴战略可以向外界市场传递企业经营状况与财务状况良好的正面信号，吸引更多机构投资者。从经济激励和风险管理的角度来看，机构投资者在进行投资决策时会考虑企业的社会责任表现，它们倾向于持有那些具备良好社会责任表现的公司股票，同时避免投资那些可能引发社会争议的企业并减持社会责任表现不佳的股票，这被称作"负面筛选"策略（Borgers et al., 2015；Nofsinger et al., 2019）。机构投资者采取这种策略是为了在投资组合中选择那些社会责任表现良好的公司，以降低投资风险并激励企业改善其社会责任表现。

另一方面，通过释放这些积极信号企业可以在各利益相关者的心里树立良好的形象，促进可持续发展。尽管一些学者曾指出企业履行社会责任可能对当前的财务绩效和企业价值带来不利影响（Goss and Roberts，2011；Krüger，2015；权小锋等，2015），但是从长期来看，企业履行社会责任的行为可以改善财务绩效，为企业创造价值（Eccles et al.，2014；Flammer，2015）。根据利益相关者价值最大化的观点，关注其他利益相关者将促使股东和利益相关者的利益更趋一致，因而利益相关者更有动机致力于公司的长期盈利（Deng et al.，2013）。具体来说，企业在积极履行社会责任的过程中所积累的社会资本和信任，不仅能够提升员工对企业的满意度，而且有助于吸引更多的供应商与合作伙伴。此外，在经历危机时期，这种积极的社会责任形象也能够增强客户对于高价产品的接受度，进而提升营业收入。这一系列影响相互交织，为公司创造了更为广泛的价值（Lin，1999；Nguyen et al.，2020；Nguyen et al.，2020）。

综上所述，企业积极参与乡村振兴治理，通过吸引机构投资者和各利益相关者的支持与合作，不仅为企业带来更为稳定的财务支持，也为其盈余的持续性发展奠定了坚实的基础。本书作者据此提出以下研究假设：

H1：企业参与乡村振兴治理能够提升自身盈余持续性。

7.3.2 企业参与乡村振兴、融资约束与盈余持续性

经典融资约束理论认为，融资约束程度越高，企业投资决策越容易偏离其最优选择，降低投资效率，抑制企业的可持续发展（马红、王元月，2015），而提高非财务信息质量能够缓解企业面临的融资约束（钱

明，2017）。企业参与乡村振兴是提高非财务信息质量的手段之一，其可以通过直接和间接的方式改善企业的融资环境（石琦，2023），促进可持续发展。

从直接融资的角度看，企业积极参与乡村振兴不仅有利于政企关系改善，使企业获得更多的政府补助（Zeng and Crowther，2019），而且有利于银企关系改善，国有银行响应国家政策对开展乡村振兴的企业进行激励，使企业获得更多的绿色信贷等资金支持，进而缓解企业融资约束（印重等，2021）。通过资金可得性的提高和资金成本的降低，可以增加企业未来现金流，进而增强企业的盈余持续性（席龙胜、赵辉，2022）。

从间接融资的角度看，要想获得外部资金支持，企业需要降低与投资者之间的信息不对称程度（岳佳彬、胥文帅，2021），企业履行社会责任能够降低与投资者的信息不对称（李维安等，2015；王帆等，2020）。乡村振兴作为政府引导下的社会责任活动，一方面，企业参与乡村振兴需要投入人力、物力、财力资源，可以向投资者传递企业财务状况、发展前景良好的信号（Lys et al.，2015）；另一方面，企业参与乡村振兴需要在年报中予以披露，其作为非财务信息，增加了财务报告中的信息含量，从而提高了企业信息透明度（甄红线、王三法，2021）。通过降低信息不对称，提升外部投资者对企业的信任和支持，可以缓解融资约束，进而实现企业可持续发展（张弛等，2020）。本书作者据此提出以下研究假设：

H2：企业参与乡村振兴可通过缓解融资约束来提升盈余持续性。

7.3.3 企业参与乡村振兴、经营风险与盈余持续性

经营风险是指企业生产经营过程中各个环节带来的未来收益不确定性风险，其存在的必然性和危害性将对企业的发展造成决定性影响（屠诗铭等，2023），进而影响企业的盈余持续性。企业参与乡村振兴作为积极承担社会责任的一种表现，会为企业的后续发展奠定良好的基础，其主要可以通过信息效应和声誉效应对企业的经营风险产生影响（王志涛、张婷，2022）。

从信息效应角度看，企业参与乡村振兴可以通过降低企业信息的不

对称性来降低企业的经营风险。社会责任信息披露向市场传递了公司大量非财务信息，这种"信息沟通"效应，能够提高企业信息透明度，缓解信息不对称性（宋献中等，2017），从而降低企业经营风险。一方面，在较高的信息不对称情境下，企业管理者有动机和能力隐藏企业信息，以满足自身利益，这会对企业的经营管理产生不利影响，降低企业管理的效率和效果，从而增加企业的经营风险。另一方面，较高的信息不对称性会使企业内外部监督机制难以发挥效果，增加管理层自利的可能性，促使其采取更加激进的经营措施，进而增加企业经营风险（文雯等，2021）。

从声誉效应的角度看，企业参与乡村振兴可以通过提高企业的声誉来降低企业的经营风险。企业积极履行社会责任可以向外界传递企业经营状况良好的信号，可以提高企业的品牌知名度并树立良好的公众形象，从而为企业后续发展提供一个稳定的外部环境（甄红线、王三法，2021）。企业履行社会责任能够与利益相关者建立密切联系，实现企业与投资者之间的价值融合，获取对企业发展必不可少的人力资本、组织能力、声誉资本、客户忠诚度等无法模仿和不可替代的竞争性资源（Choi and Wang，2009；Vilanova et al.，2009）。积极承担社会责任形成的道德资本和声誉资本，对企业具有"声誉保险"作用，能够转移公众对其不当行为的关注，减缓已发生危机事件对企业未来发展的负面冲击（冯丽艳等，2016）。本书作者据此提出以下研究假设：

H3：企业参与乡村振兴可通过降低经营风险来提升企业的盈余持续性。

7.4 指标衡量

7.4.1 解释变量

解释变量为乡村振兴变量（Rural）。用本书"5.3.1 文本分析法"（2）项中确定的产业扶贫信息最终关键词词频加总取对数衡量，进一步细分为产业扶贫战略信息（Rural_战略）变量、产业扶贫行为信息

（Rural_行动）变量、产业扶贫效果信息（Rural_效果）变量。

7.4.2 被解释变量

本书运用在观测时段内的 ROA 波动水平（Froa）代表企业盈余持续性。其中 ROA 使用息税前利润除以年末总资产衡量，并将公司 ROA 减去年度行业均值缓解行业及周期的影响。

7.4.3 控制变量

本书参考杜世风、李四海等（2019）、Chang 等（2021）的研究，控制变量选取企业规模（Size，用企业当期资产总额取自然对数表示）、财务杠杆（Lev，用资产负债率表示）、企业成长能力（Growth，用营业收入增长率表示）、现金流状况（Cf，用经营性现金流量与当期资产总额的比值表示）、股权集中度（First，用第一大股东持有上市公司股权的比例表示）、两职合一（Comb，董事长与总经理兼任取1，否则取0）、独立董事规模（Indire，用独立董事人数占董事会总人数的比例表示）。

7.4.4 中介变量

融资约束（WW）：融资约束的度量指标采用 WW 指数，本书作者参考 Whited 和 Wu（2006）得到的系数和计算公式进行融资约束的计算，计算公式如下：

$$WW_{i,t} = -0.091 \times CF_{i,t} - 0.062 \times DIVPOS_{i,t} - 0.021 \times TLD_{i,t} - 0.044 \times NTA_{i,t} + 0.102 \times ISG_{i,t} - 0.035 \times SG_{i,t}$$

其中，CF 为企业经营产生的现金流，DIVPOS 是企业是否进行股利支付的哑变量，TLD 为负债率，LNTA 是公司规模的自然对数，ISG 和 SG 分别为行业的销售增长率和企业的销售增长率。企业 WW 指数越大，说明企业存在的融资约束问题越严重，获得融资就越困难。

经营风险（Zscore）：使用 Zscore 值衡量企业的经营风险。如下式所示：

$$Zscore = 1.2 \times 营运资金 \div 总资产 + 1.4 \times 留存收益 \div 总资产 + 3.3 \times 息税前利润 \div 总资产 + 0.6 \times 股票总市值 \div 负债账面价值 + 0.999 \times 销售收入 \div 总资产$$

7.5 研究设计

7.5.1 样本选择与数据来源

为避免疫情影响，本书选取我国 2006—2020 年 A 股上市公司数据进行研究。财务数据和公司治理等数据来源于 CSMAR 数据库，文本数据来源于深交所和上交所 2006—2020 年 A 股上市公司年报、社会责任报告、可持续发展报告、环境报告。剔除关键变量缺失的样本，为排除极端值的影响，对连续变量在前后 1% 的水平上进行缩尾处理。使用 Stata15 进行数据处理。

7.5.2 模型设计

为检验所提假设 H1，本章构建以下模型：

$$FroaFroa_{i,\,t} = \beta_0 + \beta_1 Rural_{i,\,t}/Rural\_战略_{i,\,t}/Rural\_行动_{i,\,t}/Rural\_结果_{i,\,t}$$
$$+\beta_2 Size_{i,\,t} + \beta_3 Lev_{i,\,t} + \beta_4 Growth_{i,\,t} + \beta_5 Cf_{i,\,t} + \beta_6 First_{i,\,t} + \beta_7 Comb_{i,\,t}$$
$$+\beta_8 Indire_{i,\,t} + \lambda_t + \eta_i + \varepsilon_{i,\,t}$$

其中，i 表示企业，t 表示时间，β_0 为常量，β_j 为一系列控制变量的系数，$\varepsilon_{i,\,t}$ 为误差项，λ_t 为年份固定效应，η_i 为个体固定效应。其中，若 β_1 显著为正，则假设 H1 成立。

参照已有文献（谢红军、吕雪，2022），为检验所提假设 H2、H3，构建以下模型：

$$WW_{i,\,t}/Zscore_{i,\,t} = \partial_1 Rural_{i,\,t} + \sum Ctrl_{i,\,t} + \varepsilon_{i,\,t}$$

其中，WW 代表企业的融资约束水平，Zscore 代表企业的经营风险。根据理论预测，若模型中 Rural 变量的系数显著为正，则表明企业参与乡村振兴可能主要通过缓解融资约束、降低经营风险的途径提高企业的盈余持续性，假设 H2、H3 成立。

7.6　描述性统计

7.6.1　主要变量的描述性统计

全样本下各主要变量描述性统计特征见表7-1。从表7-1可知，乡村振兴（Rural）的均值、最大值和最小值分别为7.978，8.741和7.026，说明大部分企业都会在年报和社会责任报告中对乡村振兴信息进行披露。乡村振兴战略信息（Rural_战略）的均值、最大值和最小值分别为0.964、3.912和0.000，乡村振兴行为信息（Rural_行动）的均值、最大值和最小值分别为3.029、5.024和0.693，乡村振兴效果信息（Rural_效果）的均值、最大值和最小值分别为7.969，8.724和7.016，说明大部分企业在披露乡村振兴信息时倾向于披露效果信息，其次是扶贫行为信息，最后是战略信息，这可能与词频库的设计有关。企业盈余持续性（Froa）的均值为0.034，标准差为0.039，这说明样本企业间盈余波动性差距不大。其他具体变量的描述性统计结果见表7-1。

表7-1　　　　　　　　　主要变量的描述性统计

variable	N	mean	p50	sd	min	max
Froa	31 522	0.034	0.021	0.039	0.002	0.226
Rural	31 522	7.978	8.005	0.307	7.026	8.741
Rural_战略	31 522	0.964	0.693	1.091	0.000	3.912
Rura_行动	31 522	3.029	3.091	0.571	0.693	5.024
Rural_效果	31 522	7.969	7.996	0.306	7.016	8.724
First	31 522	0.350	0.330	0.150	0.088	0.752
Size	31 522	22.080	21.910	1.315	19.250	26.060
Lev	31 522	0.451	0.446	0.215	0.051	1.025
Growth	31 522	0.187	0.107	0.500	−0.649	3.480
Comb	31 522	0.237	0.000	0.425	0.000	1.000
Cf	31 522	0.047	0.047	0.073	−0.192	0.256
Indire	31 522	0.373	0.333	0.053	0.300	0.571

7.6.2　涉农企业与非涉农企业乡村振兴披露水平差异

表7-2显示的是涉农企业与非涉农企业乡村振兴披露水平的描述性统计结果。

表7-2　　　涉农企业与非涉农企业乡村振兴披露水平差异

是否涉农	N	Mean	Min	Median	Max	SD
是	1 110	8.014	7.026	8.045	8.741	0.301
否	30 412	7.976	7.026	8.004	8.741	0.307

由表7-2可知，涉农企业乡村振兴披露平均水平高于非涉农企业乡村振兴披露水平。相较于非涉农企业，涉农企业无论在乡村产业发展还是乡村特色种植业、乡村特色养殖业、乡村特色旅游业等方面都具备更多经验，而且其相关产业链也较为完善。涉农企业通过乡村振兴披露可以对农业、农村发展起到催化作用，而且可以在原有的产前、产中、产后产业链上为农民提供更多的就业机会，增加农民收入，实现农民与企业的互利双赢，并为企业赢得良好的社会声誉。同时可以带动农产品规模种植或养殖业发展，让特色农产品走向市场，以此实现企业更好的发展。而对于非涉农企业，其主营业务可能与农业、乡村等相差较远，通过乡村振兴披露对市场释放信号并不会对市场造成太大的影响，因此，非涉农企业可能会在乡村振兴披露方面有所欠缺。

7.6.3　不同行业竞争程度的乡村振兴披露水平差异

表7-3显示的是行业竞争程度较高与行业竞争程度较低的企业乡村振兴披露水平的描述性统计结果。

表7-3　　　不同行业竞争程度的乡村振兴披露水平差异

行业竞争程度	N	Mean	Min	Median	Max	SD
较高	14 976	7.987	7.026	8.009	8.741	0.308
较低	16 546	7.970	7.026	8.002	8.741	0.306

由表7-3可知，行业竞争程度较高的企业乡村振兴披露平均水平高

于行业竞争程度较低的企业乡村振兴披露水平。乡村振兴产业项目通常投资较大、见效较慢、周期和投资回收期都较长、风险更大，行业竞争程度较高的企业，其企业本身资金雄厚、产品和服务更具有市场竞争力，通过乡村振兴披露可以树立良好的公众形象，通过积极披露履行社会责任，可以获得各利益相关者的认可，从而可以获得更多的资金、人力、技术等支持。而对于行业竞争程度较低的企业，企业自身盈利等方面会有很大的不足，各利益相关方的关注重点将是企业的生存能力和债务清偿能力，其过度的乡村振兴披露可能会占用更多的人力、物力、财力，在市场竞争中会更容易处于劣势的一方。因此，市场竞争程度较高的企业乡村振兴披露平均水平会更高一些。

7.7 实证结果

7.7.1 基准回归

企业乡村振兴与盈余持续性的回归结果见表7-4。

表7-4 **企业乡村振兴与盈余持续性的基准回归**

变量	(1)	(2)	(3)	(4)
	Froa	Froa	Froa	Froa
Rural	0.004***			
	(2.584)			
Rural_战略		0.001		
		(0.456)		
Rural_行动			−0.001	
			(−0.902)	
Rural_效果				0.004***
				(2.619)

续表

变量	（1）Froa	（2）Froa	（3）Froa	（4）Froa
First	−0.011***	−0.011***	−0.011***	−0.011***
	（−4.720）	（−4.717）	（−4.829）	（−4.855）
Size	−0.010***	−0.010***	−0.010***	−0.010***
	（−22.139）	（−22.162）	（−21.679）	（−21.604）
Lev	0.038***	0.038***	0.038***	0.038***
	（13.184）	（13.184）	（13.160）	（13.148）
Growth	0.002***	0.002***	0.002***	0.002***
	（2.851）	（2.846）	（3.046）	（3.036）
Comb	0.001	0.001	0.001	0.001
	（0.913）	（0.908）	（1.082）	（1.058）
Cf	−0.017***	−0.017***	−0.017***	−0.017***
	（−3.722）	（−3.720）	（−3.815）	（−3.810）
Indire	0.026***	0.026***	0.026***	0.026***
	（4.236）	（4.236）	（4.242）	（4.247）
_cons	0.209***	0.208***	0.233***	0.232***
	（15.385）	（15.361）	（23.892）	（24.123）
Year	Yes	Yes	Yes	Yes
Stkcd	Yes	Yes	Yes	Yes
N	31 522	31 522	31 522	31 522
adj. R^2	0.152	0.152	0.151	0.151

注：***、**、*分别表示数据在1%、5%、10%的水平上显著。

从表7-4中可以看出，乡村振兴（Rural）和盈余持续性（Froa）的回归系数为0.004，而且在1%的水平上显著，说明企业进行乡村振兴战略对于企业盈余持续性的影响是显著正相关的，这验证了之前的假设。

这一实证结果表明，企业实施乡村振兴战略在一定程度上与企业未来发展相关，促进企业的未来发展，最终更有利于乡村振兴的可持续发展。将单一的国家政策导向性战略转化为企业的市场化战略选择，建立长期有效的市场机制。进一步，通过分别检验企业乡村振兴战略（Rural_战略）、乡村振兴行动（Rural_行动）以及乡村振兴效果（Rural_效果）与盈余持续性（Froa）的关系，本书作者研究发现如果乡村振兴效果（Rural_效果）与盈余持续性（Froa）的系数显著正相关，则说明企业有关战略落地的结果性描述越多，越有利于企业未来的发展。

7.7.2 机制检验

表 7-5 列示了机制检验模型的估计结果。第（1）列的结果显示，Rural 变量的系数为 −0.008，并且在 1% 的水平上显著，即企业乡村振兴披露水平越高，其融资约束水平越低。该发现表明，缓解融资约束可能是企业乡村振兴披露促进企业盈余持续性的潜在机制之一。第（2）列的结果显示，Rural 变量的系数为 −1.047，并且在 1% 的水平上显著，即企业乡村振兴披露水平越高，其经营风险越低。这表明企业进行乡村振兴披露能够显著降低企业的经营风险，它已成为影响企业盈余持续性的可能路径。总之，企业进行乡村振兴披露可能主要通过缓解融资约束、降低经营风险等途径提高企业的盈余持续性，假设 H2、H3 成立。

表7-5　　　　　　　**企业乡村振兴与盈余持续性的机制检验**

变量	（1）	（2）
	WW	ZScore
Rural	−0.008***	−1.047***
	（0.001）	（0.274）
Size	−0.050***	−0.436***
	（0.000）	（0.067）
Lev	0.050***	−14.584***
	（0.002）	（0.454）

续表

变量	（1）	（2）
	WW	ZScore
Growth	−0.050***	0.168**
	(0.001)	(0.071)
First	−0.000***	−0.006
	(0.000)	(0.004)
Comb	−0.002***	−0.034
	(0.001)	(0.131)
Cf	−0.131***	5.492***
	(0.003)	(0.665)
Indire	0.014**	2.001**
	(0.005)	(0.879)
_cons	0.191***	27.485***
	(0.013)	(2.127)
Year	Yes	Yes
Ind	Yes	Yes
N	26000	29000
adj.R²	0.849	0.412

注：***、**、*分别表示在1%、5%、10%的水平上显著。

7.7.3 异质性分析

（1）基于企业产权性质的差异

表7-6列示了在不同企业所有权性质的样本中，企业参与乡村振兴战略的不同效果。研究结果表明，国有企业中乡村振兴（Rural）与盈余持续性（Froa）的相关系数为0.005，并且通过了5%显著性水平检验，而非国有企业中两者的系数虽然也为正，但并不显著。这一实证结果说明，相较于非国有企业而言，国有企业参与乡村振兴建设更有利于

企业未来的发展。

表7-6 　　　　　　　　　企业产权性质的异质性回归

变量	（1）	（2）
	非国企	国企
	Surplus	
Rural	0.001	0.005**
	（0.365）	（2.472）
First	−0.012***	−0.005
	（−3.638）	（−1.590）
Size	−0.011***	−0.009***
	（−16.862）	（−14.477）
Lev	0.043***	0.031***
	（10.705）	（8.316）
Growth	0.001	0.003***
	（1.444）	（2.667）
Comb	−0.001	0.002
	（−0.657）	（1.391）
Cf	−0.020***	−0.012*
	（−3.153）	（−1.927）
Indire	0.013	0.035***
	（1.495）	（4.130）
_cons	0.267***	0.159***
	（12.672）	（10.106）
Year	Yes	Yes
Stkcd	Yes	Yes
N	17 674	13 848
adj. R²	0.154	0.172

注：***、**、*分别表示数据在1%、5%、10%的水平上显著。

（2）基于是否为涉农企业的差异

表 7-7 展示了企业是否涉农样本的异质性结果，研究结果表明企业参与乡村振兴对企业盈余持续性的影响受企业是否涉农的影响。具体而言，涉农企业的乡村振兴（Rural）与盈余持续性（Froa）的系数为 0.005，并且通过了 1% 显著性水平检验，而非涉农企业的相关效应并不显著。这一实证结果说明，相较于非涉农企业，涉农企业的乡村振兴建设更有利于企业未来的发展。这可能与涉农企业在具体实施乡村振兴战略时，能够更好地将乡村振兴产业与企业自身的主营业务相结合进而形成产业链有关，如建立原料基地和人才培训基地等。

表7-7 企业是否涉农的异质性回归

变量	Froa（1）	Froa（2）
	非涉农企业	涉农企业
Rural	−0.010	0.005***
	（−1.377）	（2.727）
First	−0.015	−0.011***
	（−1.196）	（−4.567）
Size	−0.007***	−0.010***
	（−2.809）	（−21.867）
Lev	0.025*	0.038***
	（1.721）	（12.879）
Growth	0.003	0.002***
	（1.126）	（2.654）
Comb	0.001	0.001
	（0.277）	（0.841）
Cf	−0.016	−0.017***
	（−0.924）	（−3.683）

续表

变量	Froa（1）	Froa（2）
	非涉农企业	涉农企业
Indire	−0.005	0.027***
	（−0.211）	（4.349）
_cons	0.243***	0.208***
	（4.202）	（14.919）
Year	Yes	Yes
Stkcd	Yes	Yes
N	1 110	30 412
adj. R²	0.165	0.153

注：***、**、*分别表示数据在1%、5%、10%的水平上显著。

（3）基于市场竞争度差异

表7-8列示了不同行业竞争程度的异质性结果。研究结果表明企业参与乡村振兴对企业盈余持续性的影响受所在行业市场竞争水平的影响。具体而言，行业市场竞争程度较低的企业，乡村振兴（Rural）与盈余持续性（Froa）的系数为0.007，并且通过了1%显著性水平检验，而市场竞争程度较高的行业其效应并不显著。这一实证结果说明，市场竞争程度较低时，企业参与乡村振兴建设更有利于企业未来的发展。这说明企业在实施乡村振兴战略时，在竞争发展较为宽松的环境中更具有发展潜力。

表7-8 市场竞争程度的异质性回归

变量	Froa（1）	Froa（2）
	市场竞争程度较高	市场竞争程度较低
Rural	0.002	0.007***
	（1.035）	（2.837）
First	−0.010***	−0.012***
	（−3.410）	（−3.634）

变量	Froa（1）	Froa（2）
	市场竞争程度较高	市场竞争程度较低
Size	−0.010***	−0.011***
	（−16.762）	（−16.990）
Lev	0.037***	0.038***
	（9.802）	（9.725）
Growth	0.002*	0.002**
	（1.691）	（2.437）
Comb	0.000	0.001
	（0.429）	（0.976）
Cf	−0.025***	−0.009
	（−4.056）	（−1.465）
Indire	0.023***	0.028***
	（2.939）	（3.401）
_cons	0.227***	0.192***
	（13.013）	（10.576）
Year	Yes	Yes
Stkcd	Yes	Yes
N	16 546	14 976
adj. R^2	0.146	0.161

注：***、**、*分别表示数据在1%、5%、10%的水平上显著。

7.8 结论与启示

本书作者选取2006—2020年沪深两市非金融企业的数据，实证分析了乡村振兴对其盈余持续性能力的影响，主要结论如下：（1）企业参与乡村振兴能够显著提升盈余持续性。其中，相较于非国有企业而言，国有企业进行了更多的乡村振兴建设与披露；涉农企业相较于非涉农企业进行了更多的乡村振兴建设与披露；行业市场竞争程度较低的企业相较于行业市场竞争程度较高的企业进行了更多的乡村振兴建设与披露。（2）企业参与乡村振兴主要是通过缓解融资约束、降低经营风险的途径提升盈余持续性。（3）企业参与乡村振兴对盈余持续性的促进作用在国有企业、涉农企业以及市场竞争程度较低的企业中作用更明显。

为提升我国上市公司盈余的持续性，本书从企业参与乡村振兴的视角提出如下政策建议：

首先，政府应充分发挥市场在资源配置中的决定性作用，为企业积极履行社会责任和参与乡村振兴提供良好的市场秩序和政策环境。企业参与乡村振兴不仅能够为贫困地区的发展注入内生动力，有效推动贫困地区的可持续发展，而且能够对企业财务绩效产生显著的溢出效应，是一项多方共赢的举措。因此，政府应当充分动员企业助力相对贫困地区的经济发展，从税收优惠、财政支持、金融扶持以及优化服务环境等方面，充分调动企业参与乡村振兴的积极性。

其次，企业应正确看待参与贫困治理带来的有利的声誉资本和外部资源，在自身能力范围之内积极响应国家政策号召、履行企业的社会责任。其中，国有企业应勇担政治、经济、社会三大责任，以企业高质量发展助力经济社会高质量发展。非国有企业应当充分认识到参与乡村振兴可以有效提升企业形象，增强企业在市场中的综合竞争实力。当前，世界经济面临下行风险，虽然我国目前已打赢脱贫攻坚战，完成了全面建成小康社会的奋斗目标，但脱贫攻坚的成果仍需进一步巩固，这更加需要企业积极发挥自身优势履行社会责任，为推动解决相对贫困问题，为实现共同富裕贡献力量。

第8章 G：党组织治理与盈余持续性——中国A股上市公司治理表现

8.1 研究背景及意义

8.1.1 研究背景

中国特色社会主义最本质的特征是中国共产党领导。事实充分证明，中国共产党具有无比坚强的领导力、组织力、执行力，是团结带领人民攻坚克难、开拓前进最可靠的领导力量。中国经济犹如一艘巨轮，体量越庞大，风浪越汹涌，领导者的导航和掌舵就显得尤为关键；在形势复杂且任务艰巨的时刻，党的领导更显其"定海神针"般的重要作用。

党的十八大以来，以习近平同志为核心的党中央以前所未有的决心和力度推进国有企业改革的各项工作，并加强和改进了民营企业党的建设。党组织参与公司治理作为我国现代企业制度的重要组成部分，其核心是在公司内部设立党组织，促使党参与治理，进而提升经营效率（强舸，2019）。2018年中国证券监督管理委员会发布的《上市公司治理准则》修订版要求上市公司依据党章规定设立党组织，开展党的工作；2022年10月修订的《中国共产党章程》亦明确确立了党委（党组）在国有企业中发挥"把方向、管大局、保落实"的领导作用。中国特色现代企业制度的显著特点，就是把企业党组织内嵌到公司治理结构之中，把党的领导融入公司治理的各个环节，进一步增强党组织的政治功能和组织功能。党的二十大报告指出，推进国有企业、金融企业在完善公司治理中加强党的领导，加强混合所有制企业、非公有制企业党建工作，理顺行业协会、学会、商会党建工作管理体制。这就更加明确了党在公司治理中的核心地位。党组织在公司治理中扮演着越来越重要的角色，其治理作用通过强化企业内部管理、规范决策程序、塑造企业文化等方式对企业的经营管理、战略制定和发展方向具有深远的影响。

盈余持续性是指企业能够持续而稳定地创造盈余，以支持高质量可持续发展。盈余持续性不仅仅是简单地追求眼前的利润，更包括了企业对未来发展的规划和战略。在当今全球经济环境下，企业面临着诸多挑战和变化，如市场竞争加剧、技术革新、环境变化等，这些都对企业盈余持续性提出了新的考验，企业需要更加注重长远发展，重视可持续发展战略，实现经济效益、社会效益和环境效益的统一。

中国共产党的基层组织进入企业成为我国企业经营的一种普遍政治经济现象（郑登津等，2020）。一方面，党组织通过参与企业长期战略的制定和执行，有效提升了企业内部控制水平，规避各类风险，降低了经营不确定性，从而保障企业盈余的持续性；另一方面，党组织强调企业社会责任和环境保护，有助于提升企业的声誉和形象，从而吸引更多客户和投资者，增强企业盈余持续性。因此，本书将党组织治理与企业盈余持续性纳入统一分析框架，探究二者的关联机制与经济影响，拓宽了党组织与企业盈余持续性关系的边界研究，为协调政治治理与经济建设的关系，提升中国特色现代企业制度中的党组织治理水平提供了理论支持与实践指导。基于此，本章选取了2006—2020年沪深两市非金融企业的数据，研究了党组织治理对企业盈余持续性的影响。

8.1.2 研究意义

（1）理论意义

第一，本章丰富了党组织参与公司治理的经济后果研究。目前关于党组织参与公司治理的研究，主要聚焦于对企业内部控制、行为决策、经营绩效以及社会责任等方面的治理效果。对于党组织在提高企业盈余持续性的过程中是否发挥了关键作用，尚需进一步深入研究。本章探究了党组织对企业盈余持续性的影响，为党组织治理对企业经营的影响提供了新的研究视角，丰富了党组织治理领域的相关研究。

第二，本章完善了企业盈余持续性影响因素的研究。现有关于盈余持续性影响因素的研究主要关注了公司治理、内部控制和财务特征等方面。本章基于党在公司治理中核心地位的背景，探讨了党组织治理对企业盈余持续性的影响。该研究有望充实和深化党组织治理提升企业盈余持续性的相关理论，同时为非金融企业盈余持续性的提升提供了新的理论支持。

第三，本章扩展了ESG框架下公司治理的研究视角。通过关注党组织治理对企业盈余持续性的影响，推动了治理理论在ESG领域的拓展和深化，不仅将传统ESG中的治理因素从单一的公司治理扩展至党组织治理，而且在全球治理研究领域中为中国特色的治理模式树立了范例。从ESG中国化的角度审视了党组织治理与盈余持续性的关系，有助于理解在中国特色的企业治理环境下，党组织如何影响企业的长期盈余表现，对优化中国企业的治理结构，提升企业盈余持续性，推动企业可持续发展具有重要意义，为ESG评级体系的中国化提供了重要的理论支撑。

（2）现实意义

第一，本章的研究结论为构建中国特色现代企业治理体系提供了经验证据。当前我国的经济发展模式正处于由要素和投资驱动向创新驱动转型的关键时期。如何进一步深化党的领导与公司治理的融合，塑造具有中国特色的公司治理模式，推动企业高质量发展，完善中国特色现代企业制度，进而提升整体经济质量，成为了当前亟须解决的关键问题。

本章旨在探究党组织参与公司治理对盈余持续性的影响，以期为提升公司发展质量和完善现代企业制度提供建议与借鉴。

第二，本章的研究结论为落实党组织在公司治理中的作用提供了经验证据。本章基于盈余持续性的视角进行研究，作者发现党组织主要通过降低代理成本和促进创新来发挥其治理效应。这一研究结论为党组织在公司治理过程中发挥作用提供了明确的路径，为党组织有效开展活动提升公司绩效提供了方向，有助于推动"扩大基层党组织覆盖面"相关政策的落实，为微观企业的发展以及宏观经济的增长提供了具体路径支持。

第三，本章的研究结论为 ESG 评级和 ESG 投资纳入更多中国元素提供了实证依据。在 ESG 理念不断受到关注的时代背景下，客观评价党组织治理不断在公司治理中发挥重要的作用，客观评价我国企业的 ESG 表现，进而引导投资者关注由党组织治理的上市公司并对其进行 ESG 投资，是 ESG 投资机构及其他投资者扩大投资范围、提升投资收益需要重点关注的治理因素。本章的研究为 ESG 评级机构打造符合中国企业特色的 ESG 评级体系提供了有力证据。从 ESG 中国化的视角研究公司治理与盈余持续性的关系，有助于推动中国企业更好地适应国际标准和发展趋势，助力中国企业更好地融入国际治理体系，提升国际竞争力。

8.2　文献综述

早期关于党组织参与公司治理的讨论，主要以理论探讨的方式，从党建的视角关注党组织在企业中的政治核心地位以及如何处理党委会与"新三会"之间的关系（卢昌崇，1994；张维迎，1995；吴敬琏，1995）。党组织治理路径主要包括政治干预和监督制衡。对于国有企业而言，党组织治理路径主要为监督制衡（黄文锋等，2017），党组织通过"双向进入，交叉任职"的方式进入董事会、监事会或管理层参与公司治理，直接作用于企业内部（马连福等，2013），发挥其监督作用。对于民营企业，党组织参与公司治理属于政治干预的一种（Chang and Wong，2004；陈仕华、卢昌崇，2014；程博等，2017）。

后期关于党组织参与公司治理的研究，大多通过实证方法探讨党组织参与公司治理的经济后果。主要包括党组织治理对公司治理水平、财务绩效、融资约束、企业履行社会责任以及企业内部控制的影响等方面（陈仕华等，2014；黄文锋等，2017；尹智超等，2021；李越冬、干小红，2020；于培杰，2023）。

8.2.1 党组织治理对公司治理水平的影响

现有研究认为党组织参与公司治理能为企业带来积极效应。王元芳、马连福（2012）发现国有企业党组织能够降低代理成本，抑制大股东窃取公司利益；马连福等（2013）发现，党组织嵌入国有企业以后，能够缩小管理者与员工之间的薪酬差距，并且抑制高管攫取超额薪酬的行为；陈仕华等（2014）发现，当党组织嵌入国有企业时，在出售国有股权或资产时，企业索取的并购溢价水平会相对较高；柳学信等（2020）发现党委会"双向进入"与"交叉任职"的程度会显著影响国有企业公司治理水平，且不同的党组织治理方式会对董事会决策过程产生不同的影响。

对于民营企业而言，组建党组织则更多地体现了一种自愿行为。然而伴随着市场化进程的不断推进和民营经济自身实力的不断发展壮大，学术界和实务界开始关注民营企业党组织在企业中发挥的重要作用。从党组织的成立动机上看，民营企业通过成立党组织，可以与政府建立一种天然的联系，进而获取政治身份、经营合法性等，可以提高外部竞争力，降低外部环境带来的不确定性（曹正汉，2006；叶建宏，2017）。此外，民营企业党组织作为一种信息政策渠道，能够与政府之间密切沟通，及时获取政府颁布的扶持和优惠政策信息，从而减少决策失误（何轩、马骏，2018）。

也有学者认为党组织参与公司治理会为企业带来负面影响，例如马连福等（2013）认为我国国有上市公司中党组织参与公司治理会增加公司雇员数量，形成冗余雇员。

8.2.2　党组织治理对企业财务绩效的影响

现有大多数研究认为党组织参与公司治理与财务绩效之间是正相关关系。如南星恒和葛艳娜（2019）以国有企业为研究对象，得出国有企业党组织参与公司治理有利于提升企业绩效的结论。在此基础上，崔九九（2021）还发现该促进作用通过提高企业内部控制水平的路径实现。王元芳和马连福（2014）的研究表明党委副书记兼任董事长、监事长或者总经理可以显著降低代理成本，进而提升公司价值。黄文锋等（2017）也研究发现国有企业党组织参与公司治理将提升董事会非正式等级平等化，从而促进了高环境不确定性条件下公司的绩效提升。郝云宏和马帅（2018）认为在国有企业中，党委会参与公司治理程度与企业绩效显著正相关，且嵌入（监督嵌入）水平越好，企业绩效越好。周勇和迟子晗（2023）认为党组织嵌入国有控股企业，国有资本取得绝对控制权显著提升了企业的双重绩效协同。

在民营企业中，基层党组织通过其资源优势，鼓励民营企业投入更多的生产性活动，并及时地把政府政策、市场变化等信息准确地传递给民营企业，帮助其充分利用政策和市场信息，减少企业对制度环境的误判并降低适应环境变化的成本，最终提升企业的绩效水平（何轩、马骏，2018）。此外，党组织参与公司治理有助于民营企业获取外部资源（叶建宏，2017），提高了民营企业生命力（龚广祥、王展祥，2020）。

鲁啸宇（2023）发现不论是国有企业还是民营企业，党组织嵌入在促进企业社会责任提升的同时并不会以牺牲企业绩效为代价，甚至能在一定程度上促进企业绩效的提升。

与上述研究相反，Chang和Wong（2004）研究发现党组织对公司高管的控制过大不利于企业绩效的提高，应当适当减少党组织在公司决策制定上的权利。

8.2.3　党组织治理对企业融资能力的影响

现有大多数学者认为党组织参与公司治理可以减少融资约束。为突破内外部环境形成的融资约束，不少企业主、高管试图将政治资源导入企业内部，降低企业获取金融资源的门槛（蒲勇健和韦琦，2020）。蒋筱青（2018）探讨了全新的"党建增信"融资模式，并认为该模式的引入解决了企业在成长发展中的融资问题。尹智超等（2021）从融资约束的视角发现了非公有制企业（非公企业）的"党建红利"，即开展党建工作有助于企业获得更多贷款。余汉等（2017）将非公有制企业中的国有股权作为一种政企关联方式，发现这种政企关联关系有助于企业获得更多贷款。严斌剑和万安泽（2020）研究发现，企业设立党组织有助于企业获得银行贷款等生产资料，减少融资约束。袁梓晋等（2023）发现党组织嵌入不仅可以强化民营企业的创新意识和创新机制，而且可以通过提升融资能力有效地推动民营企业对创新的融资投入。

此外，基层党组织还能帮助企业管理者及时了解和把握最新政策动向、化解政策误判风险（李健、郭薇，2017），这些优势都有助于企业在向银行申请贷款的过程中获得更多便利。将党组织嵌入企业中，能够更好地充当政府与企业沟通的桥梁，有利于提升企业融资便利性（何轩、马骏，2018）。

8.2.4　党组织治理对企业履行社会责任的影响

在社会责任履行方面，谢海洋等（2021）研究发现国有企业党组织通过加入董事会或经理层的方式参与治理能显著提高企业社会责任履行水平，内部控制质量在二者关系之间发挥了部分中介作用。李雪和邓金瑞（2020）则关注社会责任信息披露质量，研究发现相较于非国有企业，国有企业党组织参与公司治理更能通过降低代理成本显著提高企业社会责任信息披露质量。此外，民营企业党组织参与公司治理还可以提高企业的慈善捐赠水平（Yu and Chen，2021），这种促进作用并非以政府补贴为目的，但当企业面临业绩压力时，这种促进效应会被削弱（余威，2019）。

此外，研究者们还从内部和外部两个视角探讨了企业参与公司治理对社会责任的影响。在内部责任方面，龙小宁和杨进（2014）、董志强和魏下海（2018）发现，民营企业党组织可通过"集体呼吁"和"党政呼吁"两个渠道提高对职工权益的保护。在外部社会责任方面，徐光伟等（2019）证实了党组织嵌入民营企业可以显著提升其在环境治理和公益事业方面的资金投入力度；余威（2019）发现，党组织嵌入公司治理后，公司参与慈善活动的倾向更高了；张蕊和蒋煦涵（2019）、于连超等（2019）研究发现，党组织治理对企业社会责任信息披露具有促进作用，这种影响在国有和非国有企业中都存在，通过积极履行社会责任有利于企业价值的提升。鲁啸宇（2023）通过对两家公司进行比较后发现，在党组织嵌入方式相同、对企业社会责任履行影响路径基本一致的情况下，相较于国有企业，党组织嵌入对民营企业的企业社会责任履行效果提升得更为明显。

8.2.5 党组织治理对企业内部控制水平的影响

崔九九（2021）、谢海洋等（2021）以国有企业为样本的研究发现，党组织参与公司治理可以显著提升公司内部控制质量。孙诗璐（2020）发现党组织治理对提升企业内部控制质量的作用同样存在于民营企业中。在此基础上，李越冬和干小红（2020）还发现，当仅有本级党组织而非实际控制人党组织参与公司治理时，或企业类型为地方国企和一般竞争类国企，以及管理层次为经理层或董事会时，党组织参与公司治理有助于公司内部控制质量的提高。吴秋生和王少华（2018）的研究发现党组织治理参与程度与内部控制有效性并不是简单的线性关系，二者呈倒"U"型关系，这种情形存在于中央企业以及资本混合度高的国有企业。马连福等（2012）还探究了党组织参与公司治理对董事会效率和公司治理水平的影响，结果发现"双向进入"程度与董事会效率正相关，与公司治理水平呈倒"U"型关系，"交叉任职"可以显著提高公司治理水平。于培杰（2023）发现党组织"双向进入，交叉任职"均与内部控制有效性显著正相关，认为党组织嵌入董事会、监事会程度越高，内部控制效果越好；党委书记兼任董事长等职务也能提高内部控制有效性。

除此之外，党组织参与公司治理还能够提升企业投资效率（赖明发，2018；谢海洋等，2019）、提升董事会效率（马连福等，2012）、提高企业创新效率（李明辉、程海艳，2021；李雪、李明玥，2021）、促进企业环保投资行为（王舒扬等，2019）、抑制国有资产流失（陈仕华、卢昌崇，2014）、降低审计收费和超额审计收费（李世刚、章卫东，2018）、更好地实施非市场战略（李胡扬等，2021）等。

综上所述，已有研究表明，党组织治理对企业可能产生积极或消极的影响。党组织治理有助于提升财务绩效、降低融资约束、加强社会责任和内部控制，但也可能导致企业形成冗余雇员并对治理和绩效产生负面影响。然而，对于党组织是否在提高企业盈余持续性的过程中发挥关键作用，尚需进一步深入研究。本章的研究将进一步扩展党组织治理与公司盈余持续性之间关系的研究，探索其对盈余持续性的影响路径，为企业治理和决策提供更深入的理解和指导。

8.3 理论分析与研究假设

8.3.1 党组织治理与盈余持续性

近年来，党组织参与公司治理的相关制度不断完善，其在提高公司治理效能的同时，也为公司的长期发展奠定了制度基础。已有研究专注于党组织嵌入对企业经济行为的影响，并呈现出不同的观点。一些研究指出党组织嵌入有利于限制高管的过度薪酬、减少盈余管理、规避企业违规行为、提升经济绩效（马连福等，2013；郑登津等，2020；王元芳、马连福，2021），肯定了党组织治理的积极效果。另一些研究则认为党组织参与公司治理可能带来诸如增加政治成本、扩大雇员规模、影响运营效率和抑制风险承担等负面影响（雷海民等，2012；Chang and Wong，2014；李明辉、程海艳，2021），并对企业绩效造成了不利影响。企业盈余持续性作为高质量盈余的重要体现，其提升对于推动企业高质量发展至关重要。因此，本章将研究党组织嵌入公司治理对企业盈余持续性的复杂影响，本章研究具有一定的理论与现实意义。

第一，党组织治理可以促进企业决策的稳定性和长远规划。一方面，党组织作为一个稳定的决策参与者，会推动企业在战略规划中更加注重长期发展，避免对短期利益的过度追求。另一方向，党组织提倡长远规划，有助于企业在不同经济周期中保持盈余，增强企业的可持续性。

第二，党组织治理可以强化企业的内部管理和风险控制。党组织强调内部规范与管理，通过强化企业的内部管理机制、规范企业内部决策流程，以提高内部控制的有效性和严密性，有效降低经营风险。良好的内部控制体系有助于提升投资者对企业的信任，通过稳定和透明的运营管理，企业能够树立良好的企业形象，吸引更多投资者和合作伙伴的支持，保证企业的盈利水平，提升企业的盈余持续性。最后，党组织治理使企业更加注重社会责任的履行与公众形象的塑造，能够促进企业更加积极地披露社会责任信息，提升社会形象和声誉。良好的公众形象有助于企业获取更多的资源，并为企业的盈余持续性提供支持。

综上所述，党组织治理通过促进企业决策的稳定性和长远规划、增强企业的内部控制和风险控制水平、提升企业社会形象，对企业盈余持续性产生正向影响。据此，作者提出以下研究假设：

H1：党组织治理能够提升盈余持续性。

8.3.2 党组织治理、代理成本与盈余持续性

所有权和经营权分离已经成为了一种普遍现象，公司所有者把公司的长期可持续发展当作发展目标，而管理者则更多地把注意力放在了自身的发展和公司的短期目标上，出现短视行为，从而与所有者的利益发生矛盾，进而产生两者间的博弈（吕蓓芬，2014）。代理成本正是由于所有者与经营者目标存在差异而产生，两权分离程度越高，企业代理成本越高（肖作平，2012），并导致公司治理能力下降（童勇、史庆义，2021）、非效率投资水平提升（童勇、史庆义，2021）、财务绩效下降（杨旭东等，2020）、现金持有价值降低（彭勇，2021），进而影响企业的盈余可持续性。此外，基于信息不对称理论和委托代理理论，代理人出于自利动机，可能会借助信息优势谋取自身私利，但这一行为委托人很难察觉，无法进行有效监督管理和制衡，从而影响企业的盈余持续性。

良好的公司治理需形成均衡的治理结构，保障各利益相关方的权益，减少代理成本效应。而通过政治干预则可以有效缓解代理问题、提高会计信息质量（Chaney et al.，2011）。首先，党组织作为公司治理的新力量，通过嵌入董事会、监事会、高管层，能够站在全局的视角统筹安排，合理分配资源，成为制衡"内部人控制"问题的重要力量（王元芳和马连福，2014）。其次，党组织治理可以显著提高企业的治理水平，促进企业主动承担社会责任（余汉等，2021），进一步降低代理成本。最后，党组织在企业中参与公司重大问题决策能够从根本上加强对公司治理的监督，为降低代理问题提供了政策保障。根据《中国共产党章程》和《中华人民共和国公司法》，党组织要围绕公司生产经营开展工作，并参与公司重大问题的决策，这一安排强化了党组织在公司治理中的地位，使其能够总揽全局，在关乎企业战略的重大问题上为企业把关定向（王元芳、马连福，2014），强化监督，降低代理成本。据此，提出以下研究假设：

H2：党组织治理通过降低代理成本进而提升盈余持续性。

8.3.3 党组织治理、企业创新与盈余持续性

企业创新是企业获得可持续发展、实现长期价值投资的重要途径（LiuC and KongD，2020）。在企业中，党组织对公司治理的参与度越高，企业就会对开展创新活动表现得越积极（翟华云，2020）。党组织治理对企业创新的作用可以从制度和实践两个层面展开研究，进一步为企业保持盈余持续性奠定基础。

从制度层面看，2012年5月中央办公厅印发《关于加强和改进非公有制企业党的建设工作的意见（试行）》；2017年9月中共中央、国务院发布《中共中央 国务院关于营造企业家健康成长环境弘扬优秀企业家精神更好发挥企业家作用的意见》；2018年9月证监会正式发布修订后的《上市公司治理准则》等多个文件，文件中均强调要积极探讨党组织在企业中的嵌入，促使企业更好地贯彻新发展思想，推动企业创新。在创新驱动发展战略的背景下，加大企业创新投入，从某种意义上讲是

企业对实施创新驱动发展战略的关注和支持，这符合党委对"双向进入、交叉任职"党员责任的要求（王元芳和马连福，2014）。因此，党组织参与公司治理，有利于促进公司更好地响应国家要求，更好地贯彻实施创新驱动发展战略。

从实践层面看，党组织通过"双向进入、交叉任职"的方式参与公司治理，将"党管方向""党管干部"作为重要手段，把党的精神嵌入到公司治理结构中，把握企业发展方向，提高企业创新的自主性、积极性（赵云辉等，2022），推动我国高质量发展进程（陈林、龙菲，2022）。党组织治理分别从内外部治理对企业创新产生影响。从企业内部治理视角来看，领导者是影响企业创新的关键因素（Bin等，2015），党组织自身具有较强的伦理道德意识（黄帅，2021），党委成员作为企业领导者能够更深入地理解与贯彻可持续发展思路与高质量发展理念（赵云辉等，2022），为企业创新提供内部环境基础，进而推动企业创新的进程。从外部环境视角来看，党组织治理能够增加企业外源融资渠道与金额（黄帅，2021），进而促进企业创新。一方面，党组织建设更完善的企业能够更快地获取政府补贴信息，从而有效提高企业创新活动的资金运行能力（李美玲等，2022）与风险承担能力（严若森等，2020）；另一方面，企业获取政府补贴的行为具有较强的政策导向和认证效应（叶翠红，2021），能给资本市场各投资者传递积极的信号（Maeseneire et al.，2012），为企业争取更多的资源，为企业创新行为提供资金基础。本书据此提出以下研究假设：

H3：党组织治理通过促进企业创新提升盈余持续性。

8.4 指标衡量

8.4.1 解释变量

解释变量为党组织治理程度变量（Num）。用本书"5.3.1 文本分析法"（3）项中有关党组织参与公司治理关键词词频加1后取对数衡量。

8.4.2　被解释变量

本章实证研究部分同样运用了在观测时段内的 ROA 波动水平（Froa）代表企业盈余持续性。其中，ROA 使用息税前利润除以年末总资产衡量，并用公司 ROA 减去年度行业均值以缓解行业及周期对企业盈余持续性的影响。

8.4.3　控制变量

参考杜世风、李四海等（2019）以及 Chang 等（2021）的研究，控制变量选取企业规模（Size，用企业当期资产总额取自然对数表示）、财务杠杆（Lev，用资产负债率表示）、企业成长能力（Growth，用营业收入增长率表示）、现金流状况（Cf，用经营性现金流量与当期资产总额的比值表示）、股权集中度（First，用第一大股东持有上市公司股权的比例表示）、两职合一（Comb，董事长与总经理兼任取 1，否则取 0）、独立董事规模（Indire，用独立董事人数占董事会总人数的比例表示）。

8.4.4　中介变量

本章中介变量为代理成本和企业创新。

（1）代理成本。在已有文献中，度量代理成本的指标主要有两类，一是管理费用率，即管理费用与营业收入的比值；二是资产周转率（Turnover），即营业收入与平均总资产的比值。上市公司管理费用数据中包含的数据噪声较多，且管理费用率的异常波动未必是代理成本出现大幅变动所导致，也可能是管理层对外部监管做出的反应（罗明琦，2014），与管理费用率相比，资产周转率能够更准确地反映企业资产周转水平，并衡量盈余可持续的稳定性和有效性。因此，本文选取资产周转率（Turnover）度量代理成本，资产周转率（Turnover）越大，代理成本越小。

（2）创新产出（LNPT）。借鉴现有文献的做法（陈思等，2017；冯根福等，2017），采用专利申请总量和专利授权总量衡量企业的创新产出情况。其中：LNPT_A 表示企业专利申请总量，以公司年度专利申请总和加 1 再取对数加以度量；LNPT_G 表示企业专利授权总量，以公司年度专利授权总和加 1 再取对数加以度量。

8.5 研究设计

8.5.1 样本选择与数据来源

为避免疫情影响，本章选取我国 2006—2020 年 A 股上市公司数据进行研究。财务数据和公司治理等数据来源于 CSMAR 数据库，文本数据来源于深交所和上交所 2006—2020 年 A 股上市公司年报、社会责任报告、可持续发展报告、环境报告等。本书剔除关键变量缺失的样本，为排除极端值的影响，对连续变量在前后 1% 的水平上进行缩尾处理。本书使用 Stata15 进行数据处理。

8.5.2 模型设计

参照已有文献，为检验所提假设，本书构建以下模型用以检验：

$$\text{Froa}_{i,\,t} = \partial_0 + \partial_1 \text{Num}_{i,\,t} + \sum_{i=0}^{n} \text{Ctrl}_{i,\,t} + \varepsilon_{i,\,t}$$

其中，$\text{Froa}_{i,\,t}$ 表示企业 i 在第 t 期的盈余持续性；$\text{Num}_{i,\,t}$ 为企业 i 在第 t 期的党组织治理程度；$\sum_{i=0}^{n} \text{Ctrl}_{i,\,t}$ 代表控制变量集合，ε 为模型随机扰动项。若 ∂_1 显著大于 0，则假设 H1 成立。

参照已有文献，构建以下模型检验中介机制，验证假设 H2、H3：

$$\text{Turnover}_{i,\,t} / \text{LNPT\_A}_{i,\,t} / \text{LNPT\_G}_{i,\,t} = \partial_0 + \partial_1 \text{Num}i,\,t + \sum_{i=0}^{n} \text{Ctrl}_{i,\,t} + \varepsilon_{i,\,t}$$

其中，Turnover 表示代理成本，LNPT_A 表示企业专利申请总量，LNPT_G 表示企业专利授权总量。根据理论预测，若模型中的 Num 变量的系数显著为正，则表明企业党组织治理可能主要通过降低代理成本、提高企业创新途径提高企业的盈余持续性，假设 H2、H3 成立。

8.6 描述性统计

8.6.1 主要变量的描述性统计

表 8-1 报告了主要变量的描述性统计结果。其中，样本企业盈余持续性水平 Froa 的均值为 0.035，标准差为 0.041，这说明样本企业盈余持续性水平差距整体不大。党组织参与治理程度 Num 的均值为 1.656，中位数为 1.609，可见样本企业党组织参与治理程度整体不高。其余控制变量的统计数据与现有文献基本一致。

表8-1　　　　　　　　　主要变量的描述性统计

Variable	N	Mean	25%分位	Median	75%分位	SD
Froa	35 380	0.035	0.011	0.021	0.041	0.041
Num	37 163	1.656	0.693	1.609	2.639	1.263
Size	39 803	22.03	21.08	21.85	22.78	1.315
Lev	39 803	0.433	0.263	0.425	0.589	0.215
Growth	36 548	0.192	−0.020	0.116	0.285	0.475
First	39 802	0.350	0.231	0.328	0.452	0.151
Comb	39 803	0.267	0	0	1	0.442
Cf	39 803	0.048	0.008	0.047	0.090	0.073
Indire	39 799	0.374	0.333	0.333	0.429	0.053

8.6.2 党组织活跃度描述性统计

由表 8-2 可知，2006—2016 年的党组织活跃度均值呈下降趋势，中位数从总体看呈下降趋势，标准差总体来看呈增长态势，这表明样本公司之间的党组织活跃度存在极端值，存在企业党组织活跃度太高或太低的个别情况。2017—2020 年的党组织活跃度均值呈上升趋势，中位数总体上来看是增加的，标准差也逐年增加，这说明样本公司总体上来看自2017年开始有着更高的党组织活跃度。从统计结果中可以看出，各企业之间的党组织活跃度有较大的差距，样本公司中有更多企业的党组织活跃度提升，但仍存在部分极端值，样本公司党组织活跃度不平衡。从2006—2020年总的描述性统计结果来看，我国企业党组织活跃度具有较好的成长性。

表8-2　　　　　　　　　党组织活跃度的描述性统计

年度	N	Mean	25%分位	Median	75%分位	SD
2006	1 248	1.611	0.693	1.609	2.398	1.008
2007	1 356	1.611	0.693	1.792	2.398	1.039
2008	1 413	1.717	1.099	1.792	2.485	1.058
2009	1 546	1.687	0.693	1.792	2.565	1.096
2010	1 728	1.616	0.693	1.609	2.485	1.114
2011	2 093	1.602	0.693	1.609	2.485	1.134
2012	2 204	1.570	0.693	1.609	2.485	1.178
2013	2 246	1.590	0.693	1.609	2.485	1.177
2014	2 358	1.544	0.693	1.386	2.485	1.189
2015	2 538	1.514	0	1.386	2.485	1.216
2016	2 816	1.518	0	1.386	2.485	1.264
2017	3 180	1.558	0	1.386	2.565	1.308
2018	3 269	1.681	0.693	1.609	2.773	1.360
2019	3 224	1.745	0.693	1.609	2.944	1.371
2020	3 907	1.716	0.693	1.386	2.890	1.402
2021	2 037	2.265	1.099	2.398	3.526	1.456

8.7　实证结果

8.7.1　基准回归

表8-3报告了党组织治理对其盈余持续性水平影响的回归结果。党组织治理（Num）和盈余持续性（Froa）的回归系数为0.014，且在1%的水平上显著，说明党组织治理与企业盈余持续性显著正相关，验证了

假设 H1。

表8-3　　　　　　　　　　　党组织治理与盈余持续性

变量	（1）	（2）
	Froa	Froa
Num	0.014***	0.019***
	（3.088）	（4.287）
Size	−0.001***	−0.004***
	（−4.935）	（−10.287）
Lev	0.035***	0.036***
	（25.079）	（25.264）
Growth	−0.002***	−0.002***
	（−6.532）	（−5.293）
First	−0.049***	−0.033***
	（−20.445）	（−13.271）
Comb	−0.000	0.000
	（−0.081）	（0.205）
Cf	0.001	−0.003
	（0.356）	（−1.296）
Indire	0.004	0.004
	（0.889）	（0.856）
_cons	0.043***	0.100***
	（7.342）	（10.790）
Year	No	Yes
Ind	No	Yes
N	32 171	32 171
adj. R²	0.282	0.308

注：***、**、*分别表示数据在1%、5%、10%的水平上显著。

8.7.2 机制检验

为检验"党组织治理—代理成本—盈余持续性"的作用路径，本文采用"资产周转率"来反映代理成本，其值越大，说明代理成本越低。同时，为检验"党组织治理—企业创新—盈余持续性水平"的作用路径，采用专利申请量和专利授予量反映企业创新，其值越大，说明创新能力越强。

表 8-4 汇报了机制检验模型的估计结果，第（1）列的结果显示，党组织治理与代理成本（Turnover）之间的回归系数为 0.140，并且在 1% 的水平上显著。该发现表明降低代理成本可能是党组织治理促进企业盈余持续性的潜在机制之一。第（2）列党组织治理与上市公司创新之间的回归系数为 0.442 和 0.425，并且在 1% 的水平上显著。表明党组织治理能够显著提高企业的创新水平，成为促进企业盈余持续性水平的可能路径。总之，党组织治理可能主要通过降低代理成本、提升企业创新的途径提高企业的盈余持续性，假设 H2、H3 成立。

表8-4　　　　　党组织治理与盈余持续性的机制检验

变量	（1）	（2）	
	Turnover	LNPT_A	LNPT_G
Num	0.140***	0.442***	0.425***
	（2.730）	（4.178）	（4.600）
Size	0.002	0.455***	0.308***
	（0.256）	（21.073）	（16.311）
Lev	0.259***	0.031	0.092*
	（6.462）	（0.516）	（1.769）
First	0.003***	−0.006***	−0.004**
	（5.165）	（−3.470）	（−2.482）
Comb	−0.021*	0.012	−0.061**
	（−1.776）	（0.393）	（−2.296）

变量	（1）	（2）	
	Turnover	LNPT_A	LNPT_G
Growth	0.002*	0.001	0.001
	（1.842）	（0.310）	（0.468）
Cf	0.028*	−0.100***	−0.065**
	（1.960）	（−2.694）	（−2.001）
Indire	−0.002	0.000	−0.003
	（−1.357）	（0.118）	（−1.047）
_cons	0.357**	−7.229***	−6.125***
	（2.052）	（−8.477）	（−8.213）
Year	Yes	Yes	Yes
Ind	Yes	Yes	Yes
N	11 174	10 964	10 964
adj. R²	0.340	0.262	0.202

注：***、**、*分别表示数据在1%、5%、10%的水平上显著。

8.7.3 异质性分析

（1）基于企业产权性质

表8-5报告了产权性质异质性对党组织参与治理与盈余持续性水平影响的回归结果。研究结果表明，非国有企业的党组织参与治理（Num）与盈余持续性（Froa）的系数为0.033，且通过了显著性水平为1%的检验；国有企业的党组织参与治理（Num）与盈余持续性（Froa）的系数为−0.013，是负值。这一实证结果说明，在公司治理中，相比于国有企业，非国有企业党组织治理发挥的作用更为关键，党组织参与公司治理更深入，对企业发展影响更大。

表8-5　　产权性质异质性对党组织治理与盈余持续性的影响

变量	Froa（1）	Froa（2）
	国有	非国有
Num	−0.013*	0.033***
	（−1.806）	（4.707）
Size	−0.005***	−0.003***
	（−9.504）	（−5.602）
Lev	0.028***	0.033***
	（14.814）	（15.030）
Growth	−0.000	−0.002***
	（−0.241）	（−4.256）
First	−0.014***	−0.042***
	（−4.478）	（−10.442）
Comb	0.001*	−0.001
	（1.693）	（−0.746）
Cf	−0.006*	−0.004
	（−1.727）	（−0.902）
Indire	−0.002	0.011
	（−0.407）	（1.444）
_cons	0.110***	0.079***
	（9.404）	（4.406）
Year	Yes	Yes
Ind	Yes	Yes
N	13992	18177
adj.R^2	0.306	0.269

注：***、**、*分别表示数据在1%、5%、10%的水平上显著。

（2）基于企业地域特征

表8-6报告了企业地域异质性对党组织治理与盈余持续性水平影响的回归结果。研究结果表明，东部地区企业党组织治理（Num）与盈余持续性（Froa）之间的相关性并不显著；中部地区企业党组织治理（Num）与盈余持续性（Froa）的系数为0.028，并且通过了显著性水平

为1%的检验；西部地区的党组织治理（Num）与盈余持续性（Froa）的系数为0.026，并且通过了显著性水平为1%的检验；东北地区企业党组织治理（Num）与盈余持续性（Froa）的系数为负值。这一实证结果说明，相比于东部地区，非东部地区企业党组织治理对企业影响得更深入，对企业发展的影响更大。

表8-6　　企业地域异质性对党组织治理与盈余持续性的影响

变量	东部地区	中部地区	西部地区	东北地区
	Froa	Froa	Froa	Froa
Num	0.008	0.028***	0.026***	−0.009
	（0.974）	（3.703）	（3.142）	（−0.445）
Size	−0.004***	−0.002***	−0.004***	−0.006***
	（−5.158）	（−3.149）	（−5.715）	（−3.507）
Lev	0.033***	0.030***	0.038***	0.052***
	（11.928）	（11.615）	（14.026）	（8.515）
Growth	−0.003***	−0.001**	−0.001*	−0.001
	（−4.624）	（−2.349）	（−1.667）	（−0.743）
First	−0.034***	−0.034***	−0.034***	−0.015
	（−7.134）	（−7.547）	（−7.257）	（−1.466）
Comb	−0.001	0.000	−0.000	0.002
	（−1.400）	（0.269）	（−0.389）	（0.776）
Cf	−0.003	−0.004	0.002	−0.008
	（−0.613）	（−0.966）	（0.487）	（−0.701）
Indire	0.013	−0.007	0.005	−0.015
	（1.552）	（−0.930）	（0.533）	（−0.727）
_cons	0.114***	0.064***	0.066***	0.123***
	（6.518）	（3.829）	（2.753）	（3.187）
Year	Yes	Yes	Yes	Yes
Ind	Yes	Yes	Yes	Yes
N	8 585	11 661	9 644	1 929
adj. R²	0.305	0.276	0.309	0.375

注：***、**、*分别表示数据在1%、5%、10%的水平上显著。

（3）基于行业特征

由于当前对行业类型的划分尚未形成统一标准，需要说明的是，在行业分类方面，本书依据中国就业研究所发布的《2016年第二季度就业市场景气报告》中的分类方法，将信息传输、金融业、交通运输、教育/文化/体育、住宿/餐饮这些互联网和共享经济行业归为新经济行业，将制造业、建筑业、批发和零售业、房地产业归为传统行业，其余的样本行业归为其他行业。

表8-7报告了新经济行业与传统行业异质性分析对党组织治理与盈余持续性水平影响的回归结果。研究结果表明，新经济行业的党组织治理（Num）与盈余持续性（Froa）之间并不显著；传统行业的党组织治理（Num）与盈余持续性（Froa）的系数为0.024，并且通过了显著性水平为1%的检验；其他行业的党组织治理（Num）与盈余持续性（Froa）的系数为0.043，也通过了显著性水平为1%的检验。这一实证结果说明，相比于新经济行业，传统行业中企业的党组织治理更深入，对企业发展影响力更大。

表8-7　　行业异质性对党组织治理与盈余持续性的影响

变量	(1)	(2)	(3)
	Froa	Froa	Froa
Num	0.007	0.024***	0.043***
	(0.459)	(4.591)	(3.691)
Size	−0.004**	−0.003***	−0.005***
	(−2.238)	(−7.681)	(−3.844)
Lev	0.041***	0.038***	0.027***
	(7.101)	(22.726)	(6.379)
Growth	−0.006***	−0.002***	0.000
	(−4.098)	(−4.601)	(0.291)
First	−0.061***	−0.031***	−0.023***
	(−4.662)	(−11.013)	(−2.720)

续表

变量	（1）	（2）	（3）
	Froa	Froa	Froa
Comb	−0.004	0.000	−0.000
	（−1.595）	（0.496）	（−0.042）
Cf	0.031***	−0.005*	−0.005
	（2.885）	（−1.728）	（−0.680）
Indire	0.008	0.000	0.014
	（0.441）	（0.088）	（1.139）
_cons	0.119**	0.081***	0.116***
	（2.407）	（8.136）	（3.102）
Year	YES	YES	YES
Ind	YES	YES	YES
N	2 983	24 770	4 418
adj. R^2	0.222	0.276	0.166

注：***、**、*分别表示数据在1%、5%、10%的水平上显著。

8.8 结论与启示

8.8.1 研究结论

为避免疫情影响，本章选取2006—2020年沪深两市非金融企业的数据，实证分析了党组织治理对企业盈余持续性的影响，主要结论如下：（1）党组织治理显著提高了企业盈余持续性，并且我国企业党组织活跃度具有较好的成长性。（2）党组织治理主要通过降低企业代理成本、提高企业创新能力影响盈余持续性。（3）党组织治理对盈余持续性的促进作用在民营企业、非东部地区企业、传统行业企业中作用更明显。

8.8.2　启示

为提升我国上市公司盈余持续性，本章从党组织治理的视角提出如下政策建议：

（1）企业应加强党组织治理。厘清党组织嵌入公司治理的权责边界，推进党组织嵌入企业的治理作用，将党的政治优势、组织优势和群众工作优势逐渐转化为企业的竞争优势、创新优势和科学发展优势，加强党的领导和完善国有公司治理的协同作用。

（2）相关政策部门应完善法律法规。厘清企业党组织与决策管理层之间的关系，明确党组织治理的职能、权责边界等内容，为党组织在企业发挥有效的公司治理作用提供合法性方面的支持，进一步规范党组织治理的各类规则与制度，特别是对于民营企业、非东部地区、传统行业的党组织治理规则，可以通过制度的建立充分发挥党组织的价值创造与组织动员能力。

第9章 特色ESG实践议题对ESG评级 结果影响的案例分析

实证研究结果表明，碳信息披露、乡村振兴、党组织治理等具有典型本土化特色的ESG因素对企业盈余持续性有显著影响。在构建适合我国企业的ESG评级体系时应考虑这些本土化因素。

我国众多学者针对不同的行业和企业的ESG评价体系进行了探索和尝试。袁家海和郭宇（2018）基于PSR模型（压力（P）—状态（S）—响应（R））分别从E、S、G三方面构建了指标体系，采用层次分析法确定各指标权重，构建了中国大型发电上市公司的ESG评级体系，评价结果发现，我国大型发电上市公司ESG综合得分波动性大，社会绩效得分及其趋势表现优于环境及管治绩效表现。李绮和黄松真（2022）同样以PSR模型和层次分析法构建了速递业的ESG评价体系，但未对其评价体系进行案例分析。操群和许赛（2019）结合国际金融ESG评价体系经验，构建了中国金融ESG指标体系。苏畅和陈晨（2022）以我国重污染制造业企业为例，构建了一个包括3个一级指标、11个二级指标和43个三级指标的ESG评级体系，通过层次分析法和熵值法确定权重，建立了ESG评价模型并对样本企业的ESG表现进行评价。评价结果发现，我国重污染企业 ESG 表现一般，两极分化较为严重。段濛（2022）构建了互联网企业的 ESG 评级体系，并以亚马逊和拼多多为例进行了案例研究，结果发现：国内外互联网企业在 ESG 信息披露方面存在一定的差别。环境方面，国外企业更多地采用定量信息，国内企业则更多地采用定性信息；在社会责任方面，国外企业侧重于支持员工发展，对供应商主动管理的意愿更高，国内企业更多以公益活动为主；在治理方面，国外企业更注重董事会构成等治理制度，而国内企业则更加关注数据安全、激励分享机制等。蔡泽栋（2020）借鉴于 MSCI 的 ESG 评级思想，构建了一个包含三个准则（环境、社会、治理）共 30 个子指标的宏观 ESG 指标体系，并结合熵权—灰色关联分析模型，对我国华东、华中、华南 10 地（省、自治区）进行综合评价。

利用公开数据，借鉴主流 ESG 评级机构评级体系构建基本原则，从 E、S、G 三个层面构建适合我国不同行业企业特征的 ESG 评价指标体系，采用层次分析法或熵权法进行指标权重赋值，对上市公司 ESG 表现进行评价，已经成为 ESG 评级本土化案例研究的基本做法。基于前几章对 E、S、G 本土化特色指标与盈余持续性的实证分析的结果，证实了碳信息披露、乡村振兴、党组织治理等因素对企业盈余持续性有显著正影响的结论。本章选择 3060 "双碳"目标重点行业的化石能源—煤炭行业进行案例分析，以期进一步研究企业特色 ESG 实践对其综合绩效的影响，为特色 ESG 议题的企业实践、信息披露、评级标准制定等提供案例依据。

在国内评价体系如商道融绿、华证指数的评级中，煤炭行业的 ESG 表现中庸。国外评价体系方面，在 MSCI、富时罗素评级中，煤炭行业表现较差。被 MSCI 纳入评级范围的有中国神华、兖州煤业、陕西煤业、山西焦煤、美锦能源和潞安环能 6 家公司，其中只有中国神华达到了 MSCI 评级平均水平，其余 5 家公司的评级较低。祝慧烨和郭海飞（2022）分析了能源企业 ESG 的评价要点，认为考虑能源企业特点，环境方面应包括环保体制机制指标、气候变化指标、污染减排指标、资源利用指标 4 个二级指标；社会方面包括员工发展、社会贡献和社会负面三个二级指标，其中劳动安全是员工发展指标中需要重点考虑的内容；

公司治理则至少要包含组织架构指标、合规内控指标、经营独立指标、商业道德指标、信息披露指标5大二级指标。

借鉴祝慧烨和郭海飞能源行业的分析思路，本章首先分析煤炭行业特征，参照主流 ESG 评级机构 ESG 评级指标选取方法，再采用熵值法和层次分析法确定指标权重，构建煤炭行业的 ESG 评价体系。在此基础上，以山西焦煤、美锦能源为例，比较分析加入本土化因素前后案例企业 ESG 评分的变化，为企业特色 ESG 议题加入 ESG 评级体系提供案例佐证。

9.1 煤炭行业 ESG 评价指标体系构建

9.1.1 采掘业可持续信息披露要求

2023 年 6 月 26 日，国际可持续准则理事会（简称 ISSB）发布了《国际财务报告可持续披露准则第 1 号——可持续相关财务信息披露一般要求》，其中采掘业的信息披露要求见表9-1。

表9-1　　　　采掘业可持续性信息披露的主题和指标

议题	指标	类别
温室气体排放	全球 1 级温室气体排放总量	定量
	关于范围 1 的长期和短期管理策略或计划的讨论	定性
水管理	总排水量、总用水量	定量
	与水质许可证、标准和法规相关的不符合事件的数量	定量
废弃物管理	所产生的非矿物废物的总重量	定量
	尾矿总重量	定量
	所产生的废石的总重量	定量
	所产生的危险废物的总重量	定量
	危险废弃物回收利用的总重量	定量
	与危险废弃物管理有关的重大事件数	定量

议题	指标	类别
生物多样性影响	有关废弃物管理政策和程序的积极和消极行动的说明	定性
	对活动现场的环境管理政策和实践的说明	定性
	矿区酸性岩石排水百分比	定量
	在受保护状态或濒危物种栖息地内或附近已探明和可能的储量百分比	定量
原居民权利	在原居民区域已探明（或可能）储量的百分比	定量
	关于原居民权利管理的参与流程和尽职调查的讨论	定性
社区关系	有关社区权益的风险应对程序和机会的讨论	定性
	非技术性延误的数量和持续时间	定量
劳动关系	根据集体协议雇佣的活跃劳动力百分比	定量
	罢工和停工的数量和持续时间	定量
劳动力健康和安全	全发病率、病死率、直接员工和合同员工的近似漏诊率（NMFR）	定量
	对事故管理、安全风险和长期的健康和安全风险的讨论	定性
储量估价和资本支出	煤炭储量水平对考虑未来碳排放价格的预测情景的敏感性	定量
	已探明煤炭储量中的二氧化碳排放量	定量
	关于煤炭价格和气候调节需求影响的资本支出策略、勘探、收购、开发的讨论和分析	定性
尾矿存储设施管理	尾矿储存设施库存表：（1）设施名称；（2）位置；（3）所有权状况；（4）运营状态；（5）施工方法；（6）允许最大储存量；（7）当前尾矿储存量；（8）后果分类；（9）最近的独立技术审查日期；（10）材料发现；（11）缓解措施；（12）特定地点的 EPRP	定量
	关于尾矿管理系统和治理结构的监控和维护的稳定性以及尾矿储存设施的总结	定性
	制定应急准备和响应计划的方法（尾矿储存设施）	定性

资料来源：IFRS。

ISSB 对采掘业可持续信息披露主题和指标的要求突出了采掘业行业特征，ISSB 的披露要求与我国上市公司目前在社会责任报告/ESG 报告和年报中披露的信息差异较大，不仅在披露内容的范围有很大延伸，而且具体披露指标要求也非常高。虽然 ISSB 准则的出台整体拉升了 ESG 信息披露的水平线，但对我国企业而言，却是不小的挑战。自 ISSB 成立以来，财政部会同相关部门积极支持并全面参与了 ISDS 的制定，为 IFRS S1 和 IFRS S2 的出台贡献了中国智慧。2023 年 6 月 19 日，ISSB 北京办公室正式揭牌，该办公室作为亚洲利益相关方互动中心，旨在促进与利益相关方的更深层次合作和交流，以及面向新兴经济体、发展中国家和中小主体开展能力建设等。但作者同意黄世忠（2023）对 ISSB 这两项准则的观点：照搬 ISSB 发布的准则不应该成为我国的选项，需要参照 ISDS、ESRS 和 SEC 气候披露新规以及 GRI 标准、TCFD 框架，结合我国实际，"以我为主"，制定适合我国国情的可持续披露准则。

9.1.2　煤炭企业 ESG 指标选取

本章借鉴国内主要 ESG 评级体系指标构成普遍做法和 ISSB《国际财务报告可持续披露准则第 1 号——可持续相关财务信息披露一般要求》中采掘业的信息披露要求，按照简化指标，突出重点的原则，按照国际惯例，在 E、S、G 三个维度（一级指标）下选择不同主题（二级指标）和具体议题（三级指标）简单构建了煤炭企业 ESG 评价指标体系。

（1）环境维度

煤炭行业是环境消耗型行业。煤炭资源在开采、洗选及炼焦过程中呈现出高排放、高污染的特点，尤其是对水源、土壤、大气等造成严重污染。2017 年 9 月生态环境部发布《排污许可证申请与核发技术规范 炼焦化学工业》（HJ854-2017），该规范中对炼焦化学工业企业水和大气主要产污环节污染物排放控制提出明确要求，但焦煤冶炼过程中仍然不可避免会向大气中排放二氧化硫、氮氧化物、颗粒物，还会产生工业固体废弃物尤其是煤矸石。按此规范要求，焦煤企业都会配备全套的污水处理系统，有自建煤矿的，其矿井废水也是造成环境污染的重要原因。

结合煤炭、焦炭行业生产经营对环境影响的特点，本章从污染物排量、环境管理披露以及节约资源三个方面作为二级指标构建环境方面评价指标体系。

其中，污染物排放量二级指标下设 4 个三级指标，用来衡量煤炭企业生产过程中对环境造成的污染，评价企业减排工作的效果。单位产量下二氧化硫排放量、单位氮氧化物排放量、单位颗粒物排放量分别是企业年二氧化硫排量、年氮氧化物排量以及年颗粒物减排量与当年原煤产量的比值，能够反映企业当年对污染物的治理效果，可作为评价企业环境绩效的标准之一。工业固体废物产生量是重要的污染物，但煤炭企业仅以定性方式披露是否对工业固体废弃物采取相应措施，未对具体排放量进行披露。因此，在指标设置时采用 0、1 的方式进行量化。环保理念和环保事件应急机制也采用同样的方式进行量化。

煤炭企业作为环境消耗型企业，应当积极主动地披露对生态环境造成的污染，并且采取措施防治污染，进行环境管理，保护生态。因此，环境管理披露二级指标下设 3 个三级指标，环保理念信息披露、环保事件应急机制披露用来评价企业承担环境管理责任的主动性，环境保护投资指标是企业当年用于环保方面的资金金额，反映企业对环境保护的重视程度。

煤炭企业对自然资源具有高度依赖性，自然资源的储量会影响到企业的生存与发展，设置自然资源节约二级指标能够对企业耗用资源、重复利用资源的情况进行评价。自然资源节约二级指标下设 2 个三级指标，分别是燃煤锅炉设备取缔数以及矿井水再利用率。燃煤锅炉设备取缔数是企业用清洁能源设备替代老旧、高污染设备的数量，反映了企业升级改进设备的能力。矿井水再利用率表示了企业对煤炭开采过程中的产物进行加工再利用的程度。

（2）社会维度

煤炭开采过程中涉及的危险源和安全隐患较多，如瓦斯泄漏、漏水等。因此安全生产是煤炭企业的重要任务，安全问题是煤炭企业关注的首要问题。企业应通过加强安全生产管理，确保员工的人身安全和企业的财产安全。同时，企业应积极履行安全生产的社会责任，采取有效措施防止安全事故的发生，保障人民群众的生命财产安全。煤炭企业生产经营活动对当地社区的影响较大，企业应关注社区发展，积极参与社区建设，促进当地经济发展和社会进步。同时，企业应积极履行社区发展的社会责任，关注民生问题，推动和谐社会建设。

煤炭企业工作环境特殊，员工职业健康和安全是煤炭企业需要关注的重要问题。除提供必要的劳动保护用品和职业健康检查等服务外，企业还应该注重员工福利制度，提高员工待遇，关注员工的成长和发展，增强员工的归属感和忠诚度。

结合煤炭企业特点，社会表现方面主要从员工权益保护、研发创新和社会影响三个方面选取指标，对煤炭社会表现进行评价。

其中，员工权益保护下设 3 个三级指标：重大安全事故反映了企业对安全事故的重视程度；安全资金投入率是企业投资在员工人身安全方面的资金与营业收入的比值，反映了员工的生命健康安全的保障力度；职工福利费金额反映了企业在增进员工福祉方面做出的努力。

研发创新下设 2 个三级指标，分别是研发投入率与获得专利数量，用来衡量企业的科技研发能力。煤炭企业智慧化程度越高，人员投入越少，员工生产安全性也会越高，员工福祉越高。

社会影响下设 3 个三级指标，扶贫慈善活动捐赠比是企业对外捐赠的金额与营业收入的比值，反映企业参与公益事业的积极性。税收贡献率是企业年度缴纳税款占营业收入的比率，是企业利用社会资源创造的税收成果，反映了企业承担纳税义务的程度。处罚整改事件是企业当期经营不规范被监管部门罚款并要求整改，会对企业的社会形象造成负面影响的事件数量。

（3）治理维度

煤炭企业是重资产行业，拥有大量的固定资产，如矿井、采煤设备、运输设备等，其资金需求量大，资产负债率通常较高，融资约束较大。这要求公司在治理结构中加强股权制衡及规范制度，确保股东权益保值增值。煤炭企业通常组织结构较为复杂，涉及多个部门和多方利益相关者。煤炭价格波动较大，对企业的营运管理提出了较高的要求。

在公司治理指标选取上，参考中证指数有限公司ESG评价方法中公司治理方面指标构成，从股东权益保障、公司治理以及管理运营三个方面选取指标。

其中，股东权益保障二级指标下设置2个三级指标：资本保值增值率是反映股东权益的积累，利润分配率反映企业分配的股利与净利润的比值，反映股东权益增值能力。

公司治理二级指标下设置2个三级指标，股权制衡度是企业第2~5大股东持股比例与第一大股东持股比例的比值，股权制衡度越高，大股东一股独大的效应越低，管理层治理能力越好。独立董事占董事总人数的比率能够反映董事会决策独立性和公正性，影响着公司治理的效果。

管理运营二级指标下设置了4个三级指标，权益净利率反映了每一元净资产能够实现的收益。资产负债率是企业总负债与总资产的比值，与企业偿债能力呈现反向关系。净利润增长率是企业本期净利润相对于基期净利润的增长幅度，衡量了企业的发展能力。

综上所述，本章构建的煤炭行业ESG评价指标体系见表9-2。

表9-2　　　　　　　　煤炭企业ESG评价指标选取表

一级指标	二级指标	三级指标	指标说明	方向
环境绩效	污染物排放量	单位SO_2排放量（吨）	年SO_2排放量/煤炭产量	逆向
		单位氮氧化物排放量（吨）	年氮氧化物排放量/煤炭产量	逆向
		单位颗粒物排放量（吨）	年颗粒物排放量/煤炭产量	逆向
		工业固体废物产生量披露	披露：1，未披露：0	正向
	环境管理披露	环保理念信息披露	披露：1，未披露：0	正向
		环保事件应急机制披露	披露：1，未披露：0	正向
		环境保护投资（万元）	用于环境保护方面的支出	正向
	资源节约	燃煤锅炉设备取缔数（个）	清洁设备替代燃煤设备的数量	正向
		矿井水再利用率（%）	矿井水利用量/矿井水排放量	正向

一级指标	二级指标	三级指标	指标说明	方向
社会	员工权益保护	重大安全事故（起）	重大安全事故报道数量	逆向
		安全资金投入率（%）	安全保护资金/营业收入	正向
		职工福利费投入（万元）	员工福利金额	正向
	研发创新	研发投入比率（%）	研发资金投入/营业收入	正向
		获得专利数（个）	企业申报的专利数量	正向
	社会影响	扶贫慈善活动捐赠比（%）	捐赠支出/营业收入	正向
		税收贡献率（%）	年纳税额/营业收入	正向
		监管处罚报道（起）	企业被处罚需整改的数量	逆向
治理	股东权益保障	资本保值增值率（%）	年末权益/年初权益	正向
		利润分配率（%）	现金股利/净利润	正向
	公司治理	股权制衡度（%）	第2—5大股东持股比例/第一大股东持股比例	正向
		独立董事占比（%）	独立董事人数/董事会规模	正向
	管理运营	煤炭价格波动率（%）	本期煤价变化/基期煤价	逆向
		权益净利率（%）	净利润/净资产	正向
		资产负债率（%）	负债/资产	逆向
		净利润增长率（%）	利润增加额/基期利润	正向

9.1.3 中证 ESG 评分方法

2022年3月中证指数有限公司推出《中证指数有限公司 ESG 评价方法 V2.0》明确其评价体系、评价结果及更新机制等问题。

中证 ESG 评价分数由指标开始，依次计算出单元、主题、维度和 ESG 总分。单元得分根据所对应的指标进行计算，其中风险单元依据对应的风险暴露与风险管理指标计算，机遇类单元依据对应的机遇暴露与机遇管理指标计算。

在完成单元分数计算后，主题、维度和 ESG 总分则由下一层级分数加权合成，加权权重综合考虑上市公司所处行业特征与指标数据质量确定。具体计算如下：

$$主题分数 = \sum_{i=1}^{N} 该主题下单元分数_i \times 单元权重 W_i$$

$$维度分数 = \sum_{j=1}^{m} 该主题下单元分数_j \times 单元权重 W_j$$

$$ESG 总分 = \sum_{p=1}^{q} 该主题下单元分数_p \times 单元权重 W_p$$

各评级公司评分方法大致相同。

9.1.4 煤炭企业 ESG 评分方法

本章采用前述文献常用的熵值法确定指标权重并对各评价指标进行综合评分。熵值法是一种最常用的客观赋权方法。熵值法在处理多指标赋权的问题时，可以消除人为主观赋值带来的结果偏差，规避主观因素的影响，提高评价结果的客观性和准确性。在信息论中，熵是对不确定性的一种度量。信息量越大，不确定性就越小，熵也就越小。用熵值来判断某个指标的离散程度时，指标的离散程度越大，该指标对综合评价的影响越大。

熵值法计算基本步骤如下：

（1）数据标准化。

首先，对原始数据组进行标准化处理，消除各指标的量纲差异，把各指标数值压缩在 [0-1] 区间内。假定原始数据矩阵 X 由 m 个样本、n 个指标构成，即 $X = (X_{ij})\, m \times n$，标准化处理后，得到新的数据矩阵 X'。正向指标和负向指标的标准化过程如下：

$$X = \left\{ \begin{matrix} x_{11} & x_{12} & \cdots & x_{1n} \\ x_{21} & x_{22} & \cdots & x_{2n} \\ \cdots & \cdots & \cdots & \cdots \\ x_{m1} & x_{m2} & \cdots & x_{mn} \end{matrix} \right\}_{m \times n}$$

采用极差法对数据进行标准化处理，正向指标和负向指标的标准化过程如下：

$$X_{ij}^1 = \frac{X_{ij} - \min(X_{1j}, \cdots, X_{ij})}{\max(X_{1j}, \cdots, X_{mj}) - \min(X_{1j}, \cdots, X_{ij})}$$

负向指标标准化：

$$X_{ij}^1 = \frac{\max(X_{1j}, \cdots, X_{mj}) - X_{ij}}{\max(X_{1j}, \cdots, X_{mj}) - \min(X_{1j}, \cdots, X_{ij})}$$

标准化处理后，得到新的数据矩阵 X'。

$$X' = \begin{Bmatrix} x_{11}^1 & x_{12}^1 & \cdots & x_{1n}^1 \\ x_{21}^1 & x_{22}^1 & \cdots & x_{2n}^1 \\ \cdots & \cdots & \cdots & \cdots \\ x_{m3}^1 & x_{m2}^1 & \cdots & x_{mn}^1 \end{Bmatrix}_{m \times n}$$

标准化后可能出现数据为0的情况，为避免无意义的数据出现，对标准化后的数据进行平移，平移量选择0.0001，使误差尽量小，即 X"=X'+0.0001。

（2）确定指标权重。

首先，计算第j项指标下第i个样本值占该指标的比重 P_{ij}。

$$P_{ij} = \frac{X_{ij}^1}{\sum_{i=1}^m X_{ij}^1}, \quad (i=1, 2, 3, m; j=1, 2, \cdots, n)$$

其次，计算计算k值、第j项指标的熵值 e_j。

$$k = \frac{1}{\ln(m)'}$$

$$e_j = -k \cdot \sum_{i=1}^n P_{ij} \cdot \ln(P_{ij})$$

其中：k>0；$e_j \geq 0$。

（3）计算差异系数 d_j。

第j个指标的变异指数 d_j 为：

$$d_j = 1 - e_j \quad (j=1, 2, \cdots, n)$$

（4）计算熵权。

根据差异系数确定各指标权重 W_j，第j个指标的权重 W_j 为：

$$W_j = \frac{d_j}{\sum_{j=1}^n d_j}$$

（5）综合评分。

计算第 i 个评价对象的综合评价值 Z_j。

$$Z_j = \sum_{j=1}^{m} W_j \cdot P_{ij}$$

9.2 案例企业ESG评价

9.2.1 案例企业简介

（1）山西焦煤

山西焦煤集团有限责任公司（以下简称"山西焦煤"）是具有国际影响力的炼焦煤生产加工企业和市场供应商，炼焦煤产销量居于世界前列，位居2022年世界500强企业第431位。山西焦煤组建于2001年10月，总部位于山西省会太原市，下有焦煤股份、西山煤电、山西焦化等22个子分公司和3个A股上市公司，实际控制人为山西省人民政府国有资产监督管理委员会（持有山西焦煤能源集团股份有限公司股份比例为57.52%）。

山西焦煤以煤炭、焦炭为主业，现有151座煤矿、50座选煤厂、4座焦化厂、6座燃煤电厂、32座瓦斯、余热及光伏电厂。山西焦煤主导产品有焦煤、肥煤、1/3焦煤、瘦煤、气肥煤、贫煤等全系列煤种，煤焦产品销往全国各地，并出口多个国家和地区。2022年，公司实现营业总收入651.83亿元，同比增长20.33%，归属于母公司的净利润107.22亿元，同比增长110.17%。

（2）美锦能源

山西美锦能源股份有限公司（以下简称"美锦能源"），是全国最大的独立商品焦和炼焦煤生产商之一，是氢能全产业链布局的头部企业，是能源行业率先转型升级的革新者。美锦能源于2007年借壳上市，2015年完成重大资产重组，目前拥有焦化产能715万吨/年，煤炭产能630万吨/年，是山西省循环经济试点企业、山西省安排就业和纳税第一大户、中国民企500强。2022年公司营业收入246亿元，同比增长

15.18%，归属于上市公司股东的净利润 22.09 亿元。

公司主要从事煤炭、焦化、天然气、化工产品、以氢燃料电池汽车为主的新能源汽车等商品的生产销售，拥有储量丰富的煤炭和煤层气资源，具备"煤—焦—气—化—氢"一体化的完整产业链。美锦能源积极践行国家"碳达峰、碳中和"战略，坚持低碳发展，持续加大氢能产业链投资，大力发展新能源、新材料产业，探索了从研发—生产制造—商业化应用的"氢能源全生命周期"创新生态链，打造具备自主知识产权的氢能产业集群。

美锦能源获得 2022 中国最具创新力企业榜 TOP50、2022 全球氢能企业 TOP100、2022 中国高成长氢能企业 TOP100、2022 福布斯中国可持续发展工业企业 TOP50。美锦能源还以其科学和领先的碳达峰方案及行动入围 2022 中国工业碳达峰领跑者企业名单（42 家）。

9.2.2　案例企业 ESG 评价结果

（1）山西焦煤

根据山西焦煤历年年报、社会责任报告等公开披露信息，按照表 9-2 内容整理山西焦煤 2018—2020 年相关指标的原始数据，见表 9-3。

表9-3　　　　　　　山西焦煤2018—2020年ESG指标原始值

一级指标	二级指标	三级指标	2018 年	2019 年	2020 年	方向
环境绩效	污染物排放量	单位 SO_2 排放量（吨）	5 959.42	4 606.96	4 474.10	逆向
		单位氮氧化物排放量（吨）	11 254.21	11 546.31	11 248.45	逆向
		单位颗粒物排放量（吨）	1 125.83	863.21	759.73	逆向
		工业固体废物产生量披露	1	1	1	正向
	环境管理披露	环保理念信息披露	0	0	0	正向
		环保事件应急机制披露	1	1	1	正向
		环境保护投资（万元）	29 300	24 600	5 044	正向
	资源节约	燃煤锅炉设备取缔数（个）	1	1	1	正向
		矿井水再利用率（%）	1	1	1	正向

续表

一级指标	二级指标	三级指标	2018年	2019年	2020年	方向
社会绩效	员工权益保护	重大安全事故（起）	0	0	0	正向
		安全资金投入率（%）	1.62	1.72	2.03	正向
		职工福利费投入（万元）	45 415.15	39 992.73	50 409.62	正向
	研发创新	研发投入比率（%）	0.79	1.00	1.13	正向
		获得专利数（个）	30	34	8	正向
	社会影响	扶贫慈善活动捐赠比（%）	0.0015	0.0011	0.0020	正向
		税收贡献率（%）	3.35	3.08	2.69	正向
		监管处罚报道（起）	0	24	3	逆向
治理绩效	股东权益保障	资本保值增值率（%）	110.47	114.77	80.90	正向
		利润分配率（%）	52.32	14.89	20.94	正向
	公司治理	股权制衡度（%）	11.18	13.95	10.71	正向
		独立董事占比（%）	36.36	36.36	36.36	正向
	管理运营	煤炭价格波动率（%）	−4.40	−2.61	1.73	逆向
		权益净利率（%）	9.18	7.52	10.13	正向
		资产负债率（%）	64.01	62.41	69.21	逆向
		净利润增长率（%）	16.95	−5.98	8.98	正向

为消除数据之间的差异性，采用极差法标准化数据，将所有数据进行整体平移，平移量为0.0001，使所有数据位于0~1之间，标准化后的数据见表9-4。

表9-4　　　　山西焦煤2018—2020年ESG指标标准化结果

一级指标	二级指标	三级指标	2018年	2019年	2020年
环境绩效	污染物排放量	单位SO_2排放量（吨）	0.0001	0.9107	1.0001
		单位氮氧化物排放量（吨）	0.9808	0.0001	1.0001
		单位颗粒物排放量（吨）	0.0001	0.7175	1.0001
		工业固体废物产生量披露	0.0001	0.0001	0.0001
	环境管理披露	环保理念信息披露	0.0001	0.0001	0.0001
		环保事件应急机制披露	0.0001	0.0001	0.0001
		环境保护投资（万元）	1.0001	0.8063	0.0001
	资源节约	燃煤锅炉设备取缔数（个）	0.0001	0.0001	0.0001
		矿井水再利用率（%）	0.0001	0.0001	0.0001
社会绩效	员工权益保护	重大安全事故（起）	0.0001	0.0001	0.0001
		安全资金投入率（%）	0.0001	0.2398	1.0001
		职工福利费投入（万元）	0.5206	0.0001	1.0001
	研发创新	研发投入比率（%）	0.0001	0.6009	1.0001
		获得专利数（个）	0.8463	1.0001	0.0001

一级指标	二级指标	三级指标	2018年	2019年	2020年
社会绩效	社会影响	扶贫慈善活动捐赠比（%）	0.4281	0.0001	1.0001
		税收贡献率（%）	1.0001	0.5910	0.0001
		监管处罚报道（起）	1.0001	0.0001	0.8751
治理绩效	股东权益保障	资本保值增值率（%）	0.8733	1.0001	0.0001
		利润分配率（%）	1.0001	0.0001	0.1617
	公司治理	股权制衡度（%）	0.1452	1.0001	0.0001
		独立董事占比（%）	0.0001	0.0001	0.0001
	管理运营	煤炭价格波动率（%）	1.0001	0.7081	0.0001
		权益净利率（%）	0.6362	0.0001	1.0001
		资产负债率（%）	0.7645	1.0001	0.0001
		净利润增长率（%）	1.0001	0.0001	0.6524

为避免主观赋值权重造成的主观性误差，采用熵值法得出各指标权重，见表9-5。

表9-5　　　　　　　　山西焦煤ESG各指标权重表

一级指标	二级指标	三级指标	权重
环境绩效 0.2885	污染物排放量 0.1296	单位SO_2排放量	0.0428
		单位氮氧化物排放量	0.0427
		单位颗粒物排放量	0.0441
		工业固体废物产生量披露	0
	环境管理披露 0.1589	环保理念信息披露	0.1156
		环保事件应急机制披露	0
		环境保护投资	0.0433

续表

一级指标	二级指标	三级指标	权重
环境绩效 0.2885	资源节约 0	燃煤锅炉设备取缔数	0
		矿井水再利用率	0
社会绩效 0.3415	员工权益保护 0.1120	重大安全事故	0
		安全资金投入率	0.0640
		职工福利费投入	0.0480
	研发创新 0.0890	研发投入比率	0.0460
		获得专利数	0.0430
	社会影响 0.1405	扶贫慈善活动捐赠比	0.0514
		税收贡献率	0.0462
		监管处罚报道	0.0429
治理绩效 0.3700	股东权益保障 0.1161	资本保值增值率	0.0429
		利润分配率	0.0732
	公司治理 0.0757	股权制衡度	0.0757
		独立董事占比	0
	管理运营 0.1782	煤炭价格波动率	0.0442
		权益净利率	0.0453
		资产负债率	0.0436
		净利润增长率	0.0451

①使用极差法、熵值法和突变级数法的评级结果

按各指标权重大小排列各指标顺序，使用突变系统模型计算山西焦煤 2018—2020 年 ESG 的评价结果，见表 9-6、表 9-7。

表9-6   山西焦煤2018—2020年ESG指标评价结果（方法一）

一级指标	二级指标	2018年	2019年	2020年
治理绩效	股东权益保障	0.9779	0.5050	0.2243
	公司治理	0.2137	0.5232	0.0282
	管理运营	0.9363	0.4934	0.5315
社会绩效	员工权益保护	0.3048	0.2120	0.7000
	研发创新	0.4779	0.8876	0.5232
	社会影响	0.8848	0.3164	0.6712
环境绩效	污染物排放量	0.3025	0.5187	0.7896
	环境管理披露	0.3700	0.3469	0.3822
	资源节约	0.0282	0.0282	0.0282

表9-7   山西焦煤2018—2020年ESG指标评价结果（方法一）

一级指标	2018年	2019年	2020年
治理绩效	0.8801	0.7831	0.5821
社会绩效	0.8150	0.7098	0.8526
环境绩效	0.5631	0.6008	0.6508
ESG综合评分	0.5631	0.6008	0.5821

②使用极差法和熵值法

按各指标权重大小排列各指标顺序，将权重直接与标准化数据相乘，计算出山西焦煤2018—2020年ESG的评价结果，见表9-8、表9-9。

（2）美锦能源

①使用极差法、熵值法和突变级数法

根据美锦能源历年年报、社会责任报告等公开披露信息，按照上述评价体系，对美锦能源的ESG综合绩效进行评价，评价结果见表9-10、表9-11。

表9-8　　山西焦煤2018年—2020年ESG指标评价结果（方法二）

一级指标	二级指标	2018年	2019年	2020年
治理绩效	股东权益保障	0.1107	0.0429	0.0118
	公司治理	0.0110	0.0757	0
	管理运营	0.1515	0.0750	0.0747
社会绩效	员工权益保护	0.0250	0.0153	0.1120
	研发创新	0.0364	0.0707	0.0460
	社会影响	0.1111	0.0273	0.0889
环境绩效	污染物排放量	0.0419	0.0706	0.1296
	环境管理披露	0.0433	0.0349	0.1156
	资源节约	0	0	0

表9-9　　山西焦煤2018—2020年ESG指标评价结果（方法二）

一级指标	2018年	2019年	2020年
治理绩效	0.2731	0.1936	0.0866
社会绩效	0.1726	0.1134	0.2469
环境绩效	0.0852	0.1056	0.2453
ESG综合评分	0.5309	0.4125	0.5787

表9-10　　美锦能源2018—2020年ESG评价结果（方法一）

一级指标	二级指标	2018年	2019年	2020年
治理绩效	股东权益保障	0.5232	0.4402	0.5050
	公司治理	0.0282	0.5232	0.3158
	管理运营	0.5862	0.6866	0.4247
社会绩效	员工权益保护	0.0521	0.2074	0.7000
	研发创新	0.0282	0.6914	1.0000
	社会影响	0.9525	0.4700	0.3521
环境绩效	污染物排放量	0.0787	0.7823	0.7407
	环境管理披露	0.3567	0.3822	0.0521
	资源节约	0.0282	0.0282	0.282

表9-11　　美锦能源2018—2020年ESG评价结果（方法一）

一级指标	2018年	2019年	2020年
治理绩效	0.6604	0.8133	0.7326
社会绩效	0.5407	0.7149	0.8476
环境绩效	0.4665	0.6733	0.5480
ESG综合评分	0.4665	0.6733	0.5480

②使用极差法和熵值法。

按各指标权重大小排列各指标顺序，将权重直接与标准化数据相乘，计算出美锦能源 2018—2020 年 ESG 的评价结果，见表 9-12、9-13。

表9-12　　美锦能源2018—2020年ESG评价结果（方法二）

一级指标	二级指标	2018年	2019年	2020年
治理绩效	股东权益保障	0.1031	0.0264	0.0401
	公司治理	0	0.0498	0.0171
	管理运营	0.1188	0.1412	0.0481
社会绩效	员工权益保护	0	0.0093	0.1720
	研发创新	0	0.0424	0.0974
	社会影响	0.1210	0.0363	0.0423
环境绩效	污染物排放量	0	0.1115	0.0998
	环境管理披露	0.0327	0.0383	0
	资源节约	0	0	0

表9-13　　美锦能源2018—2020年ESG评价结果（方法二）

一级指标	2018年	2019年	2020年
治理绩效	0.2218	0.2174	0.1052
社会绩效	0.1211	0.0879	0.3117
环境绩效	0.0327	0.1498	0.0998
ESG综合评分	0.3756	0.4552	0.5168

9.3 加入特色ESG议题的煤炭企业ESG评价体系

为验证碳信息披露、乡村振兴、党组织治理等本土化元素对ESG评价结果的影响，本章将实证部分所选取的碳信息词频数、乡村振兴词频数、党组织词频数分别加入E、S、G的三级指标，对表9-2的指标体系进行重构，形成表9-14。其他数据处理和权重赋值方法步骤同前。

表9-14　　　加入中国化元素的煤炭企业ESG评价指标表

一级指标	二级指标	三级指标	指标说明	方向
环境绩效	污染物排放量	单位SO_2排放量（吨）	年SO_2排放量/煤炭产量	逆向
		单位氮氧化物排放量（吨）	年氮氧化物排放量/煤炭产量	逆向
		单位颗粒物排放量（吨）	年颗粒物排放量/煤炭产量	逆向
		工业固体废物产生量披露	披露：1，未披露：0	正向
	环境管理披露	环保理念信息披露	披露：1，未披露：0	正向
		环保事件应急机制披露	披露：1，未披露：0	正向
		环境保护投资（万元）	用于环境保护方面的支出	正向
		碳信息词频数（个）	碳信息披露相关关键词出现的频率	正向
	资源节约	燃煤锅炉设备取缔数（个）	清洁设备替代燃煤设备的数量	正向
		矿井水再利用率（%）	矿井水利用量/矿井水排放量	正向
社会绩效	员工权益保护	重大安全事故（起）	重大安全事故报道数量	正向
		安全资金投入率（%）	安全保护资金/营业收入	正向
		职工福利费投入（万元）	员工福利金额	正向
	研发创新	研发投入比率（%）	研发资金投入/营业收入	正向
		获得专利数（个）	企业申报的专利数量	正向
	社会影响	扶贫慈善活动捐赠比（%）	捐赠支出/营业收入	正向

续表

一级指标	二级指标	三级指标	指标说明	方向
社会绩效	社会影响	税收贡献率（%）	年纳税额/营业收入	正向
		监管处罚报道（起）	企业被处罚需整改的数量	逆向
		乡村振兴词频数（个）	产业扶贫的词频数	正向
治理绩效	股东权益保障	资本保值增值率（%）	年末权益/年初权益	正向
		利润分配率（%）	现金股利/净利润	正向
	公司治理	股权制衡度（%）	第二～五大股东持股比例/第一大股东持股比例	正向
		独立董事占比（%）	独立董事人数/董事会规模	正向
		党组织词频数（个）	年报中党组织相关关键词的词频数	正向
	管理运营	煤炭价格波动率（%）	本期煤价变化/基期煤价	逆向
		权益净利率（%）	净利润/净资产	正向
		资产负债率（%）	负债/资产	逆向
		净利润增长率（%）	利润增加额/基期利润	正向

9.4 加入特色 ESG 议题前后案例企业 ESG 评价结果比较

9.4.1 案例企业特色 ESG 实践

（1）山西焦煤

①碳信息披露

公司聚焦 2030 年前实现碳达峰目标，成立了碳排放管理领导组，统筹推进公司节能降碳工作。下发碳排放管理办法，开展电力行业能耗对标、实施能效提标改造，结合《2021、2022 年度全国碳排放权交易配额总量设定与分配实施方案（征求意见稿）》，完成了2021年燃煤电厂碳排放量核查、上报工作，全面实现了碳排放交易额扭亏为盈。编制了《碳达峰行动方案》，积极落实减污降碳措施。旗下的华晋公司2022年利用抽采瓦斯9 651万立方米，发电32 490.95万千瓦时，减排二氧化碳158万吨。

②乡村振兴

公司认真学习贯彻习近平总书记系列重要讲话精神和山西省有关巩固拓展脱贫攻坚成果同乡村振兴有效衔接问题会议精神，切实推进乡村振兴工作。截至2022年年底，公司历年累计投入驻地企业美丽乡村建设专项扶贫资金504万元，助销农副产品103万元，慰问资金45万元和爱心扶贫超市7万元。公司积极推进落实脱贫攻坚和乡村振兴任务，大力开展产业帮扶和消费帮扶，助力乡村振兴，对口帮扶10个脱贫村，积极履行企业社会责任，彰显国企担当，努力构建良好的地企关系，营造良好、稳定的环境，从而提升帮扶工作的群众认可度。

③党组织治理

山西焦煤始终坚持党的领导，党建融合落地见效，高质量发展的政治方向始终如一。党建统领持续发力，深刻领悟习近平总书记"两个一以贯之"的重大要求，突出党组织在法人治理结构中的核心地位，推动党建工作与业务工作深度融合。公司立足新发展阶段，完整、准确、全面贯彻新发展理念，聚焦"发展第一要务"，锚定"高质量发展"主题，紧紧围绕山西省委提出的十二个"时代之问"和"五个发展理念"，坚持稳字当头、稳中求进、稳中求变，全面深化党建统领、转型升级、改革变革，系统优化管理体系、运营机制、发展模式，有效应对煤炭市场超预期变化，保持了企业发展稳定，实现了第二个"三步走"战略的良好开局。

（2）美锦能源

①碳信息披露

美锦能源于2021年全面启动碳中和行动，并发布了《碳中和报告》，承诺于2040年实现企业自身运营和部分价值链排放碳中和，成为山西省煤焦化行业中的首家设立碳中和目标的企业。公司参考《温室气体核算体系（GHG Protocol）》中的定义与方法，结合自身状况，确定了组织边界与运营边界，共识别温室气体排放源 14 种。基于碳排放盘查工作的开展，公司掌握了碳排放的关键来源，进而识别了公司在减排领域的潜力，通过工艺升级，推进 9 项减排举措，实现核心生产的"减"排；另一方面，将发挥氢气的能源属性，逐步"替"换产业链上的碳排放，并积极探索国家核证自愿减排量（Chinese Certified Emission Reduction，简称 CCER）①与碳抵消方案，从而实现碳中和目标。美锦能源始终坚持绿色低碳生产，不断提高能源使用效率，减少碳排放。2022 年，各分子公司设定了生产环节定额目标，利用多种分析工具，对能耗占比较大的环节开展了专项改善措施，从而切实有效降低了整体能源消耗。子公司锦富煤业加装瓦斯发电设备，减少了 560 万立方米的高浓度瓦斯排放，并发电 72 万千瓦时，相较于直接排放瓦斯减少碳排放约 1.5 万吨。美锦能源将氢能车辆投入日常生产运营，替换原有车辆，2022 年约减少碳排放 2 600 吨。

②乡村振兴

美锦能源将扶贫作为一项重点工程来抓，配备了专职人员负责扶贫工作，进一步完善工作机制，创新扶贫的方式方法，积极探索扶贫的渠道和路径，在扶贫方面取得了阶段性成果。

2022 年内，美锦能源高度关心民生问题，对运营地周边地区持续做出贡献。疫情期间，华盛化工为柴家寨村民捐助面粉和粮油 78 715.60 元，帮助村民度过疫情。太岳煤业关注当地教育和弱势群体的利益，为盲人团体和当地教育基金共捐款 220 万元。锦辉煤业也捐助 30 万元用于交城县天宁镇阳渠村文物修缮。美锦能源不仅在山西省内积极开展公益捐赠事业，而且曾与多个国内慈善、公益基金会建立紧密联系，曾向韩红爱心慈善基金会、爱的分贝公益基金会等慈善机构捐款。作为山西省转型发展的代表企业，美锦能源也积极投入城乡建设方面的公益捐赠，资助城市煤气、集中供热、基础设施、道路工程、河道治理、新农村和学校建设的公益性投资已过亿元。2022 年内，美锦能

---

① 国家核证自愿减排量，是指对我国境内可再生能源、林业碳汇、甲烷利用等项目的温室气体减排效果进行量化核证，并在国家温室气体自愿减排交易注册登记系统中登记的温室气体减排量。

源总部共计进行公益捐赠13笔，捐赠金额732万元。

③党组织治理

美锦能源坚持党建引领，全面贯彻落实党的二十大精神，把全面建成社会主义现代化强国总的战略安排融入公司发展战略。2020年修订的公司章程第九章专门对党建工作包括党组织建设、党组织职责等做了规定。美锦能源设立了公司党支部，按程序选举一位董事担任党支部书记，以确保党支部书记的知情权。党组织积极开展各类党日活动，在公司章程规定下履行党组织职责。公司《2022年环境、社会及管制报告》对党建部分的披露显示，2022年公司的管理层有11人接受了反贪污培训，并在公司内开展了4场反贪污培训。

9.4.2　加入特色ESG实践元素前后ESG评价结果比较

（1）山西焦煤

①使用极差法、熵值法和突变级数法。

山西焦煤2018—2020年加入特色ESG实践议题前后ESG评价结果比较（方法一）见表9-15。

表9-15　山西焦煤2018—2020年加入特色ESG实践议题前后ESG评价结果比较（方法一）

一级指标	2018年			2019年			2020年		
	加入前	加入后	变动率	加入前	加入后	变动率	加入前	加入后	变动率
治理	0.8801	0.9030	2.60%	0.7831	0.7472	-4.58%	0.5821	0.5755	-1.13%
社会	0.815	0.7786	-4.47%	0.7098	0.6965	-1.87%	0.8526	0.8717	2.24%
环境	0.5631	0.6058	7.58%	0.6008	0.5841	-2.78%	0.6508	0.6351	-2.41%
ESG综合评分	0.5631	0.6058	7.58%	0.6008	0.5841	-2.78%	0.5821	0.5755	-1.13%

②使用极差法和熵值法

山西焦煤2018—2020年加入特色ESG实践议题前后ESG评价结果比较（方法二）见表9-16。

表9-16　　山西焦煤2018—2020年加入特色ESG实践议题
前后ESG评价结果比较（方法二）

一级指标	2018年			2019年			2020年		
	加入前	加入后	变动率	加入前	加入后	变动率	加入前	加入后	变动率
治理	0.2731	0.2886	5.68%	0.1936	0.1437	-25.77%	0.0866	0.0643	-25.75%
社会	0.1726	0.1281	-25.78%	0.1134	0.0842	-25.75%	0.2469	0.2692	9.03%
环境	0.0852	0.1491	75.00%	0.1056	0.0784	-25.76%	0.2453	0.1821	-25.76%
ESG综合评分	0.5309	0.5659	6.59%	0.4125	0.3063	-25.75%	0.5787	0.5156	-10.90%

表9-15与表9-16是分别采用两种方法计算的山西焦煤2018—2020年加入特色ESG实践议题前后的ESG评级结果，结果显示：

环境维度：在加入特色ESG实践因素后，连续3年，山西焦煤环境绩效都发生了明显变化。其中，2018年评分明显提高。但2019年和2020年的评分却出现下降趋势。

社会维度：在加入特色ESG实践因素后，连续3年，山西焦煤社会绩效得分也都出现了明显变化。其中，2018年和2019年两年的评分降低，仅在2020年的评分明显提高。

治理维度：在加入特色ESG实践因素后，连续3年，山西焦煤环境绩效都发生了明显变化。变化趋势与环境维度类似。

综合绩效评分的结果与环境维度和治理维度的变化相同。

不采用极值法，三年各维度和综合绩效评分结果的变化趋势并未发生变化。但在两种方法下，各维度评价结果变动幅度区别较大。

（2）美锦能源

①使用极差法、熵值法和突变级数法

美锦能源2018—2020年加入特色ESG实践议题前后ESG评价结果比较（方法一）见表9-17。

表9-17　　　美锦能源2018—2020年加入特色ESG实践议题

前后ESG评价结果比较（方法一）

一级指标	2018年			2019年			2020年		
	加入前	加入后	变动率	加入前	加入后	变动率	加入前	加入后	变动率
环境	0.4665	0.4602	-1.35%	0.6733	0.6828	1.41%	0.5480	0.5317	-2.97%
社会	0.5407	0.5446	0.72%	0.7149	0.7155	0.08%	0.8476	0.8154	-3.80%
治理	0.6604	0.6660	0.85%	0.8133	0.8364	2.84%	0.7326	0.7820	6.74%
ESG综合评分	0.4665	0.4602	-1.35%	0.6733	0.6828	1.41%	0.5480	0.5317	-2.97%

②使用极差法和熵值法

美锦能源2018年—2020年加入特色ESG实践议题前后ESG评价结果比较（方法二）见表9-18。

表9-18　　　美锦能源2018—2020年加入特色ESG实践议题

前后ESG评价结果比较（方法二）

一级指标	2018年			2019年			2020年		
	加入前	加入后	变动率	加入前	加入后	变动率	加入前	加入后	变动率
环境	0.0327	0.031	-5.20%	0.1498	0.1804	20.43%	0.0998	0.0929	-6.91%
社会	0.1211	0.0721	-40.46%	0.0879	0.0573	-34.81%	0.3117	0.1637	-47.48%
治理	0.2218	0.1001	-54.87%	0.2174	0.1514	-30.36%	0.1052	0.1137	8.08%
ESG综合评分	0.3756	0.2033	-45.87%	0.4552	0.3891	-14.52%	0.5168	0.3703	-28.35%

表9-17与表9-18是分别采用两种方法计算的美锦能源2018—2020年加入特色ESG实践议题前后的ESG评级结果。结果显示：

A.环境维度：在加入特色ESG实践议题后，连续3年，美锦能源环境绩效都发生了明显变化。在表9-17中，2018年与2020年的评分明显下降，但2019年的评分却出现上升趋势。B.社会维度：在加入特色ESG实践议题后，连续3年，美锦能源社会绩效得分也都出现了明显变化。表9-17中，2018年和2019年两年的评分均呈现上升趋势，仅在2020年评分下降。C.治理维度：在加入特色ESG实践议题后，在表9-17中连续3年，美锦能源环境绩效都呈现上升态势。综合绩效评分的结果与环境维度的变化相同。

当不采用极值法时（见表9-18），社会维度的评分结果变化明显，连续3年加入后评分结果都比加入前下降。治理维度则仅有2020年的评分结果表现为上升。综合绩效评分结果连续3年均比加入前有所下降。

9.4.3 加入特色ESG议题不同企业评价结果的对比

为了消除熵值法在不同公司赋权不同引起的计算结果差异，采用平均赋权方法，统一两家案例公司各指标权重后，计算山西焦煤和美锦能源2018—2020年加入特色ESG实践议题前后各维度和综合绩效的评分结果，分别见表9-19、表9-20。

表9-19　山西焦煤2018—2020年加入特色ESG实践议题
前后ESG评价结果比较（方法二）

一级指标	2018年			2019年			2020年		
	加入前	加入后	变动率	加入前	加入后	变动率	加入前	加入后	变动率
治理	0.2066	0.241	16.65%	0.1586	0.1401	-11.66%	0.0549	0.0549	0
社会	0.1562	0.1338	-14.34%	0.1197	0.1143	-4.51%	0.1991	0.2095	5.22%
环境	0.0643	0.0828	28.77%	0.0751	0.0676	-9.99%	0.1204	0.1111	-7.72%
ESG综合评分	0.4272	0.4576	7.12%	0.3534	0.322	-8.89%	0.3744	0.3756	0.32%

表9-20　美锦能源2018—2020年加入特色ESG实践议题
前后ESG评价结果比较（方法二）

一级指标	2018年			2019年			2020年		
	加入前	加入后	变动率	加入前	加入后	变动率	加入前	加入后	变动率
治理	0.1121	0.1121	0	0.1544	0.1606	4.02%	0.1063	0.137	28.88%
社会	0.0941	0.0706	-24.97%	0.0875	0.0804	-8.11%	0.2223	0.213	-4.18%
环境	0.0316	0.0237	-25.00%	0.1173	0.1358	15.77%	0.072	0.072	0
ESG综合评分	0.2379	0.2064	-13.24%	0.3592	0.3768	4.90%	0.4006	0.422	5.34%

表9-19、表9-20的计算结果显示，环境维度、社会维度的计算结果并没有出现与前述采用熵值法计算结果明显的差异。美锦能源治理维

度和综合绩效的评分结果在加入特色 ESG 议题后，连续 3 年均有明显改善，且总体呈持续上升态势。

2018 年与 2019 年山西焦煤在环境、社会和治理 3 个维度的得分多数高于美锦能源，2020 年这一优势几乎丧失。国内 3 家 ESG 评级机构对山西焦煤和美锦能源的评级结果比较（2018—2020 年）见表 9-21。

表9-21　　　国内3家ESG评级机构对山西焦煤和美锦能源的
评级结果比较（2018—2020年）

公司名称	山西焦煤			美锦能源		
	2018 年	2019 年	2020 年	2018 年	2019 年	2020 年
盟浪	BBB–	BB–	BB–	BB–	BB	B+
WIND	BB	BB	B	BB	B	B
商道融绿	C	C	C	C+	C+	C+
华证	B	B	B	CC	CCC	CCC

资料来源：Wind。

表 9-21 列示了 Wind 数据库中山西焦煤和美锦能源的 ESG 评级结果。由于在富时罗素的评级中缺失美锦能源 2018—2020 年和山西焦煤 2018 年的评级数据，因此，表 9-21 选取国内 4 家较为权威的 ESG 评级机构对山西焦煤和美锦能源 2018—2020 年的 ESG 评级结果。

两家企业的评级结果显示：盟浪、Wind 和商道融绿对美锦能源的分年度评级都高于山西焦煤，而华证对两家企业的评级却相反，山西焦煤分年度评级结果都高于美锦能源。

评级结果 3 年变化趋势在各家机构间也出现明显差别：盟浪和 Wind 的评级结果显示，山西焦煤和美锦能源的 ESG 表现在 2019—2020 年总体持续上升；商道融绿和华证对山西焦煤的评级结果 3 年没有变化，分别维持在 C 和 B 的状态。但对美锦能源的评级结果上，商道融绿评级结果连续 3 年均为 C+，华证对美锦能源的评分则出现下降趋势。

本章对两家案例企业的评分结果显示，无论是加入特色 ESG 议题前还是后，美锦能源连续 3 年的变化与华证评级结果的变化完全吻合，山西焦煤的评级结果则基本与盟浪相同。

9.5　特色ESG议题对企业ESG评级的影响

通过构建煤炭企业ESG评价体系并运用于山西焦煤和美锦能源的案例分析发现：

（1）加入特色ESG议题之后会改变企业ESG评价结果

无论采用平均赋权还是熵值法赋权，从两家企业的ESG评分结果来看，加入特色ESG议题确实明显改变了企业的ESG评价结果。

（2）不同维度的特色议题对该维度评分的影响并不确定

无论是环境维度，还是社会和治理维度，两家案例企业的评分结果在加入特色ESG议题前后并没有出现非常有规律的变化。

（3）不同产权属性的企业加入特色ESG议题对企业ESG评价结果的影响并未出现明显的规律性。

山西焦煤和美锦能源分别是国有企业和民营企业，其特色ESG实践议题有明显区别。尤其是党组织治理议题，山西焦煤2018—2020年3年的党组织词频数远远大于美锦能源，但在治理维度的评分上并未获得更高的得分。

产生以上结果的原因至少有：首先，可能是指标数量的原因导致的不确定性。正如本书第3章提到的国内外不同ESG评价体系包含的主题、议题、指标各有不同，即使是同一议题也会包含不同的指标，且指标数量差距较大，如MSCI在其环境支柱下有气候变化、自然资本、污染和废弃物、环境机遇四个主题，在污染和废弃物下又有电子废弃物、包装材料和废弃物、有毒排放和废弃物三个议题，在关键议题下又有敞口评分和管理得分两项，管理得分的指标又包括策略、计划和举措、表现、争议等指标，指标数量动辄上百个。本章构建的指标体系较为简单，虽然主题相差不多，但议题及指标层面与专业评级机构相比差距巨大。其次，指标权重的处理方式不同导致的评分结果的差异。本书第3章介绍了国内部分ESG评级机构评级办法，但各评级机构披露的方法里面并未对各指标的赋权方法做详细说明，正如本章所做的打分，运用不同赋权方法得到的评价结果大相径庭。因此，指标赋权几乎成了评级机构打分的"黑箱"。最后，不同议题包含的指标量化方式不同导致的评分结果差异。以环境维度的环境污染为例，华证在环境污染主题下有工业排放、有害垃圾、电子垃圾三个二级指标。但对工业排放到底使用量化指标比如工业固体废弃物排放量还是二氧化碳排放量以及二氧化硫排放量指标，其评级办法里面并没有详细给出。其他各评级机构在其官网公示的评级办法中均未对具体指标如何量化作出详细说明，这也限制了我们对评级结果的判断。

总结本章案例分析的结论，我们发现：虽然加入特色ESG实践议题之后企业的ESG表现会发生明显变化，但特色ESG实践议题如何量化并加入ESG评级体系中？加入特色ESG实践议题对企业ESG评级会产生多大程度的影响？企业应该如何看待ESG实践与ESG评价结果？诸如此类的问题不仅涉及ESG评价体系的构建、指标量化、指标赋值等一系列方法论和价值观因素，更涉及ESG信息披露标准、ESG报告格式和内容等准则制定和执行等问题。企业的ESG实践议题到ESG评级本土化是一个复杂的过程，需要各方的共同努力。

第10章　进一步探讨

尽管我们通过实证检验了我国上市公司的特色 ESG 实践议题有助于企业盈余持续性，而且还检验了不同的中介作用机制和异质性问题。当我们把这些特色 ESG 议题加入 ESG 评价体系后，案例企业的 ESG 评分结果确实出现了变化，也再次印证了中国化的企业 ESG 议题会对企业的 ESG 评分产生影响的结论。但遗憾的是，我们并没有发现国有企业和非国有企业在 ESG 评分结果上的明显差异。正如本书第 3 章和第 9 章提到的，由于各评级机构价值观念的差异、评分体系设置的差异、评价指标的差异、权重赋值和计算方法的差异等等都会导致 ESG 评级结果的分歧，我国上市公司在国际评级机构的评级结果普遍偏低，除了中国化特色 ESG 实践议题没有被重视之外，近年来流行的"漂绿"是否在企业的 ESG 报告中也同样存在？既然 ESG 分歧是一个客观存在（邱慈观，2022），面对纷繁复杂的 ESG 评级机构和不同的评级结果，我国上市公司的 ESG 实践该如何应对？中国化 ESG 议题是否应该继续？面对美国等部分国家出现的反 ESG 浪潮，以及部分领域 ESG 投资增速减缓，企业的 ESG 实践到底该何去何从？我国上市公司又该如何正确看待中国化 ESG 实践议题？本书的最后一部分，拟就我国上市公司的中国化 ESG 实践议题，结合反 ESG 浪潮和 ESG 漂绿问题做简单剖析和探讨。

10.1 来自反 ESG 浪潮和 ESG "漂绿"的挑战

10.1.1 反 ESG 浪潮及回应

2022 年 4 月份特斯拉以及 SpaceX 的 CEO，全球首富马斯克在其推特上公开指责企业 ESG 评级是"魔鬼的化身"后，2022 年 5 月 19 日，马斯克继续发推炮轰"标普 500 指数把埃克森美孚列为 ESG 表现最好的 10 家企业之一，而特斯拉甚至没上榜。ESG 就是一个骗局，成了社会正义伪君子们的武器。"① 马斯克的言论将 ESG 评级推到了风口浪尖，也引发了人们对 ESG 的思考。

据妙盈研究院 ②的统计结果，截至 2022 年年末，我国共存续 279 只可持续基金，③总计资产规模为 3 241 亿元，同比 2021 年下跌了 0.3%。2022 年，国内新发行了 82 只可持续基金，总规模约 492 亿元，较 2021 年下降 117 亿元，同比下降了近 1/5。以 2022 年年末的资产规模排名，排名前 5 的可持续基金均为泛 ESG 主题基金，规模从 116 亿~168 亿元不等，但他们的资产规模均不同幅度"缩水"。从收益情况来看，剔除债券类基金，2022 年国内可持续基金平均收益率为-21.45%。这一数字稍好于 2022 年沪深 300 的收益率（-21.63%），但落后于中证 500 的收益率-20.31%。在三类可持续基金中，ESG 策略基金取得了最高的平均和中位数收益率，分别为-20.22% 和-18.42%。

妙盈研究院对国内 ESG 基金表现状况的研究结论与贝莱德和 Vanguard 基金 2022 年的表现似乎都在说明反 ESG 的原因。贝莱德基金管理的 200 亿美元交易所交易基金于 2022 年下跌了约 18%，Vanguard 旗

---

① 李权云 . 马斯克称其"魔鬼"，ESG 是"骗局"吗？[EB/OL] . （2022-05-30）. https: //www.inewsweek.cn/finance/2022-05-30/15736.shtml.
② https: //www.miotech.com/zh-CN/article/202.
③ 妙盈研究院将"可持续基金"定义为那些在投资框架中包含可持续和 ESG 元素的公募基金（包括 ETF）。

下 58 亿美元的 ESG 主题 ETF 则下跌了 21%。[1]经济观察网 2023 年 1 月 25 日发文 "反 ESG 声浪？气候正义？2022 年可持续金融四大趋势总结" 对美国部分反 ESG 的行动及原因进行了描述并指出，反 ESG 者背后是传统行业利益受损的反扑，是投资偏好转向引发的 "阵痛" 无关 ESG 投资本身。[2]这一结论深刻揭示了反 ESG 浪潮的根本原因，也给了反 ESG 的声音以强有力的回应。该文指出，2022 年年初，世界经济论坛（World Economic Forum）发布《2022 年全球风险报告》，从经济、环境、社会、科技及地缘政治五个方面整理出未来 10 年内全球前十大风险，其中与 ESG 相关的风险超过半数，包括气候行动失败、极端天气和生物多样性破坏等。企业及时识别 ESG 相关风险并采取 ESG 实践等应对措施是规避上述风险行之有效的选择；评级机构开展 ESG 评级，揭示 ESG 风险是投资者规避上述风险的重要解决方案。

10.1.2 ESG "漂绿" 及其回应

（1）ESG "漂绿"

1986 年美国环保主义者韦斯特维尔德（Jay Westerveld）将追求经济利益粉饰为绿色义举的行为称为 "漂绿"。至此，"漂绿" 现象受到关注。但 "漂绿" 现象最初主要存在于市场营销领域，突出表现为虚假广告宣传、公关宣传。2007 年，美国环保营销组织 TerraChoice 发表《漂绿六宗罪》（2019 年进一步扩充为《漂绿七宗罪》），对与环保有关的消费品营销宣传和信息披露进行总结。"漂绿" 七宗罪分别为：以偏概全罪、举证不足罪、含糊不清罪、无关紧要罪、两害取其轻罪、撒点小谎罪、崇拜虚假标识罪。2009 年，《南方周末》首次将 "Green Wash" 引入国内，并推出 "中国企业漂绿榜"，之后持续曝光参与漂绿活动的企业。2016 年《巴黎协定》签署以来，碳达峰碳中和受到各国的普遍重视，"漂绿" 现象开始向与气候相关的信息披露领域蔓延。随着 ESG 投资的快速发展和 ESG 评价的盛行，社会责任报告和 ESG 报告的漂绿问题逐渐成为研究的热点（白彦锋、王丽娟，2023）。

---

[1] https://www.eeo.com.cn/2023/0125/576075.shtml。
[2] 同上。

作为企业 ESG 实践的重要载体，企业发布的 ESG 报告或可持续发展报告也存在"漂绿"嫌疑（黄溶冰、赵谦，2018；黄溶冰等，2019；蔡凌、陈玲芳，2021；黄世忠，2022；张丹等，2023）。蔡凌和陈玲芳（2021）引用《南方周末》2011 年对企业社会责任报告漂绿行为的总结，将主要漂绿行为细分为前紧后松、声东击西、空头支票、故意隐瞒、公然欺骗等。黄世忠（2022）指出 ESG 报告"漂绿"在企业界、金融界和学术界都不同程度地存在，对碳排放相关数据和披露进行漂洗成为"漂绿"在企业界的主要表现形式。黄世忠（2022）总结了中国上市公司协会《上市公司 ESG 实践案例》中的 133 家上市公司 ESG 案例发现，《碳洗：与碳数据相关的一种新型 ESG 漂绿》（2021）中提到的 10 种"漂绿"行为在我国上市公司的环境信息披露中不同程度地存在，尤其是选择性披露、报喜不报忧、只谈环境绩效不谈或淡化环境问题的现象比较突出。在金融界，"漂绿"的显著特点主要包括在绿色金融发展的宣传上夸大其词、夸大绿色金融的环保绩效、从事有悖于 ESG 和可持续发展理念的投融资业务。在学术界，"漂绿"主要表现为借 ESG 研究之名行超额回报研究之实。

可以看出，ESG 报告的"漂绿"手段与其他信息披露方式的手段并无实质性区别。因此，黄世忠（2022）将任何以虚假、不实和失实的方式向公众展示对环境负责、试图树立环境友好型和资源节约型企业形象的行为和现象，均可称为"漂绿"。延伸至 ESG 报告的"漂绿"则不局限于对环境方面的虚假、不实和失实披露行为，企业基于树立良好环境、社会、治理的企业形象，在环境、社会、治理任一维度的虚假、不实和失实披露行为均可称为 ESG"漂绿"。

（2）ESG"漂绿"的动机

1992 年，绿色和平发布了"绿色和平'绿洗'指南"，以讽刺和诙谐的手法介绍了企业的各种漂绿手段。该"指南"把绿洗原因归结为以下 4 个：首先是企图转移公众注意力和减小对自己的社会压力；其次是企图劝服批评者，特别是非政府组织，表达"我们是善意的"态度；再次是扩大自己的市场份额，挫败竞争对手；最后，通过"绿洗"来吸引更多投资，特别是那些关注社会责任和道德公平的投资机构。国内学者也纷纷研究了 ESG 报告漂绿的原因：黄世忠（2022）认为 ESG 报告"漂绿"包括外因和内因，其中外因主要包括利用制度安排缺陷、迎合评级机构偏好、满足绿色融资需要、改善企业环保形象等四个方面；内因主要包括治理机制不够健全、内部控制不够完善、数据基础不够扎实和伦理氛围不够浓厚等四个方面。宁宇新等（2022）将企业进行漂绿的原因归结为获得合法性和取得竞争优势。张丹等（2023）认为企业 ESG 报告"漂绿"行为的外因包括 ESG 信息披露标准不一致、ESG 信息披露要求差异大、评价体系不一致等三个方面；内因包括谋求绿色融资或补贴、内部信披制度不健全、数据采集困难和保护商业机密的需要等。

毕思勇和张龙军（2010）一针见血地指出能为企业带来利润是"漂绿"行为发生的根本原因，对纯粹经济利益的追逐是"漂绿"营销的主要动机（Parguel 等，2011；肖红军等，2013）。

（3）对 ESG 报告"漂绿"的回应

ESG 报告的"漂绿"不仅混淆了企业 ESG 实践，也为依据企业 ESG 报告进行 ESG 评级的专业评级机构作出客观的 ESG 评级带来了诸多不便，从而影响 ESG 评级结果的准确性，引发 ESG 投资困惑。

面对上市公司普遍存在的 ESG"漂绿"现象，黄溶冰和赵谦（2018）从制度设计、审计治理两个方面提出了防范企业"漂绿"的路径。黄世忠（2022）提出需要从推动立法、统一标准、强制披露、独立鉴证、数字赋能和能力建设等六个方面采取措施。张丹等（2023）提出 ESG 报告"漂绿"的治理建议：构建中国特色的 ESG 生态系统、完善 ESG 信息披露标准、建设 ESG 数据信息采集系统、强化企业 ESG 责任担当等。其中，针对报告信息使用者甄别"漂绿"行为提出了量化 ESG 关键指标的做法。在环境层面关注资源消耗、废物排放和环境治理与应对等三方面，资源消耗方面可以用能源消耗总量及消耗密度、电力、天然气、燃油、煤炭、水耗用总量及耗用密度等指标进行衡量。社会层面的社会责任可以用社会贡献、社会道德、公益活动与捐赠三级指标进行衡量，社会贡献则可以量化为税收收入总额、残疾人就业保障基金、创新投入总额及其占营业收入比重等指标进行衡量。公司治理中的治理行为下表示投资者关系的指标可以量化为股利支付率、重要股东沟通会议次数等。

本书在进行实证分析时对上市公司的社会责任报告/ESG报告信息披露的质量做了提前推定，即研究样本的社会责任报告/ESG报告客观真实反映了企业的ESG实践，既不存在企业ESG实践与ESG报告之间的"言行不一"或言过其实的"漂绿"，又不存在企业有很好的ESG实践但其报告没有披露的"活雷锋"。事实上，即使是"言行一致"的假定成立，也可能存在由于衡量变量的关键词确定不合适、数据爬取方法不准确等导致的数据错误而影响实证结果准确性的问题。同时，本书使用的文本分析法及其科学性在近年来也受到学术界的质疑（徐德金、张伦，2015；肖浩等，2016），因此，本书的研究结论仅仅只是对企业ESG特色实践议题进行量化的一个尝试。我国上市公司ESG特色议题如何量化是一个复杂的问题，就如MSCI的ESG评级体系要增加一个新的议题需要经过层层论证一样，我国ESG评级机构在增加这些ESG特色议题时也需要更多的探索和努力。

10.2 ESG中国化的"四个自信"

习近平总书记在《在庆祝中国共产党成立95周年大会上的讲话》[①]中明确提出："全党要坚定道路自信、理论自信、制度自信、文化自信。"ESG中国化是"四个自信"在ESG领域的体现和运用，也是指导ESG在我国健康快速发展的根本保证。

10.2.1 ESG中国化的道路自信

习近平总书记在十八届中共中央政治局第一次集体学习时强调："中国特色社会主义道路，是实现我国社会主义现代化的必由之路，是创造人民美好生活的必由之路。中国特色社会主义道路，既坚持以经济建设为中心，又全面推进经济建设、政治建设、文化建设、社会建设、

---

① 习近平. 在庆祝中国共产党成立95周年大会上的讲话［EB/OL］.［2021-04-15］. https://www.gov.cn/xinwen/2021-04/15/content_5599747.htm。

生态文明建设以及其他各方面建设；既坚持四项基本原则，又坚持改革开放；既不断解放和发展社会生产力，又逐步实现全体人民共同富裕、促进人的全面发展。"

企业的ESG实践是企业参与社会建设、生态文明建设的微观体现，ESG投资在助力经济建设、生态文明建设、社会建设和文化建设中正在发挥着资本的力量。余永跃和雒丽（2017）在分析中国绿色发展的道路自信时指出，中国绿色发展的道路自信首先源于超过70年绿色发展的历史实践，其次源于中西环境治理模式对比所凸显的比较优势，再次源于绿色发展的绿色本质。我们必须在党的正确领导下，坚定绿色发展的道路自信，沿着中国绿色发展道路继续前进。

10.2.2　ESG中国化的理论自信

生态文明、美丽中国、三个共同体（山水林田湖草沙是生命共同体、人与自然是生命共同体、共同构建人类命运共同体）、绿色发展、人与自然和谐共生的现代化、生态文明制度体系以及全球生态文明建设等概念都是生态文明理论的概念基础，是中国特色社会主义理论的重要组成部分。徐小涵和袁群（2022）分析了马克思主义生态观，指出我国新时代生态文明建设中的新诠释是马克思主义中国化、时代化的重要成果。认为人与自然"生命共同体"生态文明理论和"绿水青山就是金山银山"的自然资本理论是构建生态文明制度体系的价值取向和评价标准。

曾繁仁（2013）指出，生态文明理论完全是从中国的国情与实际出发的有着自己特有的文明观、发展观与自然观的理论体系。从文明观来说，生态文明是社会主义现代化的必有之义，是以全体人民的共享生态权为其旨归的中国特色社会主义的生态文明观；从发展观来看，生态文明理论是一种经济、政治、社会、文化与生态"五位一体"的综合发展观；从自然观来看，我国的生态文明理论，既不是传统的"人类中心主义"，又不是某些西方理论家所力主的具有乌托邦性质的"生态中心主义"，而是既强调"尊重自然"，同时强调"以人为本"，既强调"顺应自然"，同时也强调按照自然规律开发利用自然的生态文明，是统一调和"人类中心主义"和"生态中心主义"的"生态整体主义"，或者说是一种"生态人文主义"。

生态文明理论与两山理论是指导 ESG 在中国发展的基础理论，是 ESG 中国化的理论自信。

10.2.3　ESG 中国化的制度自信

坚定中国特色社会主义制度自信，就是充分肯定与承认我国现有的根本政治制度、基本政治制度、基本经济制度。

ESG 在我国的快速发展离不开自上而下的政府推动。双碳目标提出之后，我国各级政府陆续出台各项制度办法，逐步搭建起了多层次的 ESG 制度体系，为 ESG 发展奠定基础。我们整理了本书提到的中国化 ESG 议题的相关政府官方文件，这些官方的制度和文件体现了社会主义国家在 ESG 发展中的制度自信。

夏崇（2022）①通过分析 1993 年 12 月批准通过的《公司法》中有关"公司应承担社会责任"的规定得出"ESG 落后中国 11 年"的结论。《公司法》（1993 版）要求公司进行日常经营活动或者对未来发展作出规划决策时，要充分考虑职工、消费者（自然人）和社会公序良俗等多方因素，不得损害上述任何一方的利益。当涉及公司与社会利益冲突时，要优先维护社会公共利益。该论断虽然没有得到业内普遍认同，但其对 ESG 与我国《公司法》要求企业承担社会责任的分析显示了 ESG 中国化的制度自信。

10.2.4　ESG 中国化的文化自信

2014 年 2 月 24 日的中央政治局第十三次集体学习中，习近平总书记提出要"增强文化自信和价值观自信"。之后的两年间，习近平总书记又对此有过多次论述："增强文化自觉和文化自信，是坚定道路自信、理论自信、制度自信的题中应有之义。""中国有坚定的道路自信、理论自信、制度自信，其本质是建立在 5 000 多年文明传承基础上的文化自信。"在庆祝中国共产党成立 95 周年大会的讲话中，习近平总书记指出

---

① 夏崇·马斯克怒喷 ESG，全球认可的指标成"最大骗局"？［EB/OL］．［2022-07-18］．https://www.thepaper.cn/newsDetail_forward_19061160.

"文化自信，是更基础、更广泛、更深厚的自信"。

我国上市公司社会责任报告/ESG 报告体现了鲜明的文化自信。罗爱华（2020）对 2019 年上市公司社会责任报告进行文本关键词分析发现，绿色、扶贫等中国特色的关键词出现频率很高。在 ESG 的各个维度均有鲜明中国特色的关键词：环境维度有生态文明、绿色生产、低碳转型等；社会维度有扶贫脱困、乡村振兴、共同富裕等；治理维度有党组织建设、党团活动等。这些关键词是我国传统文化在 ESG 报告中的体现。天人合一、人与自然和谐共生的人地观，天下为公、天下大同的社会理想，天下兴亡、匹夫有责的担当精神，民为邦本、以人为本的治国理念，扶危济困、同舟共济的公德意识，都是根植于每一个中国人心中的文化烙印，也是企业践行 ESG 理念的文化自信。构建有中国特色的、反映我国企业文化特点和价值取向的 ESG 评价体系是 ESG 中国化文化自信的必然要求。

10.3 主动拥抱 ESG，构建和谐 ESG 生态圈

习近平总书记指出，可持续发展是各方的最大利益契合点和最佳合作切入点，是破解当前全球性问题的"金钥匙"。[①]ESG 作为可持续发展观的具象表现，逐渐成为中国企业与国际交流的最大公约数和共同话语体系。[②]随着全球化的加速推进，中国企业面临着来自国际市场的竞争压力。许多国际投资者和消费者越来越注重企业的 ESG 表现，将其作为选择合作伙伴的重要标准。ESG 理念作为一种国际公认的企业可持续发展理念，是增强本土上市公司和国际投资者互动和投资的桥梁（李权云，2022）。在 ESG 投资盛行甚至成为引领国际投资市场的新形势下，主动拥抱 ESG，是我国上市公司提升自身影响力，扩大国际资本市场份额的必然选择。但我国上市公司在 ESG 信息披露方面与国际要求相差甚远。香港中文大学发布的《2021 年度中国资管行业 ESG 投资发展研

---

① 2019 年 6 月 7 日，习近平总书记在第二十三届圣彼得堡国际经济论坛全会上的致辞"坚持可持续发展 共创繁荣美好世界——在第二十三届圣彼得堡国际经济论坛全会上的致辞"。http://www.mofcom.gov.cn/article/i/jyjl/l/201906/20190602872610.shtml.

② 岳玥 . 中上协发布报告多维度呈现中国上市公司 ESG 发展新趋势［EB/OL］.［2022-12-19］.https：//www.cnr.cn/ziben/yw/20221219/t20221219_526099164.shtml.

究报告》①指出，在内地被访机构中63%的机构认为ESG投资的最大障碍是"上市公司ESG相关信息难以获取，信息不完整或可信度不高"。

屠光绍（2022）从投资机构、评级机构、指数公司等信息使用方的角度指出我国企业ESG数据存在几个较为明显的问题，进一步解释了阻碍ESG投资的数据信息问题。第一是信息披露不足，自愿披露欠缺，公开数据较少，导致数据可得性较低；第二是披露内容不全，披露主体选择性大，对自身有利的数据，隐藏不利信息，导致数据不完整；第三是定量披露不多，以定性披露为主，量化使用等存在困难；第四是披露规范性不高，不同上市公司对于同一指标披露的口径非常不一致，甚至同一上市公司不同年度披露的指标、范围和计算方法也不一致，造成数据可比性差、运用效果不佳；第五是数据更新不够，年度披露的数据对于投资时的评级或评分非常滞后，存在时效性的缺失。

要解决ESG信息问题，ESG生态圈各利益相关者必须共同努力。在本书第1章图1-2提到的ESG生态圈中，国际组织一直在致力于提供全球性的ESG信息披露标准和投资准则，并且取得了巨大成效。此处仅围绕本书研究的本土化特色议题的信息披露、ESG实践、ESG评价提出相关展望。

10.3.1　ESG特色议题的信息披露

中国大型公司在ESG发展方面的总体水平和优秀企业占比已经与全球大企业相当，各行业头部企业正领跑可持续发展。②因此，在制定ESG信息披露准则时，我们已经有了和国际主流ESG披露标准制定者对话的底气。《中国的ESG数据披露：关键ESG指标建议》③中关于研究中国ESG关键指标时对报告的主要作用描述为："我们的主要建议是，证监会应发布监管举措，明确说明ESG因素对财务具有实质性影响，并要求公司强制披露适用于中国公司的标准化ESG指标，为市场推动关键ESG议题的定量报告提供长效推力。"

---

①　深圳高等金融研究院网址：https://sfi.cuhk.edu.cn/show-51-921.html。
②　李少婷.《年度ESG行动报告》发布 中国上市公司ESG发展水平与全球大企业基本相当［EB/OL］.［2023-06-15］.https://new.qq.com/rain/a/20230615A05K5Y00.html。
③　中国证券投资基金业协会官方网站：https://www.amac.org.cn/hyyj/esgtz/esgyj/202007/t20200715_22992.html。

如第 1 章所述，目前有关 ESG 信息披露的准则基本参照可持续披露准则，可持续披露准则基本形成由美国 GRI、欧盟 ISSB 和国际 CSRD 三足鼎立的格局。面对上市公司 ESG 数据存在的诸多问题，制定既与国际接轨，又体现中国特色的 ESG 信息披露制度是我国政府及监管部门需要权衡的重要因素。

欣喜的是，2023 年 7 月 25 日，国务院国资委办公厅发布了《关于转发〈央企控股上市公司 ESG 专项报告编制研究〉的通知》，我国 ESG 报告编制标准遵循、参考了国际主流披露标准，如 GRI 和 TCFD，也提出了具有中国特色的建议披露项，如在环境板块将 ISSB 披露准则要求强制披露的温室气体排放范围 1、范围 2 和范围 3 的披露内容全部设定为建议披露项，社会板块也增加了无障碍环境建设和本书提到的产业转型、乡村振兴等内容，治理板块增加党建引领等。

自 ISSB 成立以来，作为 ISSB 五方辖区工作组之一，我国财政部会同相关部门积极支持并全面参与国际可持续披露准则的制定，为 IFRS S1 和 IFRS S2 的出台贡献了中国智慧。正如黄世忠（2023）提出的"独立制定适合我国国情的可持续披露准则"的具体做法"可将我国在 ESG 领域里的最佳实践（如以国家公园为主体的生态红线、环保督察、环境保护'党政同责'等环境议题，扶贫济困、乡村振兴、工会代表大会、社会贡献等社会议题，反腐倡廉、全面从严治党等治理议题）融入可持续披露准则，充分彰显中国特色，更好发挥我国在可持续相关信息披露标准制定方面的影响力，在国际、欧盟和美国'三足鼎立'之外，形成'四分天下有其一'的格局。"①

10.3.2 ESG 特色议题的评价

正如本书第 3 章提到的 ESG 评级体系本土化已经在国内部分 ESG 评级机构的评级体系中出现一样，关于 ESG 评级指标体系如何增加本土化因素的倡议一直被热议（陈欣，2020；王凯等，2022；周会霞，2022；孟圆，2023；王勇，2023），尤其是各大 ESG 评级机构以及科研

---

① 黄宗彦.专访 | 全国人大代表、国家会计学院原院长黄世忠：ISSB 可持续披露准则发布，中国可推动形成"四分天下"格局 [EB/OL].[2023-07-01].https://new.qq.com/rain/a/20230701A0578U0.

机构包括证券机构等，都已经开始尝试将本土化指标加入其评级体系，其中社投盟的评价体系是最富有中国特色的指标体系，其紧紧围绕中国传统文化的"义利"进行指标设计和评级。各大评级机构的评级结果中的一个重要结论：国际评级机构对我国上市公司的评级普遍较低。而且大部分国内 ESG 评级机构对国内上市公司的 ESG 评级结果尤其是对国有企业的评级结果相对高于国际评级机构的评价结果，如中央财经大学绿色国际金融研究院 2022 的 ESG 评级结果（见本书第 3 章）。

本书的实证研究结论表明国有企业和非国有企业在践行特色 ESG 议题促进企业盈余持续性方面存在明显差异，但遗憾的是，由于本书第 9 章提到的各种原因，并未发现在引入特色 ESG 议题后两个不同产权属性的案例公司 ESG 评分结果差异的明显区别。但在 ESG 评级体系中增加本土化 ESG 因素，提高上市公司 ESG 评级结果已经成为各评级机构研究和尝试的重要话题。

无论 ESG 特色议题如何改变国内上市公司的 ESG 评分结果，有一点我们必须清醒地认识到，ESG 评级结果主要为 ESG 投资提供参考，国际 ESG 投资商是否认可以及在多大程度上认可加入特色议题后的评级结果，不仅仅是一个投资问题，同时还是一个价值观问题，更是一个国家综合国力的竞争问题。在国家可持续发展实力夯实基础上，国内 ESG 评级机构在主动拥抱 ESG 理念的同时，快速建立与国际接轨并适合国情的 ESG 评价体系，才能更好地服务于 ESG 投资和反馈实体企业践行 ESG 行为。

10.3.3 ESG 特色议题的实践

本书的文献回顾和实证研究都表明，企业践行特色 ESG 有助于提升品牌形象和声誉，增强消费者对企业的信任和认可，带动企业市场拓展、销售增加；践行 ESG 可以帮助企业及时发现和管理 ESG 方面的潜在风险，保障企业的稳健发展；注重 ESG 有助于提升企业盈余持续性，实现可持续发展，创造长期价值。

随着 ESG 理念的逐步普及和深入人心，公众对环保和社会责任的关注度不断提高，积极践行 ESG 并如实发布 ESG 信息，向利益相关方展示企业的良好形象，也将成为我国上市公司的主动选择，实体企业的特色 ESG 实践也将受到公众的认可，并成为公众评价企业社会责任履行程度的重要指标。

此外，随着 A 股纳入国际指数以及签约 GRI 的资金管理机构的增加，国际资本对我国上市公司的关注度也越来越高，国际投资管理人对 A 股的 ESG 要求也会越来越高，标准要求也越来越严格。上市公司按照国际通行的 ESG 信息披露要求和评级机构评级指标体系的要求主动披露 ESG 信息是提升其 ESG 评级和吸引 ESG 投资的重要举措。当然，随着我国 ESG 信息披露要求的逐步规范，响应政策要求主动披露 ESG 信息也将是上市公司顺应时代要求的必然之选。

《中国上市公司 ESG 行动报告 2022—2023》统计结果显示，在我国实体企业的特色 ESG 实践中，国有企业尤其是中央国有企业已经做了良好表率，起到了非常好的示范引领作用。但值得关注的是，目前披露 ESG 报告以上市公司、大型企业为主，量大面广的中小企业参与度还不高。①我国实体企业践行 ESG 尤其是特色 ESG 实践议题的空间巨大，道路漫长。

实体企业是否需要参与所有的 ESG 议题？Kham 等（2016）的研究认为非实质性议题不会对企业的财务底线造成影响，因此企业不应毫无选择地参与所有的 ESG 议题，而应集中资源参与实质性的 ESG 议题，以提高长期价值。这与新华社的社论②提到的理念基本一致：上市公司不应盲目实践 ESG 理念，避免"为了评级而评级"，做强主业、量力而行、合规合法经营才是企业践行 ESG 理念的前提与基石。

《华尔街见闻》的可持续专栏有一篇文章：《红蓝撕裂：美国刮起"反 ESG 风"》③，作者在文章最后有这样一句话："ESG 问题之所以很重要，不仅关系到世界，而且关系到底线。"这句话很深刻地揭示了企业践行 ESG 的实质，企业践行 ESG 不仅关系到世界的可持续发展，而

---

① 新华社.从"新绿"到"长青"还有多远——中国企业作答 ESG"考卷"观察［EB/OL］.［2023-07-07］.https：//www.gov.cn/yaowen/liebiao/202307/content_6892292.htm.
② 新华社.从"新绿"到"长青"还有多远——中国企业作答 ESG"考卷"观察［EB/OL］.［2023-07-07］.https：//www.gov.cn/yaowen/liebiao/202307/content_6892292.htm.
③ 劳佳迪.红蓝撕裂：美国刮起"反 ESG 风"华尔街见闻［EB/OL］.［2022-10-19］.https：//wallstreetcn.com/articles/3672730.

且关系到企业生存的底线和人类生存的底线，是企业对利益相关者的义务。

ESG渐行渐近，只有ESG的各利益相关者共同努力，才能构建和谐的ESG生态圈，实现整个ESG生态圈的可持续发展。

主要参考文献

[1] 屠诗铭，赵嘉宁，黄祺. ESG表现对企业经营风险的影响研究 [J]. 中国商论，2023 (20)：165-168.

[2] 王鹏程，孙玫，黄世忠，等. 两项国际财务报告可持续披露准则分析与展望 [J]. 财会月刊，2023，44 (14)：3-13.

[3] 喻骅，金颖. ESG表现对盈余持续性的影响研究 [J]. 财会通讯，2023 (13)：54-58.

[4] 孙慧，祝树森，张贤峰. ESG表现、公司透明度与企业声誉 [J]. 软科学，2023，37 (12)：115-121.

[5] 张丹，马国团，奉雅娴. ESG报告"漂绿"行为的动因、甄别与治理 [J]. 会计之友，2023 (10)：103-108.

[6] 高杨，黄明东. 高管教育背景、风险偏好与企业社会责任 [J]. 统计与决策，2023，39 (10)：183-188.

[7] 范云朋，孟雅婧，胡滨. 企业ESG表现与债务融资成本——理论机制和经验证据 [J]. 经济管理，2023，45 (8)：123-144.

[8] 胡洁，于宪荣，韩一鸣. ESG评级能否促进企业绿色转型？——基于多时点双重差分法的验证 [J]. 数量经济技术经济研究，2023，40 (7)：90-111.

[9] 陈宏辉，刘梦蝶，杨硕. ESG本土化 [J]. 企业管理，2023 (7)：10-15.

[10] 潘玉坤，郭萌萌. 空气污染压力下的企业ESG表现 [J]. 数量经济技术经

济研究，2023，40（7）：112-132.

[11] 石琦．精准扶贫、融资约束与创新产出［J］．华北金融，2023（7）：54-69.

[12] 黄珺，汪玉荷，韩菲菲，等．ESG信息披露：内涵辨析、评价方法与作用机制［J］．外国经济与管理，2023，45（6）：3-18.

[13] 马文杰，余伯健．企业所有权属性与中外ESG评级分歧［J］．财经研究，2023，49（6）：124-136.

[14] 王海军，王淞正，张琛，等．数字化转型提高了企业ESG责任表现吗？——基于MSCI指数的经验研究［J］．外国经济与管理，2023，45（6）：19-35.

[15] 武鹏，杨科，蒋峻松，等．企业ESG表现会影响盈余价值相关性吗？［J］．财经研究，2023，49（6）：137-152；169.

[16] 王翌秋，谢萌，郭冲．企业ESG表现影响银行信贷决策吗——基于中国A股上市公司的经验证据［J］．金融经济学研究，2023，38（5）：97-114.

[17] 黄炳艺，雷丽娜，陈春梅．碳会计信息披露质量与债务资本成本——基于我国电力行业上市公司的经验证据［J］．数理统计与管理，2023，42（4）：581-594.

[18] 李世刚，鲁逸楠，章卫东．企业参与精准扶贫与高管薪酬契约有效性［J］．证券市场导报，2023，（4）：24-32；41.

[19] 李沁洋，支佳，刘向强．企业数字化转型与资本配置效率［J］．统计与信息论坛，2023，38（3）：70-83.

[20] 何太明，李亦普，王峥，等．ESG评级分歧提高了上市公司自愿性信息披露吗？［J］．会计与经济研究，2023，37（3）：54-70.

[21] 何青，庄朋涛．共同机构投资者如何影响企业ESG表现？［J］．证券市场导报，2023，（3）：3-12.

[22] 陈书涵，杨广青，杜亚飞．企业扶贫行为中的高管动机："政治责任"还是"情感共情"——兼论管理自主权的调节作用［J］．电子科技大学学报（社科版），2023，25（3）：101-112.

[23] 唐欣，谢诗蕾，周雁．基于精准扶贫与经营绩效空间分异的民营企业参与乡村振兴长效机制研究［J］．西南大学学报（社会科学版），2023，49（3）：142-153.

[24] 唐凯桃，宁佳莉，王垒．上市公司ESG评级与审计报告决策——基于信息生成和信息披露行为的视角［J］．上海财经大学学报，2023，25（2）：107-121.

[25] 杨有德，徐光华，沈弋．"由外及内"：企业ESG表现风险抵御效应的动态

演进逻辑 [J]. 会计研究，2023 (2)：12-26.

[26] 王海军，陈波，何玉. ESG责任履行提高了企业估值吗？——来自MSCI评级的准自然试验 [J]. 经济学报，2023，10 (2)：62-90.

[27] 洪金明，刘晗，王宁. 非国有股东治理与企业风险承担水平——来自国有企业混合所有制改革的经验证据 [J]. 审计与经济研究，2023，38 (2)：87-96.

[28] 吴秋生，任晓姝. 绿色信贷政策与企业"漂绿"行为治理基于国家金融学框架下的实证研究 [J]. 金融经济学研究，2023，38 (1)：115.

[29] 钱爱民，吴春天. 产业扶贫改善了扶贫企业的资产结构质量吗？——基于企业金融化视角的分析 [J]. 宏观质量研究，2023，11 (2)：24-41.

[30] 黄世忠. 可持续发展报告迈入新纪元——CSRD和ESRS最新动态分析 [J]. 财会月刊，2023，44 (1)：3-9.

[31] 陈书涵，杨广青，郑夏雪. 企业参与贫困治理的行业同群行为及其区域影响因素 [J]. 福建论坛（人文社会科学版），2023 (1)：84-98.

[32] 胡洁，韩一鸣，钟咏. 企业数字化转型如何影响企业ESG表现——来自中国上市公司的证据 [J]. 产业经济评论，2023 (1)：105-123.

[33] 王治，彭百川. 企业ESG表现对创新绩效的影响 [J]. 统计与决策，2022，38 (24)：164-168.

[34] 高志辉，赵浏寰，张心灵. 企业扶贫社会责任的同群效应及其启示 [J]. 统计与决策，2022 (23)：171-175.

[35] 郭会丹，梁诗佳. 盈余质量及其价值相关性研究——以中电兴发为例 [J]. 财会通讯，2022 (18)：127-132.

[36] 张慧. ESG责任投资理论基础、研究现状及未来展望 [J]. 财会月刊，2022 (17)：143-150.

[37] 袁蓉丽，江纳，刘梦瑶. ESG研究综述与展望 [J]. 财会月刊，2022 (17)：128-134.

[38] 李增福，冯柳华. 企业ESG表现与商业信用获取 [J]. 财经研究，2022，48 (12)：151-165.

[39] 李绮，黄松真. 基于PSR-AHP的速递业ESG评价体系构建研究 [J]. 物流工程与管理，2022，44 (12)：140-143.

[40] 宁宇新，王家美，张志宁. 绿色漂洗是企业自愿选择抑或是外部压力？——文献综述与理论架构 [J]. 财会通讯，2022 (12)：14-20.

[41] 刘家萍，刘培，买自花，等. 高质量发展进程中碳信息披露与财务绩效的相关性研究——基于重污染行业上市公司 [J]. 现代商业，2022 (11)：126-130.

[42] 顾海峰，高水文. 数字金融发展对企业绿色创新的影响研究［J］. 统计与信息论坛，2022，37（11）：77-93.

[43] 伊凌雪，蒋艺翅，姚树洁. 企业ESG实践的价值创造效应研究——基于外部压力视角的检验［J］. 南方经济，2022（10）：93-110.

[44] 张慧，黄群慧. 制度压力、主导型CEO与上市公司ESG责任履行［J］. 山西财经大学学报，2022，44（9）：74-86.

[45] 席龙胜，赵辉. 企业ESG表现影响盈余持续性的作用机理和数据检验［J］. 管理评论，2022，34（9）：313-326.

[46] 王禹，王浩宇，薛爽. 税制绿色化与企业ESG表现——基于《环境保护税法》的准自然实验［J］. 财经研究，2022，48（9）：47-62.

[47] 邱慈观. 矿业ESG知多少［J］. 企业观察家，2022（9）：61-63.

[48] 李小荣，徐腾冲. 环境-社会责任-公司治理研究进展［J］. 经济学动态，2022（8）：133-146.

[49] 李俊成，王文蔚. 谁驱动了环境规制下的企业风险承担："转型动力"还是"生存压力"？［J］. 中国人口·资源与环境，2022，32（8）：40-49.

[50] 杨孝安，宁少一，陈宝东. 大股东减持、高送转与盈余持续性［J］. 会计之友，2022（8）：63-71.

[51] 孙俊芳，杨婷婷. 乡村振兴背景下企业参与贫困治理对财务绩效的影响——基于A股上市公司的数据［J］. 重庆社会科学，2022（8）：36-47.

[52] 李志斌，邵雨萌，李宗泽，等. ESG信息披露、媒体监督与企业融资约束［J］. 科学决策，2022（7）：1-26.

[53] 徐小涵，袁群. 恩格斯的生态文明理论在新时代的传承与发展——以《劳动在从猿到人的转变中的作用》为文本分析［J］. 中共云南省委党校学报，2022，23（6）：42-49.

[54] 梁小甜. 会税差异、审计监督与盈余持续性［J］. 会计之友，2022（6）：90-95.

[55] 苏畅，陈承. 新发展理念下上市公司ESG评价体系研究——以重污染制造业上市公司为例［J］. 财会月刊，2022（6）：155-160.

[56] 段濛. 互联网企业的ESG体系构建——基于亚马逊与拼多多的双案例研究［J］. 管理会计研究，2022（6）：44-54.

[57] 祝慧烨，郭海飞. 能源企业ESG评价要点［J］. 中国投资（中英文），2022（Z6）：45-49.

[58] 王志涛，张婷. 贫困治理参与、投资者情绪与企业风险——基于新型政商关系的调节效应［J］. 现代管理科学，2022（6）：64-74.

[59] 谢懿，童立，冉戎. 精准扶贫、社会组织合作与企业财务绩效［J］. 湖北

社会科学，2022（6）：69-83.

[60]　谭劲松，黄仁玉，张京心. ESG 表现与企业风险——基于资源获取视角的解释 [J]. 管理科学，2022，35（5）：3-18.

[61]　王琳璘，廉永辉，董捷. ESG 表现对企业价值的影响机制研究 [J]. 证券市场导报，2022，358（5）：23-34.

[62]　黄世忠. 可持续发展披露准则迎来规范发展新时代——ISSB 征求意见稿分析和评述 [J]. 新会计，2022（4）：4-10.

[63]　向琳. 脱贫攻坚与乡村振兴衔接：目标导向、重点内容和实现路径 [J]. 山东农业大学学报（社会科学版），2022，24（4）：117-123；129.

[64]　王凤臣，刘鑫，许静波. 脱贫攻坚与乡村振兴有效衔接的生成逻辑、价值意蕴及实现路径 [J]. 农业经济与管理，2022（4）：13-21.

[65]　李诗，黄世忠. 从 CSR 到 ESG 的演进——文献回顾与未来展望 [J]. 财务研究，2022（4）：13-25.

[66]　李月娥，程英爽，王然，等. ESG 表现与企业金融化——蓄水池动机还是投资替代动机 [J]. 国土资源科技管理，2022，39（4）：74-90.

[67]　郝毓婷，张永红. “双碳”目标下数字化转型对企业 ESG 表现的影响研究 [J]. 科技与管理，2022，24（4）：80-91.

[68]　谢红军，吕雪. 负责任的国际投资：ESG 与中国 OFDI [J]. 经济研究，2022，57（3）：83-99.

[69]　刘建秋，尹广英，吴静桦. 企业社会责任报告语调与分析师预测：信号还是迎合？[J]. 审计与经济研究，2022，37（3）：62-72.

[70]　于波，王昕怡. 碳信息披露、女性高管与财务绩效 [J]. 经营与管理，2022（3）：85-93.

[71]　何康，项后军，方显仓. 参与精准扶贫有助于企业获得政府补助吗——基于高管经历视角 [J]. 财经论丛，2022（3）：15-25.

[72]　张琦，庄甲坤，李顺强，等. 共同富裕目标下乡村振兴的科学内涵、内在关系与战略要点 [J]. 西北大学学报（哲学社会科学版），2022，52（3）：44-53.

[73]　马凌远，王姝晨. 欧洲绿色金融“漂绿”治理经验及启示 [J]. 金融发展研究，2022（2）：35-41.

[74]　张京心，秦帅，谭劲松. 公司业务与“造血型”扶贫：可持续减贫效应和公司战略效应 [J]. 当代财经，2022（2）：138-148.

[75]　王凯，张志伟. 国内外 ESG 评级现状、比较及展望 [J]. 财会月刊，2022（2）：137-143.

[76]　黄世忠. ESG 报告的“漂绿”与反“漂绿”[J]. 财会月刊，2022（1）：3-11.

[77] 刘云波. ESG的披露和评价 [J]. 中国资产评估，2022 (1)：81.

[78] 张瑞才，李达. 论习近平生态文明思想的理论体系 [J]. 当代世界社会主义问题，2022 (1)：3-11.

[79] 周信君，张蓝澜. 女性高管比例会影响会计稳健性吗？——基于企业社会责任信息披露的中介效应检验 [J]. 吉首大学学报（社会科学版），2022，43 (1)：78-87.

[80] 申毅，阮青松. 薪酬管制与企业盈余持续性 [J]. 经济经纬，2022，39 (1)：118-126.

[81] 王大地，黄洁. ESG理论与实践 [M]. 北京：经济管理出版社，2021.

[82] 黄世忠. 支撑ESG的三大理论支柱 [J]. 财会月刊，2021 (19)：3-10.

[83] 王慧，夏天添，马勇，等. 中小企业数字化转型如何提升创新效率：基于经验取样法的调查 [J]. 科技管理研究，2021，41 (18)：168-174.

[84] 刘静，刘娟. 融资约束与企业会计盈余持续性研究 [J]. 会计之友，2021 (14)：38-45.

[85] 和丽芬，张丹，王巧义. 企业金融化与盈余持续性——兼论创新与机构投资者效应 [J]. 财会月刊，2021 (13)：28-35.

[86] 王韧，刘于萍. 预期引导、政策冲击与股市波动——基于文本分析法的异质性诊断 [J]. 统计研究，2021，38 (12)：118-130.

[87] 李哲，王文翰. "多言寡行"的环境责任表现能否影响银行信贷获取——基于"言"和"行"双维度的文本分析 [J]. 金融研究，2021 (12)：116-132.

[88] 黄大禹，谢获宝，孟祥瑜，等. 数字化转型与企业价值——基于文本分析方法的经验证据 [J]. 经济学家，2021 (12)：41-51.

[89] 蔡凌，陈玲芳. 企业社会责任"漂绿"的负面效应与治理对策研究 [J]. 财务管理研究，2021 (11)：65-69.

[90] 高杰英，褚冬晓，廉永辉，等. ESG表现能改善企业投资效率吗？[J]. 证券市场导报，2021 (11)：24-34；72.

[91] 李香花，徐淑钰，周志方. 环境管理体系认证及其成熟度、外部竞争压力与盈余持续性 [J]. 财会月刊，2021 (11)：37-45.

[92] 魏婷. 完善我国ESG投资生态圈的思考 [J]. 甘肃金融，2021 (10)：49-52；55.

[93] 文雯，胡慧杰，李倩. "国家队"持股能降低企业风险吗？[J]. 证券市场导报，2021 (10)：12-22；78

[94] 董竹，张欣. 参与精准扶贫与企业创新——基于外部融资视角的分析 [J]. 南方经济，2021 (10)：48-65.

[95] 易志高，柏淑嫄，孔悦欣. 企业参与精准扶贫能促进企业创新吗？[J]. 财政研究，2021（10）：103-113.

[96] 王驰，樊安懿，钱明辉. 物流企业可持续发展评价指标体系研究 [J]. 商业经济研究，2021（9）：87-90.

[97] 李井林，阳镇，陈劲，等. ESG 促进企业绩效的机制研究——基于企业创新的视角 [J]. 科学学与科学技术管理，2021，42（9）：71-89.

[98] 岳佳彬，胥文帅. 贫困治理参与、市场竞争与企业创新——基于上市公司参与精准扶贫视角 [J]. 财经研究，2021，47（9）：123-138.

[99] 潘健平，翁若宇，潘越. 企业履行社会责任的共赢效应——基于精准扶贫的视角 [J]. 金融研究，2021（7）：134-153.

[100] 王建玲，常钰苑. 强制性企业社会责任报告与审计收费：一项准自然实验 [J]. 管理评论，2021，33（7）：249-260.

[101] 张国胜，杜鹏飞，陈明明. 数字赋能与企业技术创新：来自中国制造业的经验证据 [J]. 当代经济科学，2021，43（6）：65-76.

[102] 杨青，周绍妮. 技术并购、技术创新绩效与盈余持续性 [J]. 经济经纬，2021，38（6）：113-121.

[103] 王馨，王营. 绿色信贷政策增进绿色创新研究 [J]. 管理世界，2021，37（6）：173-188；11.

[104] 黄承伟. 脱贫攻坚有效衔接乡村振兴的三重逻辑及演进展望 [J]. 兰州大学学报（社会科学版），2021，49（6）：1-9.

[105] 印重，孙萌晨，吴艺博. 精准扶贫政策能否缓解中国企业的融资约束？——基于政策导向的企业社会责任视角 [J]. 东北大学学报（社会科学版），2021，23（6）：32-39.

[106] 汪晓文，李济民. 伟大脱贫攻坚精神的理论品质与乡村振兴实践表达 [J]. 甘肃理论学刊，2021（5）：13-18；2.

[107] 汪晓文，李济民. 从产业扶贫到乡村振兴——河西走廊寒旱农区产业扶贫发展历程 [J]. 西北农林科技大学学报（社会科学版），2021，21（4）：17-23.

[108] 黄贤环，王翠. 非金融企业影子银行化与盈余可持续性 [J]. 审计与经济研究，2021，36（4）：80-89.

[109] 杨艳琳，王远洋. 党员高管参与公司治理对上市公司综合绩效的影响 [J]. 珞珈管理评论，2021（3）：1-22.

[110] 晓芳，兰凤云，施雯，等. 上市公司的 ESG 评级会影响审计收费吗？——基于 ESG 评级事件的准自然实验 [J]. 审计研究，2021（3）：41-50.

[111] 孙颖. 长期债权治理、大股东代理问题与盈余持续性 [J]. 财会通讯，

2021（3）：88-91.

[112] 霍远，王维.社会责任履行水平与盈余持续性：得不偿失抑或锦上添花[J].财会月刊，2021（2）：72-81.

[113] 杜湘红，王惠质.碳信息披露、企业生命周期与企业价值[J].长沙大学学报，2021，35（2）：50-56.

[114] 盛春光，牛晓一，赵晓晴.碳中和背景下企业机构投资者、碳信息披露与财务绩效关系的研究[J].对外经贸，2021（2）：110-114.

[115] 杨国成，王智敏.民营企业参与扶贫能抑制其股价崩盘风险吗[J].广东财经大学学报，2021，36（2）：86-101.

[116] 甄红线，王三法.企业精准扶贫行为影响企业风险吗？[J].金融研究，2021，（1）：131-149.

[117] 钟凤英，赵逸夫，盛春光.基于低碳农业视角的企业碳信息披露与财务绩效研究[J].农业经济，2021（1）：30-32.

[118] 王文彬.由点及面：脱贫攻坚转向乡村振兴的战略思考[J].西北农林科技大学学报（社会科学版），2021（1）：52-59.

[119] 杨金坤.企业社会责任信息披露与创新绩效——基于"强制披露时代"中国上市公司的实证研究[J].科学学与科学技术管理，2021（1）：57-75.

[120] 孙诗璐.民营企业党组织参与治理、内部控制与盈余质量[D].北京：对外经济贸易大学，2020.

[121] 王伦.精准扶贫参与度对企业创新的影响研究[D].昆明：云南财经大学，2020.

[122] 蔡泽栋.宏观ESG综合评价体系构建与研究——以华东、华中、华南10地为例[J].经济研究导刊，2020（25）：58-62.

[123] 李雪姝，王海东.社会责任视角下化工企业可持续发展研究[J].中国管理信息化，2020，23（22）：50-51.

[124] 张长江，张玥，施宇宁，等.绿色文化、环境经营与企业可持续发展绩效——基于文化与行为的交互视角[J].科技管理研究，2020，40（20）：232-240.

[125] 杨瑞平，李喆赟，闫雪菲，等.金融资产配置与实体企业盈余持续性[J].会计之友，2020（13）：22-28.

[126] 袁鲲，曾德涛.区际差异、数字金融发展与企业融资约束——基于文本分析法的实证检验[J].山西财经大学学报，2020，42（12）：40-52.

[127] 吴秋生，江雅婧.产融结合与实体企业盈余持续性——兼论货币政策宽松度的调节作用[J].财会月刊，2020（12）：27-33.

[128] 徐佳，崔静波.低碳城市和企业绿色技术创新[J].中国工业经济，2020

(12)：178-196.

[129] 邓博夫，陶存杰，吉利. 企业参与精准扶贫与缓解融资约束 [J]. 财经研究，2020（12）：138-151.

[130] 黄溶冰，谢晓君，周卉芬. 企业漂绿的"同构"行为 [J]. 中国人口·资源与环境，2020，30（11）：139-150.

[131] 雷倩华，钟亚衡，张乔. 公司治理、市场竞争与盈余持续性 [J]. 华东经济管理，2020，34（11）：116-128.

[132] 李志斌，阮豆豆，章铁生. 企业社会责任的价值创造机制：基于内部控制视角的研究 [J]. 会计研究，2020（11）：112-124.

[133] 贺新闻，张城，侯建霖，等. 中小型产业扶贫企业可持续发展能力研究 [J]. 软科学，2020，34（10）：70-75.

[134] 李四海，刘建秋，曹瑞青，等. 境外居留权、可置信承诺与企业社会责任 [J]. 外国经济与管理，2020，42（10）：33-48.

[135] 张原，丁文娟. 高管薪酬激励对盈余持续性的影响研究——基于内部控制质量与外部市场化进程的调节效应 [J]. 财会通讯，2020（9）：44-50.

[136] 李越冬，干小红. 国有企业党组织参与公司治理对内部控制的影响机理与效果研究 [J]. 商业会计，2020（9）：4-8.

[137] 李荣梅，朱婉嘉，张存. 内部控制质量、高管权力与盈余持续性 [J]. 财会通讯，2020（8）：34-37；68.

[138] 宣杰，苏翌. 机构投资者持股、内部控制质量与盈余持续性 [J]. 会计之友，2020（8）：12-17.

[139] 蒲勇健，韦琦. 政治资源对民营企业技术创新的影响——来自中国民营上市公司的经验证据 [J]. 软科学，2020，34（8）：1-5.

[140] 郑登津，袁薇，邓祎璐. 党组织嵌入与民营企业财务违规 [J]. 管理评论，2020，32（8）：228-243；253.

[141] 严若森，陈静，李浩. 基于融资约束与企业风险承担中介效应的政府补贴对企业创新投入的影响研究 [J]. 管理学报，2020，17（8）：1188-1198.

[142] 柯迪，李西文，李园园，等. 企业社会责任、融资约束对技术创新投入的影响——基于门槛效应的检验 [J]. 未来与发展，2020，44（8）：97-106.

[143] 胡浩志，张秀萍. 参与精准扶贫对企业绩效的影响 [J]. 改革，2020（8）：117-131.

[144] 王帆，陶媛婷，倪娟. 精准扶贫背景下上市公司的投资效率与绩效研究——基于民营企业的样本 [J]. 中国软科学，2020（6）：122-135.

[145] 高磊，晓芳，王彦东. 多个大股东、风险承担与企业价值 [J]. 南开管理

评论，2020，23（5）：124-133.

[146] 李明辉，程海艳. 党组织参与治理对上市公司风险承担的影响 [J]. 经济评论，2020（5）：17-31.

[147] 郑登津，谢德仁，袁薇. 民营企业党组织影响力与盈余管理 [J]. 会计研究，2020（5）：62-79.

[148] 柳学信，孔晓旭，王凯. 国有企业党组织治理与董事会异议——基于上市公司董事会决议投票的证据 [J]. 管理世界，2020，36（5）：116-133；13.

[149] 刘春，孙亮，黎泳康，等. 精准扶贫与企业创新 [J]. 会计与经济研究，2020（5）：68-88.

[150] 张曾莲，董志愿. 参与精准扶贫对企业绩效的溢出效应 [J]. 山西财经大学学报，2020（5）：86-98.

[151] 张杰，刘清芝，石隽隽，等. 国际典型可持续发展指标体系分析与借鉴 [J]. 中国环境管理，2020（4）：89-95.

[152] 刘明月，汪三贵. 产业扶贫与产业兴旺的有机衔接：逻辑关系、面临困境及实现路径 [J]. 西北师大学报（社会科学版），2020，57（4）：137-144.

[153] 姚加权，张锟澎，罗平. 金融学文本大数据挖掘方法与研究进展 [J]. 经济学动态，2020（4）：143-158.

[154] 徐高彦，王晶. 多元化程度与盈余持续性：机会抑或威胁？[J]. 审计与经济研究，2020，35（4）：105-115.

[155] 朱海波，聂凤英. 深度贫困地区脱贫攻坚与乡村振兴有效衔接的逻辑与路径——产业发展的视角 [J]. 南京农业大学学报（社会科学版），2020，20（3）：15-25.

[156] 刘学敏. 贫困县扶贫产业可持续发展研究 [J]. 中国软科学，2020（3）：79-86.

[157] 彭爱武，张新民. 企业资源配置战略与盈余持续性 [J]. 北京工商大学学报（社会科学版），2020，35（3）：74-85.

[158] 龚广祥，王展祥. 党组织建设与民营企业生命力——基于企业软实力建设的视角 [J]. 上海财经大学学报，2020，22（3）：35-49.

[159] 夏冲. 薪酬差距与企业风险承担研究 [J]. 江汉大学学报（社会科学版），2020，37（2）：85-98；127.

[160] 顾雷雷，郭建鸾，王鸿宇. 企业社会责任、融资约束与企业金融化 [J]. 金融研究，2020（2）：109-127.

[161] 刘宇芬. 电力行业上市公司碳信息披露质量评价研究 [J]. 现代商贸工业，

2020，41（2）：108-111.

[162] 翟华云，刘柯美，肖明昇. 国有企业党组织治理与创新策略选择——基于组织冗余与产业政策的调节作用 [J]. 财会通讯，2020（2）：75-81.

[163] 严斌剑，万安泽. 党组织设立对民营企业绩效的影响研究——基于融资约束的视角 [J]. 党政研究，2020（2）：119-128.

[164] 南星恒，葛艳娜. 普通员工薪酬对企业绩效的影响研究——基于党组织参与公司治理的视角 [J]. 财会通讯，2019（36）：3-7.

[165] 宋晓华，蒋潇，韩晶晶，等. 企业碳信息披露的价值效应研究——基于公共压力的调节作用 [J]. 会计研究，2019（12）：78-84.

[166] 黄秋爽，曾森，王杰峰，等. 基于熵权-COPARS的电力企业可持续发展能力评价研究 [J]. 科技管理研究，2019，39（11）：101-106.

[167] 白世秀，章金霞. 碳信息披露对碳排放量与公司价值影响的调节效应研究 [J]. 生态经济，2019，35（9）：26-31.

[168] 徐光伟，李剑桥，刘星. 党组织嵌入对民营企业社会责任投入的影响研究——基于私营企业调查数据的分析 [J]. 软科学，2019，33（8）：26-31；38.

[169] 王舒扬，吴蕊，高旭东，等. 民营企业党组织治理参与对企业绿色行为的影响 [J]. 经济管理，2019，41（8）：40-57.

[170] 许旭红. 我国从产业扶贫到精准产业扶贫的变迁与创新实践 [J]. 福建论坛（人文社会科学版），2019（7）：58-65.

[171] 罗爱华. 企业履行社会责任分析——基于上市公司2019年度社会责任报告 [J]. 财务与金融，2020（6）：66-71；81.

[172] 麻靖涓，张敦力，李四海. OPM战略实施、供应链集中度与企业绩效 [J]. 财务研究，2019（6）：37-47.

[173] 强舸. "国有企业党委（党组）发挥领导作用"如何改变国有企业公司治理结构？——从"个人嵌入"到"组织嵌入" [J]. 经济社会体制比较，2019（6）：71-81.

[174] 李维安，张耀伟，郑敏娜，等. 中国上市公司绿色治理及其评价研究 [J]. 管理世界，2019，35（5）：126-133；160.

[175] 操群，许骞. 金融"环境、社会和治理"（ESG）体系构建研究 [J]. 金融监管研究，2019（4）：95-111.

[176] 黄溶冰，陈伟，王凯慧. 外部融资需求、印象管理与企业漂绿 [J]. 经济社会体制比较，2019（3）：81-93.

[177] 邱牧远，殷红. 生态文明建设背景下企业ESG表现与融资成本 [J]. 数量经济技术经济研究，2019，36（3）：108-123.

[178] 朱炜，孙雨兴，汤倩．实质性披露还是选择性披露：企业环境表现对环境信息披露质量的影响［J］．会计研究，2019（3）：10-17．

[179] 王建玲，李玥婷，吴璇．企业社会责任与风险承担：基于资源依赖理论视角［J］．预测，2019，38（3）：45-51．

[180] 于连超，张卫国，毕茜．党组织嵌入与企业绿色转型［J］．中南财经政法大学学报，2019（3）：128-137；160．

[181] 张蕊，蒋煦涵．党组织治理、市场化进程与社会责任信息披露［J］．当代财经，2019（3）：130-139．

[182] 杜世风，石恒贵，张依群．中国上市公司精准扶贫行为的影响因素研究——基于社会责任的视角［J］．财政研究，2019（2）：104-115．

[183] 王欣，阳镇．董事会性别多元化、企业社会责任与风险承担［J］．中国社会科学院研究生院学报，2019（2）：33-47．

[184] 马微，盖逸馨．企业生命周期、碳信息披露与融资约束——基于重污染行业的经验证据［J］．工业技术经济，2019，38（1）：109-116．

[185] 陆静，徐传．企业社会责任对风险承担和价值的影响［J］．重庆大学学报（社会科学版），2019，25（1）：75-95．

[186] 余威．党组织参与治理的民营企业更"乐善好施"吗？——基于慈善捐赠视角的实证检验［J］．云南财经大学学报，2019，35（1）：67-85．

[187] 陈岱川．A股市场企业参与扶贫对融资约束的影响［J］．市场研究，2019（1）：19-21．

[188] 李哲．基于耦合模型的旅游产业与城市化协调发展研究［D］．重庆：重庆师范大学，2018．

[189] 蒋筱青．"党建增信"为企业融资"加分"［J］．四川党的建设，2018（19）：44-45．

[190] 庄天慧，孙锦杨，杨浩．精准脱贫与乡村振兴的内在逻辑及有机衔接路径研究［J］．西南民族大学学报（人文社科版），2018，39（12）：113-117．

[191] 史丹．绿色发展与全球工业化的新阶段：中国的进展与比较［J］．中国工业经济，2018（10）：5-18．

[192] 慕良泽．中国农村精准扶贫的三重维度检视及内在逻辑调适［J］．农业经济问题，2018（10）：60-69．

[193] 管前程．乡村振兴背景下精准扶贫存在的问题及对策［J］．中国行政管理，2018（10）：151-152．

[194] 宋建波，文雯，王德宏，等．管理层权力、内外部监督与企业风险承担［J］．经济理论与经济管理，2018（6）：96-112．

[195] 郝云宏，马帅. 分类改革背景下国有企业党组织治理效果研究——兼论国有企业党组织嵌入公司治理模式选择 [J]. 当代财经，2018 (6)：72-80.

[196] 苏屹，于跃奇. 基于加速遗传算法投影寻踪模型的企业可持续发展能力评价研究 [J]. 运筹与管理，2018，27 (5)：130-139.

[197] 何威风，刘怡君，吴玉宇. 大股东股权质押和企业风险承担研究 [J]. 中国软科学，2018 (5)：110-122.

[198] 宫义飞，谢元芳. 内部控制缺陷及整改对盈余持续性的影响研究——来自A股上市公司的经验证据 [J]. 会计研究，2018 (5)：75-82.

[199] 袁家海，郭宇. 中国大型发电上市公司ESG评价体系开发与分值研究 [J]. 中国环境管理，2018，10 (5)：50-58.

[200] 吴秋生，王少华. 党组织治理参与程度对内部控制有效性的影响——基于国有企业的实证分析 [J]. 中南财经政法大学学报，2018 (5)：50-58；164.

[201] 黄溶冰，赵谦. 演化视角下的企业漂绿问题研究：基于中国漂绿榜的案例分析 [J]. 会计研究，2018 (4)：11-19.

[202] 赖明发. "从严治党" 情境下国有企业党组织的投资治理效应分析 [J]. 商业研究，2018 (4)：1-10.

[203] 李世刚，章卫东. 民营企业党组织参与董事会治理的作用探讨 [J]. 审计研究，2018 (4)：120-128.

[204] 刘彦随. 中国新时代城乡融合与乡村振兴 [J]. 地理学报，2018，73 (4)：637-650.

[205] 陈国辉，关旭，王军法. 企业社会责任能抑制盈余管理吗？——基于应规披露与自愿披露的经验研究 [J]. 会计研究，2018 (3)：19-26.

[206] 周兵，黄芳，任政亮. 公司竞争战略与盈余持续性 [J]. 中国软科学，2018 (3)：114-152.

[207] 何轩，马骏. 党建也是生产力——民营企业党组织建设的机制与效果研究 [J]. 社会学研究，2018，33 (3)：1-24；242.

[208] 杨旭东，彭晨宸，姚爱琳. 管理层能力、内部控制与企业可持续发展 [J]. 审计研究，2018：121-128.

[209] 唐任伍. 新时代乡村振兴战略的实施路径及策略 [J]. 人民论坛·学术前沿，2018 (3)：26-33.

[210] 黄祖辉. 科学把握乡村振兴战略的内在逻辑与建设目标 [J]. 决策咨询，2018 (3)：27；29.

[211] 朱启臻. 乡村振兴背景下的乡村产业——产业兴旺的一种社会学解释 [J]. 中国农业大学学报（社会科学版），2018，35 (3)：89-95.

[212] 王百强，侯粲然，孙健．公司战略对公司经营绩效的影响研究［J］．中国软科学，2018（1）：127-137．

[213] 董志强，魏下海．党组织在民营企业中的积极作用——以职工权益保护为例的经验研究［J］．经济学动态，2018（1）：14-26．

[214] 叶兴庆．新时代中国乡村振兴战略论纲［J］．改革，2018（1）：65-73．

[215] 李雪婷，宋常，郭雪萌．碳信息披露与企业价值相关性研究［J］．管理评论，2017，29（12）：175-184．

[216] 钱明，徐光华，沈弋等．民营企业自愿性社会责任信息披露与融资约束之动态关系研究［J］．管理评论，2017，29（12）：163-174

[217] 叶建宏．民企党组织参与公司治理：获取外部资源还是提升内部效率？——来自中国民营上市公司的经验证据［J］．当代经济管理，2017，39（9）：21-28．

[218] 高波，秦学成．小企业可持续发展能力的评价体系与方法［J］．统计与决策，2017（8）：178-181．

[219] 杨清香，廖甜甜．内部控制、技术创新与价值创造能力的关系研究［J］．管理学报，2017，14（8）：1190-1198．

[220] 余汉，蒲勇健，宋增基．民营企业家社会资源、政治关系与公司资源获得——基于中国上市公司的经验分析［J］．山西财经大学学报，2017，39（6）：76-87．

[221] 徐琳，樊友凯．乡村善治视角下精准扶贫的政治效应与路径选择［J］．学习与实践，2017（6）：29-36．

[222] 廖彩荣，陈美球．乡村振兴战略的理论逻辑、科学内涵与实现路径［J］．农林经济管理学报，2017，16（6）：795-802．

[223] 窦欢，陆正飞．大股东代理问题与上市公司的盈余持续性［J］．会计研究，2017（5）：32-39；96．

[224] 余永跃，雒丽．中国绿色发展的道路自信［J］．理论学刊，2017（4）：54-58．

[225] 宋献中，胡珺，李四海．社会责任信息披露与股价崩盘风险——基于信息效应与声誉保险效应的路径分析［J］．金融研究，2017（4）：161-175．

[226] 史敏，蔡霞，耿修林．动态环境下企业社会责任、研发投入与债务融资成本——基于中国制造业民营上市公司的实证研究［J］．山西财经大学学报，2017，39（3）：111-124．

[227] 黄文锋，张建琦，黄亮．国有企业董事会党组织治理、董事会非正式等级与公司绩效［J］．经济管理，2017，39（3）：6-20．

[228] 冯根福，刘虹，冯照桢，等．股票流动性会促进我国企业技术创新吗？

[J]. 金融研究，2017（3）：192-206.

[229] 傅超，吉利. 诉讼风险与公司慈善捐赠——基于"声誉保险"视角的解释 [J]. 南开管理评论，2017，20（2）：108-121.

[230] 李姝，梁郁欣，田马飞. 内部控制质量、产权性质与盈余持续性 [J]. 审计与经济研究，2017，32（1）：23-37.

[231] 杨棉之，李鸿浩，刘骁. 盈余持续性、公司治理与股价崩盘风险——来自中国证券市场的经验证据 [J]. 现代财经（天津财经大学学报），2017，37（1）：27-39.

[232] 陈思，何文龙，张然. 风险投资与企业创新：影响和潜在机制 [J]. 管理世界，2017（1）：158-169.

[233] 刘传俊，杨希. 企业社会责任对风险承担能力影响的研究——基于利益相关者理论 [J]. 当代经济，2016（22）：126-128.

[234] 肖浩，詹雷，王征. 国外会计文本信息实证研究述评与展望 [J]. 外国经济与管理，2016，38（9）：93-112.

[235] 杜湘红，伍奕玲. 基于投资者决策的碳信息披露对企业价值的影响研究 [J]. 软科学，2016，30（9）：112-116.

[236] 冯丽艳，肖翔，程小可. 社会责任对企业风险的影响效应——基于我国经济环境的分析 [J]. 南开管理评论，2016，19（6）：141-154.

[237] 钱明，徐光华，沈弋. 社会责任信息披露、会计稳健性与融资约束——基于产权异质性的视角 [J]. 会计研究，2016（5）：9-17；95.

[238] 韩美妮，王福胜. 法治环境、财务信息与创新绩效 [J]. 南开管理评论，2016，19（5）：28-40.

[239] 黄静，肖潇，吴宏宇. 论信号理论及其在管理研究中的运用与发展 [J]. 武汉理工大学学报（社会科学版），2016，29（4）：570-575.

[240] 余琰，李怡宗. 高息委托借款与企业盈利能力研究——以盈余持续性和价值相关性为视角 [J]. 审计与经济研究，2016，31（4）：80-88.

[241] 范培华，吴昀桥. 信号传递理论研究述评和未来展望 [J]. 上海管理科学，2016，38（3）：69-74.

[242] 李慧云，符少燕，王任飞. 碳信息披露评价体系的构建 [J]. 统计与决策，2015（13）：40-42.

[243] 李大元，贾晓琳，辛琳娜. 企业漂绿行为研究述评与展望 [J]. 外国经济与管理，2015，37（12）：86-96.

[244] 黎文靖，路晓燕. 机构投资者关注企业的环境绩效吗？——来自我国重污染行业上市公司的经验证据 [J]. 金融研究，2015（12）：97-112.

[245] 王闯，侯晓红. 经济不确定性、政府补贴与企业技术创新投入 [J]. 华东

经济管理，2015，29（12）：95-100.

[246] 谢盛纹，刘杨晖. 高管权力、产权性质与盈余持续性 [J]. 华东经济管理，2015，29（12）：112-117.

[247] 权小锋，吴世农，尹洪英. 企业社会责任与股价崩盘风险："价值利器"或"自利工具"? [J]. 经济研究，2015，50（11）：49-64.

[248] 马红，王元月. 融资约束和政府补贴和公司成长性——基于我国战略性新兴产业的实证研究 [J]. 中国管理科学，2015，23（11）：630-636.

[249] 汪健，曲晓辉. 关联交易、外部监督与盈余持续性——基于A股上市公司的经验证据 [J]. 证券市场导报，2015（9）：49-55.

[250] 李海霞，王振山. CEO权力与公司风险承担——基于投资者保护的调节效应研究 [J]. 经济管理，2015，37（8）：76-87.

[251] 李虹，田马飞. 内部控制、媒介功用、法律环境与会计信息价值相关性 [J]. 会计研究，2015，（6）：64-71；97.

[252] 蒋琰，周雯雯. 碳信息披露要素与企业绩效关系研究 [J]. 南京财经大学学报，2015（4）：68-78.

[253] 徐德金，张伦. 文本挖掘用于社会科学研究：现状、问题与展望 [J]. 科学与社会，2015，5（3）：75-89.

[254] 郑晓倩. 董事会特征与企业风险承担实证研究 [J]. 金融经济学研究，2015，30（3）：107-118.

[255] 孙雪娇. 暂时性差异的双重行为动机与盈余可持续性 [J]. 当代会计评论，2015，8（2）：157-170.

[256] 赵选民，孙武峰. 上市公司碳信息披露质量评价研究—以重污染行业为例 [J]. 西安石油大学学报，2015，24（2）：8-15.

[257] 石大林. 管理层薪酬激励与公司风险承担间的关系——基于动态内生性的经验研究 [J]. 金融发展研究，2015（1）：17-25.

[258] 程博，王菁，熊婷. 企业过度投资新视角：风险偏好与政治治理 [J]. 广东财经大学学报，2015，30（1）：60-71.

[259] 李维安，王鹏程，徐业坤. 慈善捐赠？政治关联与债务融资——民营企业与政府的资源交换行为 [J]. 南开管理评论，2015，18（1）：4-14.

[260] 王元芳，马连福. 国有企业党组织能降低代理成本吗？——基于"内部人控制"的视角 [J]. 管理评论，2014，26（10）：138-151.

[261] 陈仕华，姜广省，李维安，等. 国有企业纪委的治理参与能否抑制高管私有收益? [J]. 经济研究，2014，49（10）：139-151.

[262] 朱玉杰，倪骁然. 机构投资者持股与企业风险承担 [J]. 投资研究，2014，33（8）：85-98.

[263] 罗明琦. 企业产权、代理成本与企业投资效率——基于中国上市公司的经验证据 [J]. 中国软科学, 2014 (7): 172-184.

[264] 陈仕华, 卢昌崇. 国有企业党组织的治理参与能够有效抑制并购中的"国有资产流失"吗? [J]. 管理世界, 2014 (5): 106-120.

[265] 陶娅. 内蒙古资源型企业可持续发展财务评价指数的构想探究 [J]. 中国管理信息化, 2014, 17 (4): 104-105.

[266] 王振山, 石大林. 股权结构与公司风险承担间的动态关系——基于动态内生性的经验研究 [J]. 金融经济学研究, 2014, 29 (3): 44-56.

[267] 龙小宁, 杨进. 党组织、工人福利和企业绩效: 来自中国民营企业的证据 [J]. 经济学报, 2014, 1 (2): 150-169.

[268] 吕蓓芬. 国有资产管理的委托代理问题 [J]. 时代金融, 2014 (2): 206; 212.

[269] 何玉, 唐清亮, 王开田. 碳信息披露、碳业绩与资本成本 [J]. 会计研究, 2014 (1): 79-86; 95.

[270] 陈华, 王海燕, 荆新. 中国企业碳信息披露: 内容界定、计量方法和现状研究 [J]. 会计研究, 2013 (12): 18-24; 96.

[271] 肖红军, 张俊生, 李伟阳. 企业伪社会责任行为研究 [J]. 中国工业经济, 2013 (6): 77-86.

[272] 肖华, 张国清. 内部控制质量、盈余持续性与公司价值 [J]. 会计研究, 2013 (5): 73-80; 96.

[273] 方红星, 张志平. 内部控制对盈余持续性的影响及其市场反应——来自A股非金融类上市公司的经验证据 [J]. 管理评论, 2013, 25 (12): 77-86.

[274] 马连福, 王元芳, 沈小秀. 国有企业党组织治理、冗余雇员与高管薪酬契约 [J]. 管理世界, 2013 (5): 100-115; 130.

[275] 庄莉, 张正, 贾利. 中国林业企业可持续发展AHP分析 [J]. 东北农业大学学报 (社会科学版), 2013, 11 (3): 25-30.

[276] 张巧良, 宋文博, 谭婧. 碳排放量、碳信息披露质量与企业价值 [J]. 南京审计学院学报, 2013 (2): 56-63.

[277] 张波, 管静怡, 李孟. 基于属性约简的石油企业可持续发展能力指标体系构建 [J]. 生态经济 (学术版), 2013 (1): 257-261.

[278] 解维敏, 唐清泉. 公司治理与风险承担——来自中国上市公司的经验证据 [J]. 财经问题研究, 2013 (1): 91-97.

[279] 王仲兵, 靳晓超. 碳信息披露与企业价值相关性研究 [J]. 宏观经济研究, 2013 (1): 86-90.

[280] 肖作平．委托代理关系、投资者法律保护与公司价值 [J]．证券市场导报，2012（12）：25-34．

[281] 雷海民，梁巧转，李家军．公司政治治理影响企业的运营效率吗——基于中国上市公司的非参数检验 [J]．中国工业经济，2012（9）：109-121．

[282] 马连福，王元芳，沈小秀．中国国有企业党组织治理效应研究——基于"内部人控制"的视角 [J]．中国工业经济，2012（8）：82-95．

[283] 白瑞雪．生态经济学中的代际公平研究前沿进展 [J]．社会科学研究，2012（6）：11-15．

[284] 翟立宏，付巍伟．声誉理论研究最新进展 [J]．经济学动态，2012（1）：113-118．

[285] 钟向东．企业社会责任、财务业绩与盈余管理关系的研究 [D]．成都：西南财经大学，2011．

[286] 徐浩峰，朱松，余佩琨．企业竞争力、盈余持续性与不对称性 [J]．审计与经济研究，2011，26（5）：77-85．

[287] 沈洪涛，王立彦，万拓．社会责任报告及鉴证能否传递有效信号？——基于企业声誉理论的分析 [J]．审计研究，2011（4）：87-93．

[288] 马忠，陈登彪，张红艳．公司特征差异、内部治理与盈余质量 [J]．会计研究，2011（3）：54-61．

[289] 李延喜，吴笛，肖峰，等．声誉理论研究述评 [J]．管理评论，2010，22（10）：3-11．

[290] 毕思勇，张龙军．企业漂绿行为分析 [J]．财经问题研究，2010（10）：97-100．

[291] 张弛，张兆国，包莉丽．企业环境责任与财务绩效的交互跨期影响及其作用机理研究 [J]．管理评论，2010，32（2）：76-89．

[292] 皮天雷，张平．声誉真的能起作用吗——逻辑机制、文献述评及对我国商业银行的启示 [J]．经济问题探索，2009（11）：122-127．

[293] 张晓红，权小锋．基于空间距离综合评价模型的企业可持续发展研究——以电力企业为例 [J]．商业研究，2009（6）：119-122．

[294] 彭韶兵，黄益建，赵根．信息可靠性、企业成长性与会计盈余持续性 [J]．会计研究，2008（3）：43-50；96．

[295] 张国清，赵景文．资产负债项目可靠性、盈余持续性及其市场反应 [J]．会计研究，2008（3）：51-57；96．

[296] 张纯，吕伟．信息披露、市场关注与融资约束 [J]．会计研究，2007（11）：32-38；95．

[297] 连玉君，程建．投资—现金流敏感性：融资约束还是代理成本？[J]．财经

研究，2007（2）：37-46.

[298] 李卓，宋玉. 股利政策、盈余持续性与信号显示 [J]. 南开管理评论，2007（1）：70-80.

[299] 张静，刘胜军. 会计盈余可持续性研究 [J]. 科技情报开发与经济，2006（1）：140-141；146.

[300] 曹正汉. 从借红帽子到建立党委——温州民营大企业的成长道路及组织结构之演变 [J]. 中国制度变迁的案例研究，2006（00）：81-140.

[301] 徐桂华，杨定华. 外部性理论的演变与发展 [J]. 社会科学，2004（3）：26-30.

[302] 余津津. 国外声誉理论研究综述 [J]. 经济纵横，2003（10）：60-63.

[303] 白彦锋，王丽娟. 国内外"漂绿"研究进展比较分析（2002—2022）（下）——基于Citespace知识图谱的可视化分析 [J]. 财政监督，2023（5）：28-34.

[304] 白彦锋，王丽娟. 国内外"漂绿"研究进展比较分析（2002—2022）（上）——基于Citespace知识图谱的可视化分析 [J]. 财政监督，2023（4）：27-30.

[305] 吴敬琏. 在公司化改制中建立有效的公司治理结构 [J]. 中国改革，1995（5）：6-7.

[306] 张维迎. 从现代企业理论看国有企业改革 [J]. 改革，1995（1）：30-33.

[307] 卢昌崇. 公司治理机构及新、老三会关系论 [J]. 经济研究，1994（11）：10-17.

[308] MARY E.BARTH，KEN LI，CHARLES G.MCCLURE.Evolution in value Relevance of Accounting Information [J].The Accounting Review，2023，98（1）：1-28.

[309] BERG F，JF KÖLBEL，RIGOBON R. Aggregate confusion：The divergence of ESG ratings [J].Review of Finance，2022，26（6）：1315-1344.

[310] KORDSACHIA O，FOCKE M，VELTE P. Do sustainable institutional investors contribute to firms′environmental performance？Empirical evidence from Europe [J].Review of Managerial Science，2022（5）：1409-1436.

[311] SOH YOUNG IN，KIM SCHUMACHER.Carbonwashing：A new type of carbon data-related ESG greenwashing [R].Stanford Sustainable Finance Initiative Precourt Institute for Energy，2021：14-15.

[312] MOHAMMAD W M W，WASIUZZAMAN S.Environmental，social and

governance （ESG） disclosure， competitive advantage and performance of firms in Malaysia ［J］ . Cleaner Environmental Systems， 2021 （2）: 100015.

［313］ NEKHILI MEHDI， BOUKADHABA AMAL， NAGATI HAITHEM.The ESG- financial performance relationship: Does the type of employee board representation matter? ［J］ . Corporate Governance: An International Review， 2021， 29 （2）: 134-161.

［314］ DUQUE-GRISALES EDUARDO， AGUILERA-CARACUEL JAVIER. Environmental， social and governance （ESG） scores and financial performance of multilatinas: Moderating effects of geographic international diversification and financial slack ［J］ .Journal of Business Ethics， 2021， 168 （2）: 315-334.

［315］ ATIF M， ALI S. Environmental， social and governance disclosure and default risk ［J］ . Business Strategy and the Environment， 2021， 30 （8）: 3937-3959.

［316］ M. H. SHAKIL. Environmental， social and governance performance and financial risk: moderating role of ESG controvesies and board gender diversity ［J］ . Resources Policy， 2021， 72: 102-144.

［317］ YU， ELLEN PEI-YI， BAC VAN LUU. International variations in ESG disclosure - do cross-listed companies care more? ［J］ . International Review of Financial Analysis， 2021， 75: 101731.

［318］ CHRISTENSEN， D. M. et al. Why is corporate virtue in the eye of the beholder? The case of ESG ratings ［J］ .Accounting Review， 2021， 97 （1）: 147-175.

［319］ QURESHI MUHAMMAD AZEEM， KIRKERUD SINA， THERESA KIM， et al. The impact of sustainability （environmental， social， and governance） disclosure and board diversity on firm value: The moderating role of industry sensitivity ［J］ . Business Strategy and the Environment， 2020， 29 （3）: 1199-1214.

［320］ DI TOMMASO CATERINA， THORNTON JOHN. Do ESG scores effect bank risk taking and value? Evidence from European banks ［J］ . Corporate Social Responsibility and Environmental Management， 2020， 27 （5）: 2286-2298.

［321］ NOR FAEZAH ABDULLAH SANI， RUHAINI MUDA， ROSHAYANI ARSHAD， et al. The influence of environmental， social， governance factors and firm performance on the sustainable reporting of Malaysian companies [J]. International Journal of Economics and Business Research, 2020, 20 (4): 407-424.

[322] ZHANG FEN, QIN XIAONAN, LIU LINA. The interaction effect between ESG and green innovation and its impact on firm value from the perspective of information disclosure [J]. Sustainability, 2020, 12 (5): 1866.

[323] DUNBAR C, LI Z F, SHI Y. CEO risk-taking incentives and corporate social responsibility [J]. Journal of Corporate Finance, 2020, 64: 101714.

[324] ADOMAKO, SAMUEL, NGUYEN PHONG NGUYEN. Human resource slack, sustainable innovation, and environmental performance of small and medium-sized enterprises in sub-Saharan Africa [J]. Business Strategy and the Environment, 2020, 29 (8): 2984-2994.

[325] DREMPETIC, SAMUEL, KLEIN, et al. The influence of firm size on the ESG score: Corporate sustainability ratings under review [J]. Journal of Business Ethics, 2019 (167): 333-360.

[326] IONESCU GEORGE H, FIROIU DANIELA, PIRVU RAMONA, et al. The impact of ESG factors on market value of companies from travel and tourism industry [J]. Technological and Economic Development of Economy, 2019, 25 (5): 820-849.

[327] ABOUD AHMED, DIAB AHMED. The financial and market consequences of environmental, social and governance ratings: The implications of recent political volatility in Egypt [J]. Sustainability Accounting, Management and Policy Journal, 2019, 10 (3): 498-520.

[328] GUOMIN S. Research on the influence of environmental social responsibility on corporate risk-taking [J]. IOP Conference Series: Materials Science and Engineering, 2019, 592: 012173.

[329] CHAKRABORTY, TULIKA, SATYAVEER S C, et al. Cost-sharing mechanism for product quality improvement in a supply chain under competition [J]. International Journal of Production Economics, 2019, 208 (2): 566-587.

[330] LINDA KANNENBERG, PHILIPP SCHRECK. Integrated reporting: boon or bane? A review of empirical research on its determinants and implications [J]. Journal of Business Economics, 2019, 89: 515-567.

[331] CHAHINE, SALIM, et al. Entrenchment through corporate social responsibility: Evidence from CEO network centrality [J] .International Review of Financial Analysis, 2019 (66): 101347.

[332] ZENG T, CROWTHER D. Relationship between corporate social responsibility and tax avoidance: International evidence [J] . Social Responsibility Journal, 2019, 15 (2): 244-257.

[333] NOFSINGER, JOHN R, JOHAN SULAEMAN, ABHISHEK VARMA. Institutional investors and corporate social responsibility [J] .Journal of Corporate Finance, 2019 (58): 700-725.

[334] AMEL-ZADEH AMIR, SERAFEIM GEORGE. Why and how investors use ESG information: Evidence from a global survey [J] Financial Analysts Journal, 2018, 74 (3): 87-103.

[335] YOON BOHYUN, LEE JEONG HWAN, BYUN RYAN. Does ESG performance enhance firm value? evidence from Korea [J] . Sustainability, 2018, 10 (10): 3635.

[336] YU ELLEN PEI-YI, GUO CHRISTINE QIAN, BAC VAN LUU. Environmental, social and governance transparency and firm value [J] . Business Strategy and the Environment, 2018, 27 (7): 987-1004.

[337] LI YIWEI, GONG MENGFENG, ZHANG XIU-YE, et al.The impact of environmental, social, and governance disclosure on firm value: The role of CEO power [J] . British Accounting Review, 2018, 50 (1): 60-75.

[338] RUHAYA ATAN, MAHMUDUL ALAM, JAMALIAH SAID, et al. The impacts of environmental, social, and governance factors on firm performance: Panel study of Malaysian companies [J] .Management of Environmental Quality, 2018, 29 (2): 182-194.

[339] HARJOTO M, LAKSMANA I. The impact of corporate social responsibility on risk taking and firm value [J] .Journal of Business Ethics, 2018, 151: 353-357.

[340] B MARIA, D M LORENZO, L GIOVANNI, et al.Role of Country-level and Firm-level determinants in environmental, social and govenance disclosure [J] .Joumal of Business Ethics, 2018, 150 (1): 79-98.

[341] SASSEN R, HINZE A-K, HARDECK I.Impact of ESG factors on firm risk in Europe [J] . Journal of Business Economics, 2016, 86 (8) : 867-904.

[342] ATAN R, RAZALI FA, SAID J, et al. Environmental, social and governance (ESG) disclosure and its effect on firm's performance: A comparative study [J]. International Journal of Economics and Management, 2016, 10 (S2): 355-375.

[343] CHATTERJI, A. K., R. DURAND, D. I. LEVINE. Do ratings of firms converge? Implications for managers, investors and strategy researchers [J]. Strategic Management Journal, 2016, 37 (8): 1597-1614.

[344] KHAN M, SERAFEIM G.YOON.Corporate sustainability: First evidence on materiality [J].The Accounting Review, 2016, 91 (6): 1697-1724.

[345] CRIFO P, FORGET V D, TEYSSIER S. The price of environmental, social and governance practice disclosure: An experiment with professional private equity investors [J].Jounal of Corporate Finance, 2015 (30): 168-194.

[346] HÖRISCH, JACOB, MATTHEW P. Implementation of sustainability management and company size: A knowledge - based view [J]. Business Strategy and the Environment, 2015, 24 (8): 765-779.

[347] LYS T, NAUGHTON J P, WANG C. Signaling through corporate accountability reporting [J].Journal of Accounting&Economics, 2015, 60 (1): 56-72.

[348] BORGERS, ARIAN, et al. Do social factors influence investment behavior and performance? Evidence from mutual fund holdings [J]. Journal of Banking & Finance, 2015 (60): 112-126.

[349] KRÜGER, PHILIPP.Corporate goodness and shareholder wealth [J]. Journal of financial economics, 2015, 115 (2): 304-329.

[350] CAHAN, STEVEN F, et al. Corporate social responsibility and media coverage [J].Journal of Banking & Finance, 2015 (59): 409-422.

[351] FLAMMER, CAROLINE. Does corporate social responsibility lead to superior financial performance? A regression discontinuity approach [J].Management science, 2015, 61 (11): 2549-2568.

[352] CRANE A, PALAZZO G, SPENCE L, MATTEN D.Contesting the value of "creating shared value" [J]. California Management Review, 2014, 56 (2): 130-153.

[353] THORNE, LINDA, LOIS S. MAHONEY, GIACOMO MANETTI.

Motivations for issuing standalone CSR reports: A survey of Canadian firms [J] Accounting, Auditing & Accountability Journal, 2014, 27 (4): 686-714.

[354] LIY Q, EDDLE IAN, LIU J H.Carbon emissions and the cost of capital: Australian evidence [J] .Review of Accounting and Finance, 2014, 13 (4): 400-420.

[355] SAKA C, OSHIKA T. Disclosure effects, carbon emissions and corporate value [J] .Sustainability Accounting Management and Policy Journal, 2014, 5 (1): 22-45.

[356] ECCLES, ROBERT G, IOANNIS IOANNOU, GEORGE SERAFEIM.The impact of corporate sustainability on organizational processes and performance [J] .Management science, 2014, 60 (11): 2835-2857.

[357] DICHEVID, GRAHAMJR, HARVEYCR, et al. Earnings quality: Evidence from the field [J] .Journal of Accounting & Economics, 2013, 56 (2/3): 1-33.

[358] BO B C, LEE D, PSAROS J.An analysis of Australian company carbon emission disclosures [J] . Pacific Accounting Review, 2013 (25): 1-58.

[359] DENG, JUN-KOO KANG, BUEN SIN LOW. Corporate social responsibility and stakeholder value maximization: Evidence from mergers [J] .Journal of financial Economics, 2013, 110 (1): 87-109.

[360] LIU J, CHEN L, KITTILAKSANAWONG W.External knowledge search strategies in China's technology ventures: The role of managerial interpretations and ties [J] .Management&Organization Review, 2013, 9 (3): 437-463.

[361] HAYES R M, LEMMON M, QIU M. Stock options and managerial incentives for risk taking: Evidence from FAS 123R [J] .Journal of Financial Economics, 2012, 105 (1): 174-190.

[362] B RICHARD, F HJOEL, NANDY. Corporate socially responsible investments: CEO altruism, reputation, and shareholder interests [J] .Journal of Corporate Finance, 2012, 26: 164-181.

[363] MEULEMAN M, MAESENEIRE D W. Do R&D subsidies affect SMEs' access to external financing? [J] .Research Policy, 2012, 41 (3): 580-591.

[364] PORTER M, KRAMER M.Creating shared value [J] .Harvard Business

Review, January, 2011 (2)：62-77.

[365] CONNELLY B L, CERTO S T, IRELAND R D, et al.Signaling theory：A review and assessment [J] .Journal of Management, 2011, 37 (1)：39-67.

[366] Mishra D R.Multiple Large Shareholders and Corporate Risk Taking：Evidence from East Asia [J] .Corporate Governance：An International Review, 2011, 19 (6)：507-528.

[367] Dhaliwal D S, Li O Z, Tang A, et al.Voluntary nonfinancial disclo-sure and the cost of equity capital：The initiation of corponte social responsibility reporting [J] . The Accounting Review, 2011 (1) ：59-100.

[368] SKINERD J, SOLTES E.What do dividends tell us about earnings quality? [J] .Review of Accounting Studies, 2011, 16 (1)：1-28.

[369] TANG J, CROSSAN M, ROWE W G.Dominant CEO deviant strategy and extreme performance：The moderating role of a powerful board [J] .Journal of Management Studies, 2011, 48 (7)：1479-1503.

[370] PARGUEL B, BENOIT-MOREAU F, LARCENEUX F.How sustainability ratings might deter greenwashing：A closer look at ethical corporate communication [J] .Journal of Business Ethics, 2011 (1)：15-28.

[371] GOSS, ALLEN, GORDON S ROBERTS.The impact of corporate social responsibility on the cost of bank loans [J] . Journal of banking & finance, 2011, 35 (7)：1794-1810.

[372] CHANEY, PAUL K., MARA FACCIO, et al.The quality of accounting information in politically connected firms [J] .Journal of accounting and Economics, 2011, 51 (1-2)：58-76.

[373] CHEN, YU-SHAN. Green organizational identity：Sources and consequence [J] .Management decision, 2011, 49 (3)：384-404.

[374] EKMEKCI M.Sustainable reputations with rating systems [J] .Journal of Economic Theory, 2010, 146 (2)：479-503.

[375] RIM-MAKNI GARGOURI, SHABOU RIDHA, FRANCOEUR CLAUDE. The relationship between corporate social performance and earnings management [J] .Canadian Journal of Administrative Sciences, 2010, 27 (4)：320-334.

[376] VILANOVA M, LOZANO J M, ARENAS D.Exploring the nature of the relationship between CSR and competitiveness [J] .Journal of business

Ethics, 2009, 87: 57-69.

[377] CHOI J, WANG H. Stakeholder relations and the persistence of corporate financial performance [J]. Strategic management journal, 2009, 30 (8): 895-907.

[378] PRIOR, DIEGO, JORDI SURROCA, et al. Are socially responsible managers really ethical? Exploring the relationship between earnings management and corporate social responsibility. " Corporate governance: An international review, 2008, 16 (3): 160-177.

[379] DECHOW P, RICHARDSON S, SLOAN R. The persistence and pricing of the cash component of earnings [J]. Journal of Accounting Research, 2008, 46 (3): 537-566.

[380] CHAN K, FARRELL B. Earnings Management of Firms Reporting Material Internal Control Weakness under Section of the Sarbanes-Oxley act [J]. Auditing: A Journal of Practice and Theory, 2008, 27 (2): 161-179.

[381] CHARLES H C, DENNIS M P. The role of environmental disclosures as tools of legitimacy: A research note [J]. Accounting, Organizations and Society, 2006, 32 (7): 639-647.

[382] PORTER M, KRAMER M. Strategy and society: The link between competitive advantage and corporate social responsibility [J]. Harvard Business Review, 2006 (12): 78-92.

[383] BRAMMER STEPHEN, BROOKS CHRIS, PAVELIN STEPHEN. Corporate social performance and stock returns: UK evidence from disaggregate measures [J]. Financial Management, 2006, 35 (3): 97-116.

[384] WHITED T M, WU G J. Financial constraints risk [J]. Review of Financial Studies, 2006, 19 (2): 531-559.

[385] COHEN B D, DEAN T J. Information asymmetry and investor valuation of IPOs: Top management team legitimacy as a capital market signal [J]. Strategic Management Journal, 2005, 26 (7): 683-690.

[386] J DERWALL, N GUENSTER, R BAUER, et al. The Ecoefficiency Premium Puzzle [J]. Financial Analysts Journal, 2005, 61 (2): 51-63.

[387] CHIASSON M., DAVIDSON E. Taking industry seriously in information systems research [J]. MIS Quarterly, 2005 (4): 591-606.

[388] RICHARDSON S, SLOAN R. Accrual reliability, earnings persistence

and stock price [J] .The Journal of Accounting and Economics, 2005 (3): 437-485.

[389] FOMBRUN, CHARLES J.A world of reputation research, analysis and thinking-building corporate reputation through CSR initiatives: Evolving standards [J]. Corporate reputation review, 2005 (8): 7-12.

[390] HEMINGWAY, CHRISTINE A, PATRICK W. Maclagan. Managers' personal values as drivers of corporate social responsibility [J] .Journal of business ethics, 2004 (50): 33-44.

[391] CHANG E C, WONG S M L.Political control and performance in China's listed firms [J] .Journal ofComparative Economics, 2004, 32 (4): 617-636.

[392] HORNER J.Reputation and competition [J] .The American Economic Review, 2002 (3): 644-663.

[393] RICHARDSON A J, WELKER M.Social disclosure, financial disclosure and the cost of equity capital [J] . Accounting, Organizations and Society, 2001, 26 (7-8): 597-616.

[394] FRIEDE G, BUSCH T, BASSEN A. ESG and financial performance: Aggregated evidence from more than 2000 empirical studies [J] . Journal of Sustainable Finance & Investment, 2015, 5 (4): 210-233.

[395] NAN LIN.Building a network theory of social capital [J] .Connections, 1999, 22 (1): 28-51.

[396] BAR-ILAN, AVNER, WILLIAM C S. The timing and intensity of investment [J] .Journal of Macroeconomics, 1999, 21 (1): 57-77.

[397] KEATING A S, ZIMMERMAN J L. Depreciation-policy changes: Tax, earnings management, and investment opportunity incentives [J] . Journal of Accounting & Economics, 1999, 28 (3): 359-389.

[398] MATHIS W, WILLIAM R. Our ecological footprint: reducing human impact on the earth [J] . New Society publishers, 1998, 7 (1): 37-53.

[399] SLOAN R G.Do stock prices fully reflect information in accruals and cash flows about future earnings [J] .The Accounting Review, 1998 (3): 289-315.

[400] MITCHELL A, WOOD. Toward a theory of stakeholder identification and salience: Defining the principle of who and what really counts [J] . The Academy of Management Review, 1997 (4): 853-886.

[401] BURGSTAHLER D C, DICHEV I D.Earnings, adaptation and equity value [J] .The Accounting Review, 1997, 72 (2): 187-215.

[402] KALLAPUR S. Dividend payout ratios as determinants of earnings response coefficients: A test of the free cashflow theory [J] .Journal of Accounting & Economics, 1994, 17 (3): 359-375.

[403] ALI A, ZAROWIN P. Permanent versus transitory components of annual earnings and estimation error in earnings response coefficients [J] . Journal of Accounting and Economics, 1992, 15 (2/3): 249-264.

[404] MILGROM P R, NORTH D C, WEINGAST B R.The role of institutions in the revival of trade: The law merchant, private judges, and the champagne fairs [J] . Economics & Politics, 1990, 2 (1): 1-23.

[405] BENB, GERTLERM. Financial fragility and economic performance [J] . Quarterly Journal of Economics, 1990 (1): 87-114.

[406] GREIF A. Reputation and coalitiais in medieval trade: Evidence on the traders [J] .The Journal of Economic History, 1989, 37 (4): 857-882.

[407] FREEMAN R E, REED D L. Stockholders and stakeholders: A new perspective on corporate governance [J] . California Management Review, 1983, 25 (3): 88-106.

[408] KREPS D, WILSON.Reputation and imperfect information [J] .Journal of Economic Theory, 1982 (27): 253-279.

[409] BHATTACHARYA S.Imperfect information, dividend policy, and "the bird in the hand" fallacy [J] .Bell Journal of Economics, 1979, 10 (1): 259-270.

[410] SPENCE M. Job market signaling [J] . The Quarterly Journal of Economics, 1973, 87 (3): 355-374.

[411] FAMA, EUGENE F.Components of investment performance [J] .The Journal of finance, 1972, 27 (3): 551-567.

索引